普通高等教育
机械类教材

机械工程测试技术

JIXIE GONGCHENG
CESHI JISHU

刘辉　吕志杰　逄波　等编

化学工业出版社
·北京·

内 容 简 介

本书是在总结多年教学经验和工程实践的基础上，为适应现代高等教育改革需要，参考同类教材的优点编写而成。本书以机械系统测试任务为驱动，以"信号"和"测试装置"为核心展开测试技术相关知识的阐述。

本书共 10 章，内容包括：简支梁振动及其固有频率测量、信号及其描述、数字信号处理、信号分析与处理、测试系统的传输特性、常用传感器与敏感元件、电信号的调理与记录、振动测试系统、计算机与现代测试技术。

本书适用于高等院校机械类本科生和研究生的"机械工程测试技术"课程教材或教学参考书，也可供职业院校和成人教育相关专业选用。

图书在版编目（CIP）数据

机械工程测试技术/刘辉等编. —北京：化学工
业出版社，2024.7
普通高等教育机械类教材
ISBN 978-7-122-45450-8

Ⅰ.①机… Ⅱ.①刘… Ⅲ.①机械工程-测试技术-
高等学校-教材 Ⅳ.①TG806

中国国家版本馆 CIP 数据核字（2024）第 075089 号

责任编辑：张海丽　　　　　　　　　文字编辑：严春晖
责任校对：李露洁　　　　　　　　　装帧设计：刘丽华

出版发行：化学工业出版社（北京市东城区青年湖南街 13 号　邮政编码 100011）
印　　装：河北鑫兆源印刷有限公司
787mm×1092mm　1/16　印张 16　字数 400 千字　　2024 年 8 月北京第 1 版第 1 次印刷

购书咨询：010-64518888　　　　　　　售后服务：010-64518899
网　　址：http://www.cip.com.cn
凡购买本书，如有缺损质量问题，本社销售中心负责调换。

定　　价：49.00 元

前　言

本书结合工程实例讲解测试系统中涉及的概念、理论和方法。在论述上力求深入浅出，从理论到实践，从数学逻辑到物理概念，简明易懂，重点突出，以对实例的讨论引导学生和读者钻研，便于自学。

本书以机械工程领域典型测试工程应用——简支梁固有频率的测量为目标，以测试任务驱动的整个测试环节中涉及的概念、理论、方法为教学内容，以实验环节作为收官，完成相应课程的教学。

本书主要内容是由一个实例和两条主线构成，实例是简支梁振动及固有频率测量，两条主线的核心分别是信号和测试装置。第一条主线以信号为核心，内容包括信号分类、信号描述、信号数字化处理、信号分析与处理等；第二条主线以测试装置为核心，主要讲解测试装置的传输特性及信号的失真分析、常用传感器、电信号的调理与记录、计算机与现代测试系统等。

本书共分为 10 章。第 1 章介绍了测试的基本内容、任务，测试系统的一般组成，测试技术的应用、发展现状及与测量相关的一些基本概念；第 2 章介绍了简支梁振动的基本理论及固有频率的测量方法，提出了测试任务；第 3～5 章主要论述了信号的分类、描述、数字化过程及信号的分析与处理；第 6 章介绍了测试系统的静态、动态特性及不失真测量；第 7 章介绍了常用传感器的工作原理、测量电路及应用实例；第 8 章主要介绍了传感器输出电信号的放大、调制解调、滤波等调理环节；第 9 章是针对第 2 章提出的测试任务，利用第 3～8 章介绍的理论和方法，构建振动测试系统；第 10 章介绍了现代测试的关键技术及发展趋势。

"机械工程测试技术"是一门实践性很强的课程，课程教学需要 32～40 学时，其中实验需要 6～10 学时。第 5 章结束后开设"数字信号分析与处理"实验；第 8 章结束后开设"测试装置静态特性标定"实验；第 9 章结束后开设"简支梁固有频率测量"实验。本教材将实例中涉及的概念、原理、方法等问题融入两条主线，最后再以实验验证来结束课程，形成一个由理论到实践的教学闭环。

本书第 1、3、4、5 章由刘辉编写，第 2、9、10 章由吕志杰编写，第 6、8 章由逄波编写，第 7 章由李凡冰编写，全书由刘辉统稿。工立强、薛磊、党迪、孙中阳在整个编写过程中做了大量工作，在此表示衷心的感谢！本书获得山东建筑大学教材建设基金资助，在此一并表示诚挚的感谢！

由于编者水平有限，书中疏漏之处在所难免，敬请广大同行和读者批评指正。

编者

2024 年 2 月

扫码获取本书资源

目　录

第8章 电信号的调理与记录 / 187

第9章 振动测试系统 / 213

第10章 计算机与现代测试技术 / 229

第 **1** 章
绪论

1.1 测试技术概况

1.1.1 测试和测量系统

（1）测量与测试

测试技术是测量和试验技术（measurement and test technique）的统称。测量是确定被测对象属性量值的过程，将被测量与一个预定标准尺度的量值进行比较。试验是对研究对象或系统进行试验性研究的过程，是机械工程基础研究、产品设计（特别是创新设计、动态设计和控制系统设计）和研发的重要环节。在现代机电设备的研发、创新设计、老产品改造以及机电产品全寿命的各个过程中，试验研究是不可缺少的环节。在工程试验中，需要进行各种物理量的测量，得到准确的定量结果。如例 1.1 所示，求取箱体的外形尺寸完成一般的测量过程即可；而求取箱体的固有频率，则需要经历图 1-1 中所示各个环节所构成的测试过程。当然，不仅是各类工程试验需要测量，机器和生产过程的运行监测、控制和故障诊断也需要在线测量，因此，测量系统是大多机器和生产线的重要组成部分。

例 1.1　求取箱体的特性参数，包括外形尺寸及固有频率。

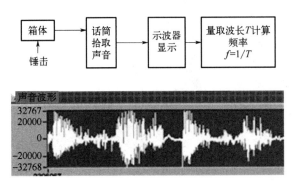

图 1-1　通过测试方法来求取箱体的固有频率

工程测量可分为静态测量和动态测量。静态测量是指不随时间变化的物理量的测量，例如机械制造中通过对被加工零件的尺寸测量，来得到制成品的尺寸和形位误差，这个过程属于静态测量。动态测量是指对随时间变化的物理量（通常称为信号）的测量，如例 1.1 中箱体的振动频率测量属于动态测量。动态测量也是本书的主要研究对象。

（2）测试系统的用途

一般来说，测试系统的用途如图 1-2 所示，主要在以下几个方面。

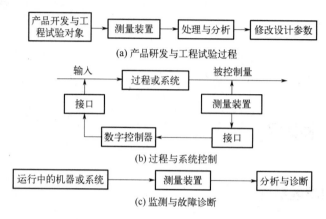

(a) 产品研发与工程试验过程

(b) 过程与系统控制

(c) 监测与故障诊断

图 1-2 测试系统的用途

① 在产品开发或其他目的的试验中，如图 1-2（a）所示，一般要在被测对象运行过程中或试验激励下，测量或记录各种随时间变化的物理量，随后进一步处理或分析，得到定量的试验结果。图 1-3 所示为通过测试获得的被测对象的本质特征，如应力、应变、温度等参数的分布。

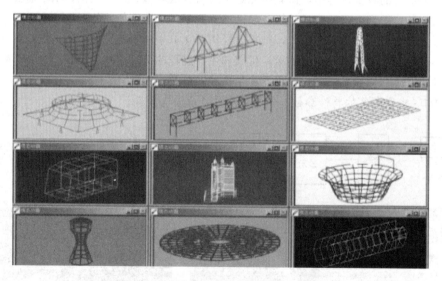

图 1-3 通过测试技术获取被测对象的本质特性

② 在图 1-2（b）所示的控制系统中，将实时测量的各种时间变量作为控制系统的控制、反馈变量。如图 1-4 所示，在焊接机械手及机器狗的测控系统中，实时测量各关节运动参数是系统的关键测试环节。

③ 在图 1-2（c）所示的监测与故障诊断系统中，实时测量的各种时间变量则用于过程

参数监视或故障诊断。图 1-5 所示为风机性能自动测试系统。

图 1-4 焊接机械手及机器狗中自动控制系统中应用测试环节

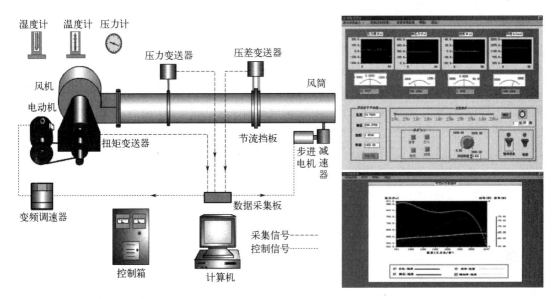

图 1-5 风机性能自动测试系统

不同的用途对测量过程和结果的要求也不同，例如在反馈控制系统中，可能要求测量系统的输出以很小的滞后（理想的情况是没有滞后）不失真地跟踪以一定速率变化的被测物理量。如果只要求不失真地测量和显示物理量变化过程，则对滞后就没有要求。因此，用途和要求不同，测量系统的组成环节及其构成方式也不同。

（3）测试系统的一般组成

尽管测试技术的应用领域不同，但是可用图 1-6 概括测试系统的一般构成。

图 1-6 中，被测对象所显示的特性信号作为测试系统的输入，经传感器变成可做进一步处理的电信号，再经信号调理（放大、调制解调、滤波等）后，可直接显示或通过模-数转换变成数字信号，送入计算机（或含微处理器的仪器或控制器等）进行信号分析与存储，用于各种用途。

在图 1-6 中，信号携带着表征被测对象特性的信息从被测对象发出，在测试系统各环节之间流动，箭头表示信号的流动方向。信号通过测试系统各个环节传递时，每个环节自身的特性信息以某种形式添加进信号，测试的最终目的是从最终信号中提取被测对象的特性信息。因此，本书所涉及的内容既包括信号的分析与处理，也包括与信号的获取、传递、处理、显示等系统或装置相关的理论和技术。

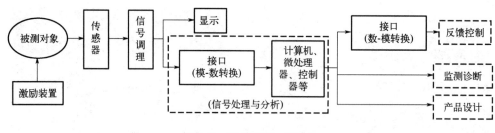

图 1-6 测试系统的一般构成

1.1.2 测试技术的发展概况

现代生产的发展和工程科学研究对测试及其相关技术的需求极大地推动了测试技术的发展，而现代物理学、信息科学、计算机科学、电子与微机械电子科学的迅速发展又为测试技术的发展提供了知识和技术支持，从而促使测试技术在近 20 年来得到极大发展和广泛应用。例如，工程创新设计，特别是动态设计对振动分析的需求，促使振动测量方法、传感器和动态分析技术与软件迅速发展。对汽车性能和安全性要求的不断提高，使得汽车电子技术得到迅速发展，这种发展是以基于总线技术的传感器网络的发展为基础。现代工程测试技术与仪器的发展主要表现在以下三个方面。

（1）新原理新技术在测试技术中的应用

近 20 年来，随着基础理论和技术科学的研究发展，各种物理效应、化学效应、微电子技术甚至生物学原理在工程测量中得到广泛应用，使得可测量的范围不断扩大，测量精度和效率得到很大提高。例如，在振动速度测量中，激光多普勒原理的应用，使不可能安装传感器进行测量的计算机硬盘读写臂与磁盘片等轻小构件的振动测量成为可能；使用自动定位扫描激光束，使大型客机机翼、轿车车身等大型物体的多点振动测量达到很高的效率，只需几分钟时间就可完成数百点的振动速度测量。图 1-7 所示为全场扫描式激光测振仪和工业机器人相结合，可完成从复杂部件到完整车身的测量，所需时间和误差源显著减少，在试验模态分析中表现尤为显著。高达 10MHz 以上采样频率的数据采集系统可实现伴随金属构件裂纹发生与发展的脉冲声发射信号的采集。

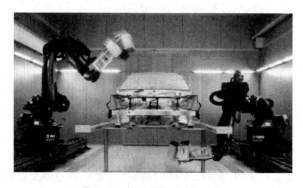

图 1-7 全场扫描式激光测振仪

（2）新型传感器的研制

随着人造晶体、电磁、光电、半导体与其他功能新材料的出现，微电子和精密、微细加工技术的发展，作为工程测量技术基础的传感器技术得到迅速发展。这种发展包括新型传感器的出现、传感器性能的提高及功能的增强、集成化程度的提高以及小型化、微型化等。微电子技术的发展有可能把某些电路乃至微处理器和传感测量部分集成为一体，使传感器具有放大、校正、判断某些信号处理功能，组成所谓的智能传感器，如图 1-8 所示的数字温度传感器。

我国高度重视智能传感器产业的发展。2019 年，在工业和信息化部的指导下，中国电子技术标准化研究院开展了智能传感器发展战略研究，并形成了《智能传感器型谱体系与发展战略白皮书》，报告中提出我国智能传感器产业需要重点发展的 11 个技术方向和建议，也是我国传感器的部分重点"卡脖子"技术。2022 年，传感器行研报告也提出了 MEMS 传感器代表了未来传感器的发展方向。

（3）计算机测试系统与虚拟仪器应用

传感器网络及仪器总线技术、Internet 与远程测试技术、测试过程与仪器控制技术、虚拟仪器及其编程语言等的发展都是现代工程测试技术发展的重要方面。例如，图 1-9 所示的四通道动态信号分析仪，可以实现多通道动态信号的检测、分析处理。

图 1-8 数字温度传感器

图 1-9 四通道动态信号分析仪

1.1.3 本书主要内容、学习方法及目的

（1）本书内容

图 1-2 展示了测试技术的一般应用领域，而图 1-6 则说明搭建一个测试系统所需要具备的基本要素，即本书的主要内容，包括物理量和其他工程量的测量方法、测试中常用的传感器、信号调理电路及记录、显示仪器的工作原理、测量装置基本特性的评价方法、测试信号的分析和处理等。本书每章后均给出思考题与习题。对高等学校机械类的各有关专业而言，"机械工程测技术"是一门专业基础课。通过本书的学习，学生应具有合理地选用测试装置并初步掌握静、动态测量和常用工程试验所需的基本知识和技能，为进一步学习、研究和处理机械工程技术问题奠定基础。

学生在学完本书后应具有下列几方面的知识：

① 掌握信号的时域和频域描述方法，建立明确的信号频谱结构的概念；掌握频谱分析和相关分析的基本原理和方法，掌握数字信号分析中的一些基本概念。

② 掌握测试装置基本特性的评价方法和不失真测试条件，并能正确地运用于测试装置的分析和选择，掌握一阶、二阶线性系统动态特性及其测定方法。

③ 了解常用传感器，常用信号调理电路和记录、显示仪器的工作原理和性能，并能合理选用。

④ 对动态测试的基本问题有一个比较完整的概念，并能初步运用于机械工程中某些参数的测量和产品的试验中。

⑤ 具备实验数据处理和误差分析能力。

（2）学习的方法及目的

"机械工程测试技术"课程具有很强的实践性。只有在学习中密切联系实际，加强实验，注意物理概念，才能真正掌握有关理论。学生只有通过足够和必要的实验才能得到应有的实验能力的训练，获得关于动态测试工作比较完整的概念，初步具有处理实际测试工作的能力。

作为高等教育中的一门课程，测试技术既综合应用了许多学科的原理和技术，又被广泛应用于各个学科中，在教学计划中，有其特定的地位、作用和范围。测试技术须以前期课程为基础，进而培养学生掌握测试技术的基本理论、基本知识和基本技能。

本书的学习目的有以下几点：

① 培养学生掌握测试的相关理论知识和科学思维方法；

② 培养学生掌握测试试验的基本方法及试验过程，提高实践动手能力；

③ 提高学生运用基础测量知识解决实际测试问题的能力；

④ 为开展信息获取的新方法、新技术等创新实践奠定基础。

1.2　与测量相关的一些基本概念

在机械（或机电）系统试验、控制和运行监测中，需要测量各种物理量（或其他工程参量）及其随时间变化的特性。这种测量需要通过各种测量装置和测量过程来实现。于是，测量装置和测量过程在总体上需要满足何种要求才能准确测量到这些物理量及其随时间的变化是我们关心的问题。为使测量结果具有普遍的科学意义，需要具备一定条件：首先，测量过程是被测量的量与标准或相对标准比较的过程，作为比较用的标准量值必须是已知且合法的，才能确保测量值的可信度和溯源性；其次，进行比较的测量系统必须进行定期检查、标定，以确保测量的有效性、可靠性，这样的测量才有意义。

本节讨论与此相关的一些基本概念。

（1）量与量纲

量是指现象、物体或物质可定性区别和定量确定的一种属性。不同类的量彼此可以定性区别，如长度与质量是不同类的量。同一类的量之间是以量值的大小来区别。

1）基本量和导出量

在科学技术领域中存在许多的量，它们彼此相关。为此专门约定选取某些量作为基本量，而其他量作为基本量的导出量。量的这种特定组合成为量制。在量制中，约定认为基本量是相互独立的量，导出量则是由基本量按一定函数关系来定义的。

在国际单位（SI）制中，基本量约定为：长度、质量、时间、温度、电流、发光强度和物质的量等 7 个量。其他量为基本量的导出量，如力、速度、加速度、电阻等。

2）量纲和量的单位

量纲代表一个实体（被测量）的确定特征。在上述国际单位（SI）制中，7 个基本量，即长度、质量、时间、温度、电流、发光强度和物质的量的量纲分别用 L、M、T、θ、I、N、J 表示。导出量的量纲可用基本量的量纲的幂的乘积来表示，如力的量纲是 LMT^{-2}，电阻的量纲是 $L^2MT^{-3}I^{-2}$。工程上还会遇到无量纲的量，其量纲中的幂都为零，实际上它是一个数，如弧度（rad）就是这种量。

而量纲单位则是该实体的量化基础。例如，长度是一个量纲，而厘米是长度的一个单位；时间是一个量纲，而秒则是时间的一个单位。一个特定的量纲可用不同的单位来测量，如长度量纲可用英尺、米、英寸或英里等单位测量。不同的单位制必须被建立和认同，也就是说，这些单位制必须被标准化。由于存在不同的单位制，在不同单位制间的转换基础方面也必须有协议。

3）量值

量值是用数值和计量单位的乘积来表示的。它被用来定量地表达被测对象相应属性的大小，如 3.4mm、15kg、40℃等，其中 3.4、15、40 是量值的数值。显然，量值的数值就是被测量与计量单位的比值。

（2）法定计量单位

法定计量单位是强制性的，各行业、各组织都必须遵照执行，以确保单位的一致性。我国的法定计量单位是以国际单位制（SI）为基础并选用少数其他单位制的计量单位来组成的。

1）基本单位

根据国际单位制（SI），7 个基本量的单位、代号、定义见表 1-1。

表 1-1 基本量的单位、单位代号及定义

基本量	单位	代号	定义
长度	米（metre）	m	是光在真空中，在 1299792458s 的时间间隔所历经的路程长度
质量	千克（kilogram）	kg	等于国际千克原器的质量
时间	秒（second）	s	是铯-133 原子基态的两个超精细能级间跃迁对应的辐射 9192631770 个周期的持续时间
温度	开尔文（Kelvn）	K	等于水的三相点热力学温度的 1/273.16
电流	安培（ampere）	A	在真空中，两根相距 1m 的无限长、截面积可以忽略的平行圆直导线内通过等量恒定电流时，若导线间相互作用力为 2×10^{-7}N·m，则每根导线中的电流为 1A
发光强度	坎德拉（candela）	cd	是一光源在给定方向上的发光强度，该光源发出频率为 540×10^{12}Hz 的单色辐射，且在此方向上的辐射强度为 1683W/sr
物质的量	摩尔（mole）	mol	是一系统的物质的量，该系统中所包含的基本单元数与 0.012kg 碳-12 的原子数目相等。使用摩尔时，基本单元可以是原子、分子、离子、电子及其他粒子，或是这些粒子的特定组合

2）辅助单位

在国际单位制中，平面角的单位——弧度和立体角的单位——球面度未归入基本单位或导出单位，称为辅助单位。辅助单位既可以作为基本单位使用，又可以作为导出单位使用。它们的定义如下：

弧度（rad）是一个圆内两条半径在圆周上所截取的弧长与半径相等时，它们所夹的平面角的大小。

球面度（sr）是一个立体角，其顶点位于球心，而它在球面上所截取的面积等于以球半径为边长的正方形面积。

3）导出单位

在选定了基本单位和辅助单位后，按物理量之间的关系，由基本单位和辅助单位以相乘或相除的形式所构成的单位称为导出单位。

（3）测量、计量、测试

测量、计量、测试是三个密切关联的术语。测量（measurement）是指以确定被测对象的量值为目的而进行的实验过程。如果测量涉及实现单位统一和量值准确可靠，则被称为计量。因此，研究测量、保证测量统一和准确的科学被称为计量学（metrology）。具体地说，计量学研究包括：可测的量，计量单位，计量基准，标准的建立、复现、保存，量值的传递，测量原理与方法及其准确度，观察者的测量能力，物理常量及常数，标准物质，材料特性的准确确定，计量的法制和管理，如图 1-10 所示。

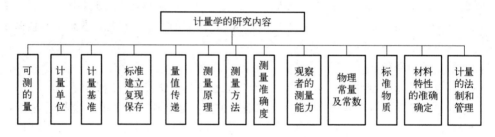

图 1-10 计量学的研究内容

实际上，计量一词只用作某些专门术语的限定语，如计量单位、计量管理、计量标准等。所组成的新术语都与单位统一和量值准确可靠有关。而测量的意义则更为广泛和普遍。测试（measurement and test）是指具有试验性质的测量，或测量和试验等综合。

一个完整的测量过程必定涉及被测对象、计量单位、测量方法和测量误差。它们被称为测量四要素。

（4）基准与标准

为了确保量值的统一和准确，除了对计量单位作出严格的定义外，还必须有保存、复现、传递单位的一套制度和设备。

基准就是用来保存、复现计量单位的计量器具。它是现代科学技术所能达到的最高准确度的计量器具。基准通常分为国家基准、副基准和工作基准三种等级。

国家基准是指在特定计量领域内，用来保存、复现该领域计量单位并具有最高的计量特性，经国家鉴定、批准作为统一全国量值最高依据的计量器具。

副基准是指通过与国家基准对比或校准来确定量值，并经国家鉴定、批准的计量器具。在国家计量检定系统中，副基准的位置低于国家标准。

工作基准是指通过与国家基准或副基准对比或校准，用来检定计量标准的计量器具。它的设立是可避免频繁使用国家基准和副基准，以免它们丧失其应有的计量特性。在国家计量检定系统中，工作基准的位置低于国家基准和副基准。

计量标准是指用于检定工作计量器具的计量器具。

工作计量器具是指用于现场测量而不是用于检定工作的计量器具。一般测量工作中使用的计量器具绝大部分属于这类计量器具。

（5）量值的传递和计量器具检定

通过对计量器具实施检定或校准，将国家标准所复现的计量单位量值经各级计量标准传递到工作计量器具，保证被测对象量值的准确和一致。这个过程是所谓的量值传递。在此过程中，按检定规程对计量器具实施检定的工作对量值的准确和一致起重要的保证作用，是量值传递的关键步骤。

计量器具检定（verification of measuring instrument），是指为评定计量器具的计量特性是否符合法定要求所进行的全部工作。检定规程是指检定计量器具时必须遵守的法定技术文件。计量器具检定规程的内容包括：适用范围、计量器具的计量特性、检定项目、检定条件、检定方法、检定周期、已经检定结果的处理等。计量器具检定规程分为国家、部门和地方三种。它们分别由国家计量行政主管部门、有关部门和地方制定并颁布，作为检定所依据的法定技术文件，分别在全国、本部门、本地区施行。

所有的计量器具都必须实施相应的检定。其中，社会公用的计量标准、部门和企事业单位使用的最高计量标准，用于贸易结算、医疗卫生、环境监测等方面的某些计量器具，则必须由政府计量行政主管部门所属的法定计量检定机构或授权的计量检定机构对它们实施定点定期的强制检定。检定合格的计量器具被授予检定证书并在计量器具上加盖检定标记；不合格者或未经检定者，则应停止使用。

（6）测量方法

测量的基本形式是比较，即将被测量与标准量进行比对。可根据测量的方法、手段、目的、性质对测量进行分类。这里仅按照测量值获取的方法对常见的分类进行介绍，把测量分为直接测量、间接测量和组合测量。

1）直接测量

直接测量指无须经过函数关系的计算，直接通过测量仪器得到的被测值的测量。如温度计测水温、卷尺测靶距等。

根据被测量与标准量的量纲是否一致，直接测量又可分为直接比较和间接比较。利用卷尺测量靶距、利用惠斯通电桥比较两只电阻的大小属于直接比较；利用水银温度计测体温是根据水银热胀冷缩的物理规律，事先确定水银柱的高度与温度之间的函数关系，将水银的高度作为被测温度的度量，属于间接比较。

按测量条件不同，直接测量又分为等精度（等权）直接测量和不等精度（不等权）直接测量两种。对某被测量进行多次重复直接测量，如果每次测量的仪器、环境、方法和测量人员都保持一致，则称之为等精度测量；若测量中每次测量条件不尽相同，则称之为不等精度测量。

2）间接测量

在直接测量值的基础上，根据已知函数关系，计算出被测量的量值的测量。如通过测定某段时间内火车运动的距离来计算火车运动的平均速度，这就属于间接测量。

3）组合测量

指将直接测量值或间接测量值与被测量值之间按已知关系组合成一组方程（函数关系），

通过解方程组得到被测值的方法。组合测量实质是间接测量的拓展，其目的就是在不提高计量仪器准确度的情况下，提高被测量值的准确度。

（7）测量装置

测量装置（测量系统）是指为了确定被测量值所必需的器具和辅助设备的总体。其组成部分已在前面介绍过。

讨论测量装置往往会涉及一些术语：

① 传感器　是直接用于被测量，并能按一定规律将被测量转换成同种或别种量值输出的器件。

② 测量变换器　提供与输入量有给定关系的输出量的测量器件。当测量变换器的输入量为被测量时，该测量变换器就是传感器；当测量变换器的输出量为标准信号时，它就被称为变送器。在自动控制系统中，常常用到变送器。

③ 检测器　用以指示某种特定量的存在而不必提供量值的器件或物质。在某些情况下，只有当量值达到规定阈值时才有指示。化学试纸就是一种检测器。

④ 测量器具的示值　由测量器具所指示的被测量值。示值用被测量的单位表示。

⑤ 准确度等级　用来表示测量器具的等级或级别。每一等级的测量器具都有相应的计量要求，用来保持其误差在规定极限以内。

⑥ 标称范围　也称示值范围，为测量器具标尺范围所对应的被测量示值的范围。例如，温度计的标尺范围的起点示值为-30℃，终点示值为20℃，其标称范围即为-30℃～20℃。

⑦ 量程　标称范围的上下限之差的模。第⑥条中举例的温度计量程就是50℃。

⑧ 测量范围　在测量器具的误差处于允许极限内的情况下，测量器具所能测量的被测量值的范围。

⑨ 漂移　测量器具的计量特性随时间的慢变化。

（8）测量误差

需要清楚认识到，测量结果总是有误差的。误差自始至终存在于一切科学实验和测量过程中。

1）测量误差定义

测量结果与被测量值之差称为测量误差，即：

$$测量误差=测量结果-真值 \tag{1-1}$$

常简称为误差。此定义联系三个量，显然只需已知其中两个量，就能得到第三个量。但在现实中往往只知道测量结果，其余两个量却是未知的。这就带来许多问题，如：测量结果究竟能不能代表被测量，测量结果有多大的可置信度，测量误差的规律是怎样的，测量结果如何评估，等等。

① 真值 x_0　是被测量在被观测时所具有的量值。从测量角度看，真值是不能确切获知的，是一个理想的概念。

在测量中，一方面无法获得真值，另一方面又往往需要真值。因此，引进了所谓的约定真值。约定真值是指对给定的目的而言，它被认为充分接近于真值，因而可以代替真值。在实际测量中，被测量的实际值、已修正过的算术平均值，均可作为约定真值。实际值是指高一等级的计量标准器具所复现的量值，或测量实际表明它满足规定标准度要求，可用来代替真值使用的量值。

② 测量结果　由测量所得的被测量值。在测量结果的表述中，还应包括测量不确定度和有关影响量的值。

2）误差分类

如果根据误差的统计特征来分，可将误差分为：

① 系统误差。在对同一被测对象进行多次测量过程中，出现某种保持恒定或按确定的方式变化的误差，就是系统误差。在测量偏离了规定的测量条件时，或测量方法引入了会引起某种按确定规律变化的因素时就会出现此类误差。

通常按系统误差的正负号和绝对值是否已经确定，可将系统误差分为已定系统误差和未定系统误差。在测量中，已定系统误差可以通过修正来消除。

② 随机误差。当对同一量进行多次测量中，误差的正负号和绝对值以不可预知的方式变化，则此类误差称为随机误差。测量过程中有众多、微弱的随机影响因素存在，它们是产生随机误差的原因。

随机误差就其个体而言是不确定的，但其总体却有统计规律可循。

随机误差不可能被修正。但在了解其统计规律之后，可以控制和减少它们对测量结果的影响。

③ 粗大误差。这是一种明显超出规定条件下预期误差范围的误差，是由于某种不正常原因造成的。在数据处理时，允许也应该剔除含有粗大误差的数据，但必须有充分依据。

实际工作中常根据产生误差的原因把误差分为：器具误差、方法误差、调整误差、观测误差和环境误差。

3）误差表示方法

根据误差的定义，误差的量纲和单位应当和被测量一样。这是误差表述的根本出发点。然而习惯上常用于被测量量纲、单位不同的量来表述误差。严格地说，它们只是误差某种特征的描述，而不是误差量值本身，学习时应注意它们的区别。

常用的误差表示方法有下列几种：

① 绝对误差。直接用式（1-1）来表示。它是一个量纲和单位都和被测量相同的量。

② 相对误差

$$相对误差 = \frac{误差}{真值} \cong \frac{误差}{测量结果} \tag{1-2}$$

显然，相对误差是无量纲量，其大小是描述误差和真值的比值大小，而不是误差本身的绝对大小，在多数情况下，相对误差采用%、‰或百万分数（10^{-6}）来表示。

例1.2　设真值 $x_0 = 2.00\text{mA}$，测量结果 $x_r = 1.99\text{mA}$，则

$$误差 = (1.99 - 2.00)\text{mA} = -0.01\text{mA}$$

$$绝对误差 = -0.01\text{mA}$$

$$相对误差 = -\frac{0.01}{2.00} = -0.005 = -0.5\%$$

③ 引用误差

这种表示方法只用于表示计量器具特性的情况中，计量器具的引用误差就是计量器具的绝对误差与引用值之比。引用值一般指计量器具标称范围的最高值或量程。例如，温度计标称范围为-20℃～50℃，其量程为70℃，引用值为50℃。

例 1.3 用标称范围为 0～150V 的电压表测量时，当示值为 100.0V 时，电压实际值为 99.4V，这时电压表的引用误差为：

$$引用误差 = \frac{100.0\text{V} - 99.4\text{V}}{150\text{V}} = 0.4\%$$

显然，在此例中，用测量器具的示值来代替测量结果，用实际值代替真值，引用值则采用量程。

④ 分贝误差。分贝误差的定义为：

$$分贝误差 = 20 \times \lg(测量结果 \div 真值) \tag{1-3}$$

分贝误差的单位是 dB。对于一部分的量（如广义功），其分贝误差需改用下列公式：

$$分贝误差 = 10 \times \lg(测量结果 \div 真值) \tag{1-4}$$

单位仍为 dB。根据此定义，当测量结果等于真值，即误差为零时，分贝误差必定等于 0dB。

分贝误差本质上是无量纲量，是一种特殊形式的相对误差。在数值上，分贝误差和相对误差有一定关系。

例 1.4 计算例 1.2 的分贝误差。

$$分贝误差 = 20 \times \lg(1.99 \div 2.00)\text{dB} = -20 \times 0.00218\text{dB} = -0.0436\text{dB}$$

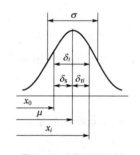

图 1-11 测量误差及其
分布特性

必须特别指出，误差和误差特征量是两个完全不同的概念。下面用简图来说明测量误差和其分布特征量的关系。

图 1-11 中，x_0 为被测量真值；x_i 为第 i 次的测量值；μ 为测量值概率分布的期望（平均值）；σ 为测量值概率分布的标准偏差，是常用的误差特征量之一；δ_i 为第 i 次测量的误差值；δ_{ri} 为第 i 次测量的随机误差；δ_s 为系统误差。

从原则上来说，μ 是测量值的平均值；σ 却不是误差值，而是描述随机误差分布特性的特征量，简而言之，是误差的统计特征量之一。图 1-11 是在特定的系统误差 δ_s 和测量值 $N \sim (\sigma, \mu)$ 服从正态分布下作出的。

误差值和分布的标准偏差是不同的，各次测量的误差值彼此不同。误差分布的标准偏差说明误差值的分散程度，在许多场合下，σ 比考查 δ 简易可行，因而有些人在用语上常把二者混为一谈。

（9）测量精度和不确定度

测量精度是反映测量结果与真值接近程度的量，泛指测量结果的可信程度。它与误差的大小相对应，因此可用误差大小来表示精度的高低，误差小则精度高，误差大则精度低。从计量学来看，描述测量结果可信程度更为规范化的术语有：准确度、精密度、正确度和不确定度。

1）测量精密度

表示测量结果中随机误差大小的程度，也指在一定条件下进行多次测量时所得结果彼此的符合程度。注意：精密度≠精度。

2）测量正确度

表示测量结果中系统误差大小的程度，它反映了在规定条件下测量结果中所有系统误差的综合。

3）测量准确度

表示测量结果和被测量真值之间的一致程度，它反映了测量结果中所有随机误差与系统误差的综合，也称测量精确度。

如图 1-12 所示，用打靶结果进行表示，以靶心作为真值，靶上的弹着点作为测量结果。如图（a）所示，弹着点分散，但总体却围绕靶心，表示系统误差小而随机误差大，即正确度高而精密度低；如图（b）所示，弹着点集中，但都偏向一边，表示系统误差大而随机误差小，即正确度低而精密度高；如图（c）所示，弹着点集中且接近靶心，系统误差与随机误差都小，即正确度和精密度都高，即准确度高。

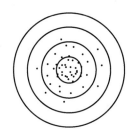 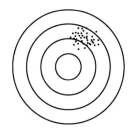 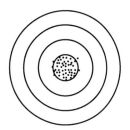

(a) 系统误差小，随机误差大　　(b) 系统误差大，随机误差小　　(c) 系统误差小，随机误差小

图 1-12 精度示意

4）测量不确定度

由于测量误差的存在，被测量的真值难以确定，通常只能得到被测量真值的最佳估计值。既然是估计，必然带有不确定性，因此引入测量不确定度来表示对被测量真值所处量值范围的评定；或者说，是对被测量真值不能肯定的误差范围的一种评定。不确定度是测量误差量值分散性的指标，它表示对测量值不能肯定的程度。测量结果应带有这样一个指标。只有知道测量结果的不确定度时，此测量结果才有意义和用处。如图 1-13 测量结果所示，完整的测量结果不仅应包括被测量的量值，还应包括它的不确定度。用测量不确定度来表明测量结果的可信赖程度，不确定度越小，测量结果可信度越高，其使用价值越高。

根据原国家技术监督局的有关规定，本教材将以国际计量局（The International Bureau of Weights and Measures，BIPM）于 1980 年提出的建议《实验不确定度的规定建议书 INC-1（1980）》为依据来介绍测量不确定度的概念、符号和表达式。

测量结果
├── 被测量的量值
└── 不确定度

图 1-13 测量结果

用标准差来表征不确定度，称为标准不确定度。按其数值的评定方法可以把它归为两类：A 类分量和 B 类分量。

A 类分量由统计方法计算得来，即根据测量结果的统计分布进行估计，并用实验标准偏差 s（样本标准偏差）来表征。

B 类分量是根据经验或其他信息来估计的，并可用近似的、假设的标准偏差 μ 来表征。

有几个问题需要注意：

首先，精密度、准确度和正确度都是用它们的反面——不精密度、不准确度和不正确度的程度来进行定量表征。例如，人们规定准确度为若干计量单位或真值的百分之几，其意思是所得测量结果和真值之间的差或相对误差将不超过该规定范围。这种表征方式意味着这个数值越大，精密度、准确度和正确度越低。

其次，在实际中，很少使用正确度一词，尤其是近年来广泛使用不确定度，以及国际计量大会建议尽量避免使用系统不确定度和随机不确定度两个术语以后，系统不确定度的反面——正确度就更少使用了。

第三，测量重复性和复现性也是评价测量质量的重要概念。测量重复性是指在实际相同测量条件（即同一测量程序、同一测量器具、同一观测者、同一地点、同一使用条件）下，在短时间内对同一被测量进行连续多次测量时，其测量结果之间的一致性。测量复现性是指在不同测量条件（即不同测量原理和方法、不同测量器具、不同观测者、不同地点、不同使用条件、不同时间）下，对同一被测量进行测量时，其测量结果间的一致性。测量复现性可用测量结果的分散性来定量表示。

第四，误差和不确定度的区别与联系。误差和不确定度都是评价测量结果质量高低的指标，都可作为测量结果的精度评定参数。但它们之间也有明显的区别。

（10）测量器具的误差

测量器具在完成测量任务的同时也给测量结果带来误差。在研究测量的误差时，会涉及以下概念。

① 测量仪器的示值误差　指测量器具的示值与被测量真值（约定真值）之差。例如电压表的示值为 30V，而电压实际值为 30.5V，则电压表的示值误差等于-0.5V。

② 基本误差　指测量仪器在标准条件下所具有的误差，也称固有误差。

③ 允许误差　指技术标准、检定规程等对测量仪器所规定的允许的误差极限值。

④ 测量器具的准确度　指测量器具给出接近于被测量真值的示值的能力。

⑤ 测量器具的重复性和重复性误差　指在规定的使用条件下，测量器具重复接收相同的输入，测量器具给出非常相似的输出的能力。测量器具的重复性误差就是测量器具造成的随机误差分量。

⑥ 回程误差　也称滞后误差，是指在相同条件下，被测量值不变，测量器具行程方向不同时，其示值之差的绝对值。

⑦ 误差曲线　表示测量器具误差与被测量之间的函数关系的曲线。

⑧ 校准曲线　表示被测量的实际值与测量器具示值之间的函数关系的曲线。

（11）测量结果的表达方式

从误差的定义出发，每次测量都有一个误差值。这个误差值包含着各种因素产生的分量，其中必定包含随机误差。显然，只有通过多次重复测量才能由测得值的统计分析中获得误差的统计特性。

从概率统计学来看，需要足够多乃至无限次的测量才能完全掌握测量数据和误差的概率分布性质，但在实际实验中，只能做到有限次，因而，测量数据只是总体中的一个样本。通过此样本获得的统计量只能是测量数据总体特征量的某种估计值，因而，它们只能近似地反映实验数据和误差的统计性质。

尽管用样本的统计量作为测量数据总体特征量的估计值会带来相应的统计采样误差，但从解决问题的角度来看，是可行的。因此，测量数据处理的基本任务就是求得测量数据的样本统计量，以便得到一个既接近于真值又可信的估计值以及它偏离真值程度的估计。

本书将在估计值符号的顶上加"＾"符号。

1）用到的某些概率统计学概念

误差分析和数据处理的基础是概率统计学。因此，把概率统计学中的某些概念与测量联系起来对于正确理解关于数据处理的讨论非常有必要。

从测量方面看，每次测量将获得一个测量值，它是测量随机数据总体中的一个元素，对同一量重复进行多次测量，将获得一组测得值 $x_i, i = 1, 2, \cdots, n$，这组数据称为测量序列。它是随机数据的一个样本实现（简称样本），其容量为 n。测量序列的算术平均值 $\bar{x}$（也称样本平均值）由下式定义：

$$\bar{x} = \frac{\sum\limits_{i=1}^{n} x_i}{n} \tag{1-5}$$

从测量角度看，总体期望值 μ 即是真值 x_0。样本平均值 $\bar{x}$ 是总体期望值 μ 的无偏估计值，即可令 $\bar{x} = \hat{\mu}$，因而，可用 $\bar{x}$ 来估计真值 x_0。

测量序列的标准偏差 s 由下式定义：

$$s = \sqrt{\frac{\sum\limits_{i=1}^{n} (x_i - \bar{x})^2}{n-1}} \tag{1-6}$$

它是样本的标准偏差，它和总体标准偏差 σ 不一样，不可混淆。但它确实是总体标准偏差 σ 的无偏估计值，因而，可令 $s = \hat{\sigma}$。

需要特别指出的是，上述说法适用于各种分布。

当进行多组多次重复测量时，能得到多个测量序列以及它们的样本平均值和样本标准偏差。如果这些平均值离散程度超过一定限度，则表明这些数据不属于同一总体；从测量的角度来说，就是各组平均值之间存在系统误差。如果各样本的标准偏差之间的离散程度超过一定限度，同样表明它们不属于同一总体；从测量角度来看，则是各测量序列测量精密度不同。如果要同时使用这些平均值，就必须按不等精度测量的情况来考虑，给各测量序列数据以不同的重视程度。

应该特别注意的是，样本平均值和样本标准偏差都是随机变量，因而也有其自身的分布规律（样本的分布规律称为抽样分布）。因此，抽样分布又具有其自身的平均值和样本标准偏差。

样本平均值 $\bar{x}$ 服从正态分布 $\bar{x} \sim N(\mu, \sigma_{\bar{x}})$，即 $\bar{x}$ 的数学期望也是 μ，它的标准偏差 $\sigma_{\bar{x}}$ 为 $\dfrac{\sigma}{\sqrt{n}}$，$\dfrac{\sigma}{\sqrt{n}} < \sigma_x$。这个结论表明：

① 从测量的角度看，单次测得值 x_i 和 $\bar{x}$ 都可作为真值的估计，但用 $\bar{x}$ 来估计更可靠，因为 $\bar{x}$ 的标准偏差比较小。

② $\bar{x}$ 是多次测量的结果，这是采用多次测量来提高测量精密度的原因。

③ 如果 σ 用其估计值 s（样本标准偏差）来代替，则有：

$$\widehat{\sigma_{\bar{x}}} = \frac{s}{\sqrt{n}} \tag{1-7}$$

2）测量数据的概率分布

如前所述，测量过程中有许多因素会造成误差，使测量数据的分布变得复杂。严格来说，在大多数情况下，测量数据的分布都不是正态分布。但误差分析中的大多数公式却是在正态分布的基础上建立的。为了正确使用这些公式，必须在测量过程中注意发现和消除系统误差，检验数据是否服从正态分布。

测量数据往往还会由于意外原因出现异常值（也称离群值）。这种异常值含有粗大误差，属于小概率事件。为了不使它们影响测量结果的准确度，应该运用概率分析和现场分析的办法来剔除它们。

总之，由于测量数据分布情况复杂，应当经过消除系统误差、正态性检验和剔除含有粗大误差的数据这三个步骤后，数据才可进一步处理。本教材后面所使用的数据是在已完成这三个步骤的基础上来讨论的。有关这三个方面的知识，可参阅有关概率统计或误差与数据处理方面的资料。

3）测量结果的表达方式

经过上述三个步骤之后，便可用适当的方式来表达测量结果。

① 之前有过这样的测量结果表达式：

$$x_0 = \bar{x} \pm \delta_{\max} \tag{1-8}$$

式中，$\delta_{\max}$ 是所谓的极限误差，其意义为：误差不超过此界限。$\delta_{\max}$ 不是误差而是误差的临界值，$\pm\delta_{\max}$ 是误差不得超出的范围。从概率统计学来看，规定任一个界限，必定有一个被超出的概率。为了防止误差超出此界限，往往加大 $\delta_{\max}$，以至于达到不合理的地步，此时无法说明测量精确度。所以，此方法已被淘汰。

② 后来，人们将区间估计原理应用于测量结果的表达，同时表明测量结果的准确度和置信度。

如前所述，设 n 次测得值组成的样本 $(x_1, x_2, \cdots, x_n)$，可计算出样本平均值 $\bar{x} = \dfrac{1}{n}\sum_{i=1}^{n} x_i$ 和样本平均值的标准偏差的估计值 $\widehat{\sigma_{\bar{x}}}$ 之间的关系：

$$\widehat{\sigma_{\bar{x}}} = \sqrt{\frac{\sum_{i=1}^{n}(x_i - \bar{x})^2}{n(n-1)}} \tag{1-9}$$

注意样本平均值的标准偏差 $\sigma_{\bar{x}}$ 和样本标准偏差 s 两者的区别，不可混淆。

按照概率统计理论，如果测量值 x 服从正态分布 $N(\mu, \sigma^2)$，而且总体平均值 μ 和总体标准偏差 σ 都未知，随机变量 $\dfrac{\bar{x}-\mu}{\sigma_{\bar{x}}}$ 服从自由度为 $n-1$ 的 t 分布。设事件 $\left(-t_\beta \leqslant \dfrac{\bar{x}-\mu}{\sigma_{\bar{x}}} \leqslant t_\beta\right)$ 的概率为 β，即：

$$P\left(-t_\beta \leqslant \frac{\bar{x}-\mu}{\sigma_{\bar{x}}} \leqslant t_\beta\right) = \beta \tag{1-10}$$

或者说，随机区间 $[\bar{x}-t_\beta\sigma_{\bar{x}},\ \bar{x}+t_\beta\sigma_{\bar{x}}]$ 包容真值的概率为 β。现用 $\widehat{\sigma_{\bar{x}}}$ 代替 $\sigma_{\bar{x}}$，则测量结果就可表达为：

$$x_0 = \bar{x} \pm t_\beta\widehat{\sigma_{\bar{x}}} \quad (\text{置信概率}\beta) \tag{1-11}$$

相应于各种置信概率 β 的 t_β 值，可从 t 分布表查得。

所选用的置信概率因行业而异，通常物理学中采用 0.6826，生物学中采用 0.99，而工业技术中采用 0.95。

例 1.5 测量 5 个样品的拉断力 F_i 分别为 7890N、8130N、8180N、8200N、8020N。要求置信概率为 0.90，试说明该批材料的抗拉极限的试验结果。

解： 以样本平均值 $\overline{F}$ 作为该批材料拉断力的估计值：

$$\overline{F} = \frac{\sum\limits_{i=1}^{5} F_i}{5} = 8084\text{N}$$

$\overline{F}$ 的标准偏差估计值为：

$$\widehat{\sigma_{\overline{F}}} = \sqrt{\frac{\sum\limits_{i=1}^{5}(F_i - \overline{F})^2}{5 \times (5-1)}} = 58\text{N}$$

查 t 分布表，根据置信概率 $\beta = 0.9$，自由度 $\nu = n-1 = 5-1 = 4$，查得 $t_{0.9} = 2.132$。最后测量结果为

$$F_0 = (8084 \pm 2.13 \times 58)\text{N} = (8084 \pm 124)\text{N}\ （置信概率为0.9）$$

从理论上说，这种表达方式是合理的。这样的测量结果表达方式能同时说明准确度和置信概率，其意义明确。很明显，$t_\beta \widehat{\sigma_{\overline{x}}}$ 越小，β 越大，表明测量结果既精确又可信。但这种表达方式却与测量数据所服从的概率分布密切相关，其解释受到所服从的概率分布限制。

③ 近年来，国际上越来越多地采用下式来表达测量结果：

$$测量结果 = 样本平均值 \pm 不确定度 \tag{1-12}$$

在直接测量的情况下，不确定度可用样本平均值 $\overline{x}$ 的标准偏差 $\sigma_{\overline{x}}$ 来表征。

由于随机变量 $\overline{x}$ 的标准偏差 $\sigma_{\overline{x}} = \dfrac{\sigma}{\sqrt{n}}$，如果 σ 用其估计值 s 来代替，则 $\overline{x}$ 的标准偏差 $\sigma_{\overline{x}}$ 的估计值 $\widehat{\sigma_{\overline{x}}} = \dfrac{s}{\sqrt{n}}$。这样，测量结果可表达为：

$$x_0 = \overline{x} + \widehat{\sigma_{\overline{x}}} = \overline{x} + \frac{s}{\sqrt{n}} \tag{1-13}$$

这是近年来国内外推行的测量结果表达方式。

显然，对于只测量一次的情况而言，就有一个具体的问题：平均值和样本偏差如何计算。这种情况下，一般只能引用以往同等条件和相近条件下多次测量的统计结果；或者根据测量器具检定证书授权的等级（对应一定的误差限），结合其最小分度值来确定。对于后一种办法，就是将给出的值假定为来自均匀分布的误差限。对于单侧误差限和双侧误差限的分布情况而言，其标准偏差和误差限之比分别是 $\dfrac{1}{\sqrt{3}}$ 和 $\dfrac{1}{\sqrt{12}}$，也就是把误差限除以 $\sqrt{3}$ 和 $\sqrt{12}$，然后用其结果作为不确定度的估计值。

（12）误差的合成与分配

1）间接测量误差的传递

在间接测量中，函数的形式主要为初等函数，且一般为多元函数，其表达式为：

$$y = f(x_1, x_2, \cdots, x_n) \tag{1-14}$$

式中，$x_1, x_2, \cdots, x_n$ 为各个直接测量值；y 为间接测量值。

对于多元函数，增量可以用全微分表示，根据高数中微分学可知，式（1-14）函数增量 $\mathrm{d}y$ 为：

$$\mathrm{d}y = \frac{\partial f}{\partial x_1}\mathrm{d}x_1 + \frac{\partial f}{\partial x_2}\mathrm{d}x_2 + \cdots + \frac{\partial f}{\partial x_n}\mathrm{d}x_n \tag{1-15}$$

则间接测量误差传递公式为：

$$\Delta y = \frac{\partial f}{\partial x_1}\Delta x_1 + \frac{\partial f}{\partial x_2}\Delta x_2 + \cdots + \frac{\partial f}{\partial x_n}\Delta x_n \tag{1-16}$$

式中，Δy 是间接测量值误差；Δx_i 是直接测量误差。

2）误差合成

① 随机误差的合成。在间接测量中，对 n 个直接测量的量都进行了 N 次等精度测量，其相应的随机误差为：

$$对 x_1: \quad \delta_{x_{11}}, \quad \delta_{x_{12}}, \cdots, \quad \delta_{x_{1N}}$$
$$对 x_2: \quad \delta_{x_{21}}, \quad \delta_{x_{22}}, \cdots, \quad \delta_{x_{2N}}$$
$$\vdots$$
$$对 x_n: \quad \delta_{x_{n1}}, \quad \delta_{x_{n2}}, \cdots, \quad \delta_{x_{nN}}$$

根据式（1-16）可得 y 的随机误差为：

$$\begin{cases} \delta_{y_1} = \dfrac{\partial f}{\partial x_1}\delta_{x_{11}} + \dfrac{\partial f}{\partial x_2}\delta_{x_{21}} + \cdots + \dfrac{\partial f}{\partial x_n}\delta_{x_{n1}} \\[2mm] \delta_{y_2} = \dfrac{\partial f}{\partial x_1}\delta_{x_{12}} + \dfrac{\partial f}{\partial x_2}\delta_{x_{22}} + \cdots + \dfrac{\partial f}{\partial x_n}\delta_{x_{n2}} \\[2mm] \qquad\qquad\qquad\qquad \vdots \\[2mm] \delta_{y_N} = \dfrac{\partial f}{\partial x_1}\delta_{x_{1N}} + \dfrac{\partial f}{\partial x_2}\delta_{x_{2N}} + \cdots + \dfrac{\partial f}{\partial x_n}\delta_{x_{nN}} \end{cases} \tag{1-17}$$

将上式两边平方相加，并分别除以 N，根据方差的定义，可得：

$$\sigma_y^2 = \left(\frac{\partial f}{\partial x_1}\right)^2\sigma_{x_1}^2 + \left(\frac{\partial f}{\partial x_2}\right)^2\sigma_{x_2}^2 + \cdots + \left(\frac{\partial f}{\partial x_n}\right)^2\sigma_{x_n}^2 + 2\sum_{1\leq i<j}^{n}\frac{\partial f}{\partial x_i}\frac{\partial f}{\partial x_j}\frac{\sum\limits_{m=1}^{N}\delta_{x_{im}}\delta_{x_{jm}}}{N} \tag{1-18}$$

若定义协方差 $K_{ij} = \dfrac{\sum\limits_{m=1}^{N}\delta_{x_{im}}\delta_{x_{jm}}}{N}$，相关系数 $\rho_{ij} = \dfrac{K_{ij}}{\sigma_{xi}\sigma_{xj}}$，则 $K_{ij} = \rho_{ij}\sigma_{xi}\sigma_{xj}$。

令误差传递系数 $a_1 = \dfrac{\partial f}{\partial x_1}$，$a_2 = \dfrac{\partial f}{\partial x_2}, \cdots$，$a_n = \dfrac{\partial f}{\partial x_n}$，则：

$$\sigma_y^2 = a_1^2\sigma_1^2 + a_2^2\sigma_2^2 + \cdots + a_n^2\sigma_n^2 + 2\sum_{1\leq i<j}^{n}(a_i a_j \rho_{ij}\sigma_i\sigma_j) \tag{1-19}$$

若 n 个直接量标准差的估计值为 s_1，s_2，$\cdots$，s_n，则间接被测量标准差的估计值为：

$$s = \sqrt{a_1^2 s_1^2 + a_2^2 s_2^2 + \cdots + a_n^2 s_n^2 + 2 \sum_{1 \leqslant i < j}^{n} (a_i a_j \rho_{ij} s_i s_j)} \qquad (1\text{-}20)$$

式（1-20）为随机误差合成式，式中包含了相关项，反映了各随机误差相互间的线性关联对函数总误差的影响。相关性的强弱由相关系数来表示，确定两误差间的相关系数比较难，通常采用直接判断法、试验观察和简略计算法、理论计算法来确定。

② 系统误差的合成。系统误差具有确定的变化规律，根据对系统误差掌握的程度，可分为已定系统误差和未定系统误差。由于这两种系统误差的特征不同，其合成方法也不同。已定系统误差的大小和方向已经确切掌握，可直接按照式（1-16）进行合成。已定系统误差一般通过修正消除，最后的测量结果不再包含已定系统误差。未定系统误差的大小和方向未能确切掌握，或不必花费过多精力去掌握，在实际应用过程中只能或只需要估计某一极限范围。当测量条件不断变化时，系统误差在这个范围内的取值也随之改变，并服从一定的规律。理论上这个规律是确定的，取决于误差源的变化规律，但实际上常常较难求得，因此未定系统误差的取值在一定范围内具有随机性。但是，当测量条件不变时，多次重复测量系统误差固定不变，这是与随机误差的重要区别。当多项未定系统误差综合作用时，它们之间在一定程度上具有抵偿性，因而未定系统误差的合成完全可以采用随机误差的合成公式（1-20）。

③ 系统误差与随机误差的合成。若测量过程中有 r 个单项已定系统误差，s 个单项未定系统误差，q 个单项随机误差，它们的误差值或极限误差分别如下：

$\Delta_1, \Delta_2, \cdots, \Delta_r$ ——已定系统误差；

e_1，e_2，$\cdots$，e_s ——极限误差（未定系统误差）；

δ_1，δ_2，$\cdots$，δ_q ——极限误差（随机误差）。

对应的误差传递系数分别是 $a_1, a_2, \cdots, a_r$，$b_1, b_2, \cdots, b_s$，$c_1, c_2, \cdots, c_q$。未定系统误差与随机误差的极限误差置信系数分别是 $t_{b_1}, t_{b_2}, \cdots, t_{b_s}$，$t_{c_1}, t_{c_2}, \cdots, t_{c_q}$。则测量结果的极限误差为：

$$\Delta_{\text{总}} = \sum_{i=1}^{r} a_i \Delta_i \pm t \sqrt{\sum_{i=1}^{s} \left(\frac{b_i e_i}{t_{bi}}\right)^2 + \sum_{i=1}^{q} \left(\frac{c_i \delta_i}{t_{ci}}\right)^2 + K} \qquad (1\text{-}21)$$

式中，K 为各误差间协方差之和。

若已定系统误差已修正，而且各误差间互不相关时，则：

$$\Delta_{\text{总}} = \pm t \sqrt{\sum_{i=1}^{s} \left(\frac{b_i e_i}{t_{bi}}\right)^2 + \sum_{i=1}^{q} \left(\frac{c_i \delta_i}{t_{ci}}\right)^2} \qquad (1\text{-}22)$$

若测量过程中仅存在 s 个单项未定系统误差的标准差是 $\mu_1, \mu_2, \cdots, \mu_r$；$q$ 个单项随机误差的标准差为 $\sigma_1, \sigma_2, \cdots, \sigma_q$。各误差间互不相关时，$n$ 次重复测量的测量结果平均值的总标准差为：

$$\sigma = \sqrt{\sum_{i=1}^{s} (b_i \mu_i)^2 + \frac{1}{n} \sum_{i=1}^{q} (c_i \sigma_i)^2} \qquad (1\text{-}23)$$

3）最佳测量方案的确定

已定系统误差可以通过修正的方法来消除，所以只考虑随机误差和未定系统误差，并且各个直接量误差之间相互独立时，间接量的标准差为：

$$s_y = \sqrt{\left(\frac{\partial f}{\partial x_1}\right)^2 s_1^2 + \left(\frac{\partial f}{\partial x_2}\right)^2 s_2^2 + \cdots + \left(\frac{\partial f}{\partial x_n}\right)^2 s_n^2} \qquad (1\text{-}24)$$

由上式可知，影响 s_y 的因素包括直接量的误差、误差项的数目和误差传递系数。欲使 s_y 最小，就需要从以下几个方面考虑。

① 选择最佳函数误差公式。一般情况下，间接测量中的部分误差项越少，则函数误差也会越小，即直接测量值的数目越少，函数误差也越小。所以在间接测量中，如果可由不同的函数公式来表示，则应选取包含直接测量值最少的函数公式。若不同函数公式所包含的直接测量值相同，则应选取误差较小的直接测量值的函数公式。例如，测量零件几何尺寸时，在相同条件下，测量内尺寸的误差一般要比测量外尺寸的误差大，应尽量选择包含外尺寸的函数公式。

② 使误差传递系数等于零或最小。如果能使某个测量值对函数的误差传递为零或最小，则函数误差可相应减小。在具体的测量中，有时不可能使误差传递系数为零，但可以通过选择最佳的测量条件来减小传递系数。

4）误差分配

测量结果的总误差由多项误差组成，如果给定测量结果总误差的允差，如何选择合适的测量方法来满足这个要求，就是误差分配问题。对于前述的三类误差，已定系统误差可通过修正的方法消除，所以只需要考虑随机误差和未定系统误差。因这两种误差的合成方法基本相同，因此只考虑随机误差分配的情况即可。

假设各误差因素皆为随机误差，且互不相关，总误差标准差由式（1-24）表示。若已给定 s_y，需要确定相应的 s_i，以满足：

$$s_y \geqslant \sqrt{\left(\frac{\partial f}{\partial x_1}\right)^2 s_1^2 + \left(\frac{\partial f}{\partial x_2}\right)^2 s_2^2 + \cdots + \left(\frac{\partial f}{\partial x_n}\right)^2 s_n^2} \qquad (1\text{-}25)$$

或 $s_y \geqslant \sqrt{D_1^2 + D_2^2 + \cdots + D_n^2}$

其中，$D_i = \left(\frac{\partial f}{\partial x_i}\right)^2 s_i^2$ 函数的部分误差。求解 D_i 为不确定解，最直观的方法是使各个部分误差对总误差的影响相等，即：

$$D_1 = D_2 = \cdots = D_n = \frac{s_y}{\sqrt{n}} \qquad (1\text{-}26)$$

由此可得：

$$s_i = \frac{s_y}{\dfrac{\partial f}{\partial x_i}\sqrt{n}} \qquad (1\text{-}27)$$

按照上述原则分配误差可能会出现不合理的情况，因此，误差的分配需要在等作用原则下进行调整，对难以实现测量的误差项适当扩大，对容易实现测量的误差项尽可能减小，然后根据误差合成公式计算调整后的总误差。

（13）数据处理的基本方法

1）最小二乘法

最小二乘法是在多学科中广泛应用的数学工具，可用来解决参数估计、数据处理、回归分析、曲线拟合等一系列问题。

在测试装置的静态标定过程中，得到 n 组输入输出数据点 (x_i, y_i)，$i = 1, 2, \cdots, n$。若这些数据点的连线大致在一条直线上，可用线性函数 $y = f(x)$ 进行拟合，并设：

$$f(x) = ax + b$$

式中，a、b 为待定常数。

最理想的情况是使直线 $y = ax + b$ 经过所有的数据点。但实际上这是不可能的。因此，只能选择合适的 a 和 b，使 $f(x) = ax + b$ 在 $x_1, x_2, \cdots, x_n$ 处的函数值 $f(x_i)$ 与实测数据 $y_1, y_2, \cdots, y_n$ 相差都很小，即偏差 $y_i - f(x_i)$ 都很小。

因此，选合适的 a 和 b，使 $M = \sum_{i=1}^{n} \left(y_i - (ax_i + b) \right)^2$ 最小，来保证偏差很小，这种根据偏差的平方和最小为条件来选择常数 a、b 的方法叫最小二乘法。

2）回归分析

在生产和科学试验中，经常遇到各种变量，变量间的关系主要分为两类：函数关系和相关关系。回归分析是处理相关关系的一种数理统计方法。处理两个变量之间相关关系的统计方法叫一元回归，如果两个变量之间的关系是线性的则称为一元线性回归，否则称为一元非线性回归。

（14）动态测试数据的处理

在生产实践和科学研究中，需要观测大量的现象及其参量。根据这些量是否随时间而变化，测试技术分为静态测试和动态测试。本章前面讲述的误差处理方法都是针对静态测试数据的。与静态测试数据不同的是动态数据信息中添加了时间信息。动态测试数据除了包含反映被测量及测试系统等的状态或特性的某些有用信息外，也会存在误差。

动态测试误差指动态测试中，被测量任一时刻的测得值减去被测量同一时刻的真值所得的代数差，即：

$$e(t) = x(t) - x_0(t) \tag{1-28}$$

式中，$e(t)$ 为动态测试误差；$x(t)$ 为被测量的测得值；$x_0(t)$ 为被测量的真值。

动态测试误差包含了参与动态测量的各种因素的误差，如装置误差、人员误差、环境误差等，因此动态测试误差也分为系统误差、随机误差和粗大误差。通常情况下，动态测试数据与动态测试数据误差都是随时间变化的。在进行动态测试数据处理时，可认为其是静态测试的拓展，但在误差评定、评定方法、数据处理方法等方面与静态测试数据的处理有很大区别。

动态测试误差评定的方法基本上可归纳为先验分析法和数据处理法。先验分析法是根据理论分析和过去的经验，分析测量误差的各种来源（系统或随机的），估计各自的误差指标，然后合成最终的误差值。测试系统动态特性引起的系统误差在先验分析法中占有重要的地位。一个理想的测试系统应该满足不失真的条件。实际上，现实中测量装置都难以完全理想地实现不失真。数据处理方法需从实际测得的动态数据本身出发，分离误差并进行评定。在实际测量中，通常是两种方法相结合，再用其他方法或技术相配合进行数据处理。

动态测试的原始数据一般要进行截取、离散化、异常数据剔除等预处理，然后进行误差分离、误差评定等，最后再运用频谱分析等方法进行处理。

尽管动态测试数据是连续的，但为了数据处理的方便，需要进行离散化，离散化后的数据会混入一些由粗大误差引起的异点，必须将其剔除。目前对异点检测的手段并不十分完善，但还是有些方法，如 Tukey 提出的稳健性的 53H 法，可检测出异点。其基本思想是：假定正常的数据是平滑的，而异点是突变的，用中位数法进行异点的剔除。

本章小结

本章主要介绍了测试与测量的关系、测试系统的应用、测试系统的一般组成；测试技术的发展现状；本书的主要内容、学习方法及学习目的；还介绍了一些与测量相关的基本概念。本章学习的要点是：掌握测试的概念、系统组成及与测量相关的基本概念，了解测试系统的应用及测试技术的发展现状。

📝 思考题与习题

扫码获取本书资源

1-1　请将下列诸测量结果中的绝对误差改写为相对误差：

① 1.0182544V±7.8μV

② （25.04894±0.00003）g

③ （5.482±0.026）g/cm²

1-2　为什么选用电表时，不但要考虑它的准确度，而且要考虑它的量程？为什么使用电表时应尽可能在电表量程上限的三分之二以上使用？用量程为150V的0.5级电压表和量程为30V的1.5级电压表分别测量25V电压，请问哪一个测量准确度高？

1-3　如何表达测量结果?对某量进行 8 次测量，测得值分别为：802.40、802.50、802.38、802.48、802.42、802.46、802.45、802.43。求其测量结果。

1-4　用米尺逐段测量一段 10m 的距离，设测量 1m 距离的标准差为 0.2mm。如何表示此项间接测量的函数式？求此 10m 距离的标准差。

1-5　圆柱体的直径及高的相对标准差均为 0.5%，其体积的相对标准差为多少？

1-6　观察身边的自动化装置或设备，分析其测试目标、测试参量及应用的传感器。

1-7　分析现代测试技术应用及发展现状，撰写一篇关于我国测试技术发展的综述，字数不少于 2000 字。

第 2 章

简支梁振动及其固有频率测量

随着生产技术的发展，动力结构具有向尺度极限化（大型化和微型化）、高速化、复杂化和轻量化发展的趋势，由此带来的振动问题也越来越突出。解决振动问题主要有两种方法——理论方法和实验方法，两种方法相辅相成，将它们结合运用是解决工程振动的有效方法。

振动理论是以物理系统为研究对象，通过物理参数建立运动微分方程，利用矩阵理论求出固有频率和主振型，再利用主振型进行坐标变换，求得主振型坐标下的响应，通过反变换回到物理坐标，即可求得物理坐标系下的响应结果。而工程振动测试技术是振动理论的逆向思维，它是由测得的响应求出固有频率和主振型等物理系统的物理参数，所以振动理论在测试过程中起着指导作用。对于工程技术人员来说，只有掌握了振动理论的基本概念，才能深入地开展振动试验研究。

本书以简支梁的振动测量为重点研究对象，以测量其固有频率为基本目标，引入与此测试系统相关的理论、概念、方法、设备。

2.1 振动的基本理论

2.1.1 振动及其分类

机械振动是指物体在其稳定的平衡位置附近所做的往复运动。物体的位移、速度、加速度等物理量是随着时间往复变化的。

机械振动是一种常见的物理现象，如机床的振动、钟摆的摆动、飞机机翼的颤动、汽车运行时发动机和车体的振动等。振动的存在，一方面会影响机器的正常运转，使机床的加工精度、精密仪器的灵敏度下降，严重时还会引起机器的损坏，此外还会引发噪声污染环境。另一方面，人们利用机械振动的特征，设计制造了众多机械设备，如振动筛选机、振动研磨机、振动输送机、振动打桩机等。

为了研究振动现象的基本特征，需要将研究对象，可能是一个零部件、一台机器或者一个完整的工程结构，适当进行简化和抽象，形成一种理想化模型，我们称之为振动系统。振动系统分为两大类：连续系统与离散系统。

具有连续分布的质量和弹性的系统，称为连续弹性体系统，板壳、梁、轴等的物理参数一般是连续分布的，符合理想弹性体的基本假设，即均匀、各向同性且服从胡克定律。由于确定弹性体上无数质点的位置需要无限多个坐标，因此弹性体是具有无限多自由度的系统，它的振动规律需要用时间和空间坐标函数来描述，其运动方程是偏微分方程。

在一般情况下，连续系统又称为分布参数系统，为能够便于分析，需要对连续系统进行简化，用适当的准则将分布参数凝缩成有限个离散的参数，这样连续系统变为离散系统。离散系统中的一种典型系统是由有限个惯性元件、弹性元件及阻尼元件等组成的质量-弹簧-阻尼系统，这类系统称为集中参数系统。其中，惯性元件是对系统惯性的抽象，即仅计质量的质点或仅计转动惯量和质量的刚体，是储存动能的元件；弹性元件是对系统弹性的抽象，即不计质量的弹簧、仅具有某种刚度（如抗弯刚度、抗扭刚度等）但不具有质量的梁和轴等，是储存势能的元件；阻尼元件是对系统阻尼因素的抽象，通常表现为不计惯性和弹性的阻尼缓冲器。阻尼元件是耗能元件，主要以热能形式消耗振动过程中的机械能。

对离散系统建立的振动方程为常微分方程。根据所具有的自由度数目的不同，离散系统又分为单自由度系统和多自由度系统。

实际振动系统是非常复杂的，从运动微分方程中所含的参数性质的不同，可分为线性系统和非线性系统。线性系统是在系统的运动微分方程中只包含位移、速度的一次方项。如果还包含位移、速度的二次或者高次项，则是非线性系统。因此，振动系统按运动微分方程的形式分为线性振动和非线性振动。线性振动的一个重要特性是符合叠加原理，而非线性系统叠加原理不成立。

振动系统按激励的性质可分为固有振动、自由振动、受迫振动、自激振动和参数振动等。

固有振动：无激励时系统所有可能的运动的集合，固有振动不是真实的振动，它仅反映系统关于振动的固有特性。

自由振动：激励消失后系统所作的振动，是现实的振动。

受迫振动：系统受到外部激励作用下所产生的振动。

自激振动：系统受到其自身运动诱发出来的激励作用而产生和维持的振动，这时系统包含有补充能量的能源。例如，演奏提琴所发出的乐音，就是琴弦自激振动所致；车床切削加工时在某种切削量下所发生的高频振动，架空的电缆在风的作用下所发生的舞动以及飞机机翼的颤振等，都属于自激振动。

参数振动：激励因素是以系统本身的参数随时间发生变化的形式引发的振动。秋千在初始小摆角下被越荡越高就是参数振动的典型例子。

2.1.2 单自由度系统的振动

为便于分析，一般将连续振动系统简化为有限个自由度的离散系统。而单自由度系统是研究多自由度系统和连续系统的基础。

（1）无阻尼系统的自由振动

如图 2-1 所示，质量为 m 的物块（可视为质点）挂在不计质量的弹簧下端，弹簧自然长度为 l_0，刚度系数为 k，此力学模型是典型的单自由度无阻尼质量-弹簧系统。

1）自由振动方程

以图 2-1 所示的质量-弹簧系统为研究对象，设置系统

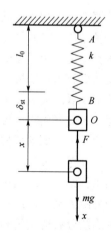

图 2-1 单自由度无阻尼质量-弹簧系统

坐标：取物块平衡位置为坐标原点 O，x 轴沿弹簧变形方向铅直向下为正。

当物块在静平衡位置时，由平衡条件 $\sum F_x = 0$，得到：

$$mg = k\delta_{st} \tag{2-1}$$

式中，δ_{st} 为弹簧的静变形。

当物块偏离平衡位置 x 距离时，物块的运动微分方程为：

$$m\ddot{x} = -kx \tag{2-2}$$

将式（2-2）两边除以 m，并令：

$$\omega_n = \sqrt{\frac{k}{m}} \tag{2-3}$$

则式（2-2）可写成：

$$\ddot{x} + \omega_n^2 x = 0 \tag{2-4}$$

式（2-4）为图 2-1 所示质量-弹簧系统的振动微分方程，称之为无阻尼自由振动微分方程，是二阶常系数线性齐次方程。由微分方程理论可知，式（2-4）的通解为：

$$x = C_1 \cos(\omega_n t) + C_2 \sin(\omega_n t) \tag{2-5}$$

式中，C_1 和 C_2 为积分常数，由物体运动的初始条件确定。设 $t = 0$ 时，$x = x_0$，$\dot{x} = \dot{x}_0$。可得：

$$C_1 = x_0，\quad C_2 = \frac{\dot{x}_0}{\omega_n}$$

则式（2-5）可写成：

$$x = x_0 \cos(\omega_n t) + \frac{\dot{x}_0}{\omega_n} \sin(\omega_n t) \tag{2-6}$$

也可写成下述形式：

$$x = A \sin(\omega_n t + \varphi_0) \tag{2-7}$$

式中：

$$\begin{cases} A = \sqrt{x_0^2 + \left(\dfrac{\dot{x}_0}{\omega_n}\right)^2} \\ \varphi_0 = \arctan \dfrac{\omega_n x_0}{\dot{x}_0} \end{cases} \tag{2-8}$$

式（2-6）、式（2-7）为物块振动方程的两种形式，称为无阻尼自由振动。

2）振幅、初相位和频率

由式（2-7）可知，无阻尼的自由振动是以其静平衡位置为中心的简谐振动。系统的静平衡位置为振动中心，其振幅 A 和初相位 φ_0 由式（2-8）决定。

系统的振动圆频率 ω_n 为：

$$\omega_n = \sqrt{\frac{k}{m}} \tag{2-9}$$

系统振动频率 f 为：

$$f = \frac{\omega_n}{2\pi} = \frac{1}{2\pi}\sqrt{\frac{k}{m}} \qquad (2\text{-}10)$$

系统的振动周期 T 为：

$$T = \frac{1}{f} = \frac{2\pi}{\omega_n} = 2\pi\sqrt{\frac{m}{k}} \qquad (2\text{-}11)$$

这表明，振动频率只与振动系统的刚度系数 k 和物块的质量 m 有关，与运动的初始条件无关，因此，将频率 f 称为固有频率，将圆频率 ω_n 称为固有圆频率。

由式（2-1）可知，$k = \dfrac{mg}{\delta_{st}}$，代入式（2-3）得：

$$\omega_n = \sqrt{\frac{g}{\delta_{st}}} \qquad (2\text{-}12)$$

这是用弹簧静变形量 δ_{st} 表示自由振动固有圆频率的计算公式。

（2）有阻尼系统的衰减振动

在无阻尼系统的自由振动中，振动将无限延续。但在实际系统中，随着时间的推移，振动的幅度将逐渐衰减，最后趋于零而停止振动。这说明振动除了受到弹性力的作用还受到了阻力的作用。振动过程中的阻力统称为阻尼。

常见的黏性阻尼产生的阻力 F_R 在物体低速（小于 0.2m/s）运动中与速度成正比，表示为：

$$F_R = -cv \qquad (2\text{-}13)$$

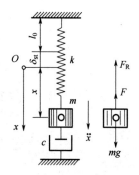

式中，负号表示阻尼力的方向与物体的速度方向相反；c 为黏性阻尼系数，它与物体的形状、尺寸、介质有关，单位是 $(N \cdot s)/m$。

1）衰减振动微分方程

图 2-2 所示为有阻尼的质量-弹簧-阻尼系统简化模型。物块下端为阻尼器。

仍以静平衡位置 O 为坐标原点，选 x 轴铅垂向下为正，则可写出物块运动的微分方程：

$$m\ddot{x} = -c\dot{x} - kx \qquad (2\text{-}14)$$

图 2-2 有阻尼的单自由度
质量-弹簧-阻尼系统

将式两边除以 m，令 $\omega_n^2 = \dfrac{k}{m}$，$2n = \dfrac{c}{m}$，其中 n 为衰减系数，它的单位是 s^{-1}，式（2-14）可写成

$$\ddot{x} + 2n\dot{x} + \omega_n^2 x = 0 \qquad (2\text{-}15)$$

这就是有阻尼自由振动微分方程，它是二阶常系数线性齐次微分方程。

当 $n < \omega_n$，即欠阻尼的情形下，方程（2-15）的通解为：

$$x = e^{-nt}[C_1 \cos(\omega_d t) + C_2 \sin(\omega_d t)] \qquad (2\text{-}16)$$

式中，$C_1 = x_0$，$C_2 = \dfrac{nx_0 + \dot{x}_0}{\omega_d}$，$\omega_d = \sqrt{\omega_n^2 - n^2}$。

式（2-16）也可以写成：

$$x = Ae^{-nt}\sin(\omega_d t + \varphi_0) \tag{2-17}$$

式中：

$$\begin{cases} A = \sqrt{x_0^2 + \left(\dfrac{\dot{x}_0 + nx_0}{\omega_d}\right)^2} \\[3mm] \varphi_0 = \arctan\dfrac{\omega_d x_0}{\dot{x}_0 + nx_0} \end{cases} \tag{2-18}$$

与式（2-17）对应的振动如图 2-3 所示，物块在平衡位置附近做往复运动，具有振动的性质。但它的振幅不是常数，而是随着时间的延长而衰减，通常称为衰减振动。

2）阻尼对衰减振动周期和振幅的影响

① 阻尼对周期的影响。衰减振动，即欠阻尼自由振动的周期 T_d 是指物体由最大偏离位置起经过一次振动循环又到达另一最大偏离位置所经过的时间。由振动方程（2-17）得到欠阻尼振动的周期：

$$T_d = \frac{2\pi}{\omega_d} = \frac{2\pi}{\omega_n}\frac{1}{\sqrt{1-\left(\dfrac{n}{\omega_n}\right)^2}} = \frac{T}{\sqrt{1-\zeta^2}} \tag{2-19}$$

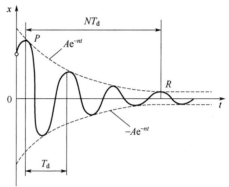

图 2-3 有阻尼系统自由振动

式中，$T = \dfrac{2\pi}{\omega_n}$ 为无阻尼自由振动的周期。令 $\zeta = \dfrac{n}{\omega_n}$，已知 $n = \dfrac{c}{2m}$，$\omega_n = \sqrt{\dfrac{k}{m}}$，则：

$$\zeta = \frac{c}{2m}\sqrt{\frac{m}{k}} = \frac{c}{2\sqrt{km}} \tag{2-20}$$

式中，c 为实际阻尼系数，$2\sqrt{km}$ 为临界阻尼系数，故 ζ 称为阻尼比。$\zeta < 1$ 为欠阻尼。

由式（2-19）可知，由于阻尼的存在，当 $\zeta < 1$ 时衰减振动的周期比 T_d 比无阻尼振动的周期 T 大。但通常 $\zeta \ll 1$，故可近似地认为有阻尼自由振动的周期与无阻尼自由振动的周期相等。

② 阻尼对振幅的影响。由式（2-17）可看出，衰减振动的振幅随时间按指数规律衰减。设经过一个周期 T_d，在同方向的相邻两个振幅分别为 A_i 和 A_{i+1}，即：

$$A_i = Ae^{-nt_i}\sin(\omega_d t_i + \varphi_0)$$

$$A_{i+1} = Ae^{-n(t_i+T_d)}\sin\left[\omega_d(t_i + T_d) + \varphi_0\right]$$

其中，$\sin(\omega_d t_i + \varphi_0) = \sin\left[\omega_d(t_i + T_d) + \varphi_0\right]$，两振幅之比为：

$$\eta = \frac{A_i}{A_{i+1}} = e^{nT_d} \tag{2-21}$$

η 称为振幅缩减率或减幅系数。

例 2.1 若 $\zeta = 0.05$，算得

$$\eta = e^{nT_d} = e^{\frac{2\pi\zeta}{\sqrt{1-\zeta^2}}} \approx 1.37$$

即物体每振动一次，振幅就减少 27%。

由例 2.1 可见，在欠阻尼情况下，周期的变化虽然微小，但振幅的衰减却非常显著，它是按几何级数衰减的。

振幅缩减率的自然对数称为对数缩减率，以 δ 表示：

$$\delta = \ln\eta = nT_{\mathrm{d}} = \frac{2\pi\zeta}{\sqrt{1-\zeta^2}} \approx 2\pi\zeta \tag{2-22}$$

由此可以看出，振幅的对数缩减率仅与 ζ 相关。

（3）简谐激励下的受迫振动

由于阻尼的存在，自由振动会逐渐衰减至完全停止。要使系统持续振动，应在系统上施加激振力或激励位移等外部激励。这类外部激励作用下所产生的振动称为受迫振动。

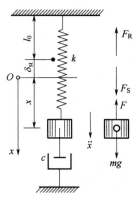

图 2-4 受迫振动系统

1）振动微分方程

在图 2-4 中，具有黏性阻尼的振动系统上，作用一简谐激振力：

$$F_{\mathrm{S}} = H\sin(\omega t)$$

以平衡位置 O 为坐标原点，以 x 轴铅直向下为正，则物块的运动微分方程为：

$$m\ddot{x} = -c\dot{x} - kx + H\sin(\omega t)$$

将上式两端除以 m，令 $\omega_{\mathrm{n}}^2 = \dfrac{k}{m}$，$2n = \dfrac{c}{m}$，$h = \dfrac{H}{m}$，上式可写成：

$$\ddot{x} + 2n\dot{x} + \omega_{\mathrm{n}}^2 x = h\sin(\omega t)$$

这是具有黏性阻尼的单自由度受迫振动微分方程，是二阶常系数线性非齐次微分方程。

对于欠阻尼 $n < \omega_{\mathrm{n}}$ 的情形，方程（2-23）的解可写成：

$$x(t) = A\mathrm{e}^{-nt}\sin(\omega_{\mathrm{d}}t + \varphi_0) + B\sin(\omega t - \varphi) \tag{2-24}$$

由此可知，受迫振动是由两部分组成：前一部分为方程（2-15）所示齐次微分方程通解，如式（2-17）所示，是角频率为 ω_{d} 的衰减振动，式（2-18）给出了 A 和 φ_0 的计算方法；后一部分是角频率为 ω 的受迫振动。由于阻尼的存在，衰减振动经过一定的时间后就消失了。在衰减振动完全消失之前，系统的振动称为暂态响应。在此之后，是稳定的等幅受迫振动，这是受迫振动的稳态响应。因此，系统的稳态运动方程为：

$$x(t) = B\sin(\omega t - \varphi) \tag{2-25}$$

它是一简谐振动，其频率与激振频率相同，时间上与激振力落后一相角 φ，称为相位差，式中 B 是受迫振动的振幅。

式（2-25）中：

$$\left\{ \begin{aligned} &B = \frac{h}{\sqrt{(\omega_{\mathrm{n}}^2 - \omega^2)^2 + (2n\omega)^2}} \\ &\varphi = \arctan\frac{2n\omega}{\omega_{\mathrm{n}}^2 - \omega^2} \end{aligned} \right. \tag{2-26}$$

上式表明，稳态受迫振动的振幅 B 和相位差 φ 取决于系统的固有频率、阻尼、激振力的幅值和频率，与运动的初始条件无关。

2）受迫振动的振幅 B、相位差 φ 与系统的阻尼和固有频率之间的关系

强迫振动的振幅在实际工程应用中是很重要的参数，它关系着振动系统的变形、强度和工作状态。为了探讨振幅 B 与 ω_n、ω、n 等参数的定量关系，将式（2-26）中第一个式子改写为无量纲形式：

$$B = \frac{\dfrac{h}{\omega_n^2}}{\sqrt{\left[1-\left(\dfrac{\omega}{\omega_n}\right)^2\right]^2 + 4\left(\dfrac{n}{\omega_n}\right)^2\left(\dfrac{\omega}{\omega_n}\right)^2}}$$

令 $B_0 = \dfrac{h}{\omega_n^2} = \dfrac{H}{k}$，相当于在激振力的力幅作用下弹簧的静伸长，称为静力偏移；

令 $\lambda = \dfrac{\omega}{\omega_n}$，是激振力频率与系统固有频率之比，称为频率比；

令 $\zeta = \dfrac{n}{\omega_n} = \dfrac{c}{2\sqrt{km}}$，是系统阻尼与系统临界阻尼之比，称为阻尼比；

令 $\beta = \dfrac{B}{B_0}$，是振幅与静力偏移的比值，称为放大系数。

由上式得：

$$\beta = \frac{1}{\sqrt{(1-\lambda^2)^2 + (2\zeta\lambda)^2}} \tag{2-27}$$

式（2-26）的第二个式子可写成：

$$\varphi = \arctan\frac{\dfrac{2n\omega}{\omega_n^2}}{1-\dfrac{\omega^2}{\omega_n^2}} = \arctan\frac{2\zeta\lambda}{1-\lambda^2} \tag{2-28}$$

图 2-5 绘制出对应不同的阻尼比 ζ，放大系数 β-λ 和相位差 φ-λ 的曲线族，即幅频特性曲线和相频特性曲线。

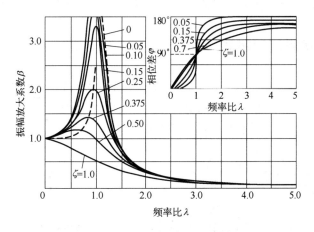

图 2-5　幅频特性曲线和相频特性曲线

对于某一振动系统而言，ω_n 是不变的，激振力的频率 ω 从零开始增加，即 λ 从零开始增加，根据图中的曲线特点将 λ 分成三个区段来讨论幅频、相频曲线特征。

① 低频区指激振力的频率 $\omega \ll \omega_n$，$\lambda \to 0$。

此时，放大系数 $\beta \approx 1$，表示受迫振动的振幅 B 接近于静力偏移 B_0，即激振力的作用接近于静力作用。相位差 $\varphi \approx 0$，表示受迫振动和激振力几乎同相位。从图 2-5 看出，在低频区，阻尼比对放大系数和相位差的影响很小，可忽略不计。但随着 λ 的增大，放大系数和相位差逐渐增大，阻尼比的影响也逐渐明显。

② 共振区指激振力的频率 $\omega = \omega_d = \omega_n \sqrt{1 - 2\zeta^2}$。

此时，放大系数 β 达到极大值，即：

$$\beta_{\max} = \frac{1}{2\zeta\sqrt{1 - \zeta^2}} \qquad (2\text{-}29)$$

ω_d 称为共振频率。在实际问题中，ζ 值很小，$\zeta^2 \ll 1$，故可近似认为当 $\lambda = 1$ 时，β 达到最大值，即：

$$\beta_{\max} \approx \frac{1}{2\zeta}$$

这说明当激振力的频率等于系统的固有频率时，受迫振动的振幅出现最大值，这种现象称为共振。在 $\lambda = 1$ 邻近的振幅较大的区间称为共振区。在此区间，振幅变化十分明显，阻尼比的影响也十分显著。阻尼越小，振幅的峰值越大，若 $\zeta = 0$，则 $\beta_{\max} \to \infty$，因此，增加阻尼 ζ 能有效地抑制共振区的振幅。

当 $\lambda = 1$ 时，$\varphi = 90°$。说明当激振力的频率等于振动系统无阻尼固有频率时，无论阻尼比为何值，相位差均为 $90°$。在振动实验中，常以此判断振动系统是否处于共振状态的一种标志。

③ 高频区指激振力的频率 $\omega \gg \omega_n$，$\lambda \gg 1$。

放大系数 β 逐渐减小而趋于零，这时，阻尼的影响也变得很小，可忽略不计。这说明对于固有频率很低的振动系统而言，高频激振力的作用非常小。

相位差 $\varphi = 180°$，说明，当激振力的频率远远高于固有频率时，受迫振动的位移与激振力是反相位的。

注意：当阻尼比 $\zeta > 0.707$ 时，放大系数 β 从 1 开始单调下降而趋于零。

2.1.3 两自由度系统的振动

（1）两自由度系统的自由振动

如图 2-6 所示为两自由度的质量-弹簧系统。质量为 m_1、m_2 的两物体用不计质量的两个弹簧相连接，弹簧的刚度系数分别是 k_1、k_2，两物体做直线运动，略去摩擦力及其阻尼的影响。

1）运动微分方程

取两物体为研究对象，以它们各自的静平衡位置为坐标原点 O_1、O_2，物体离开平衡位置的位

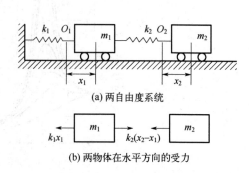

(a) 两自由度系统

(b) 两物体在水平方向的受力

图 2-6 两自由度质量-弹簧系统

移用 x_1、x_2 表示。两物体在水平方向的受力如图 2-6（b）所示，由牛顿第二定律得：

$$\begin{cases} m_1\ddot{x}_1 + (k_1 + k_2)x_1 - k_2 x_2 = 0 \\ m_2\ddot{x}_2 - k_2 x_1 + k_2 x_2 = 0 \end{cases} \tag{2-30}$$

式（2-30）为两自由度系统的自由振动微分方程。其矩阵形式是：

$$\begin{bmatrix} m_1 & 0 \\ 0 & m_2 \end{bmatrix}\begin{bmatrix} \ddot{x}_1 \\ \ddot{x}_2 \end{bmatrix} + \begin{bmatrix} k_1 + k_2 & -k_2 \\ -k_2 & k_2 \end{bmatrix}\begin{bmatrix} x_1 \\ x_2 \end{bmatrix} = \begin{bmatrix} 0 \\ 0 \end{bmatrix} \tag{2-31}$$

上式可写作

$$\boldsymbol{M}\ddot{\boldsymbol{x}} + \boldsymbol{K}\boldsymbol{x} = \boldsymbol{0} \tag{2-32}$$

上式为二阶线性常系数齐次微分方程组，式中

$$\boldsymbol{M} = \begin{bmatrix} m_1 & 0 \\ 0 & m_2 \end{bmatrix}; \quad \boldsymbol{K} = \begin{bmatrix} k_1 + k_2 & -k_2 \\ -k_2 & k_2 \end{bmatrix}$$

分别为质量矩阵和刚度矩阵，m_{ij} 为质量影响系数；k_{ij} 为刚度影响系数。

$\ddot{\boldsymbol{x}} = \begin{bmatrix} \ddot{x}_1 \\ \ddot{x}_2 \end{bmatrix}$ 是速度矩阵；$\boldsymbol{x} = \begin{bmatrix} x_1 \\ x_2 \end{bmatrix}$ 是位移矩阵。令 $m_{11} = m_1$，$m_{22} = m_2$，$m_{12} = m_{21} = 0$，$k_{11} = k_1 + k_2$，

$k_{22} = k_2$，$k_{12} = k_{21}$。

2）频率方程

根据常微分方程理论，设方程（2-31）的解为：

$$\begin{cases} x_1 = A_1 \sin(\omega_n t + \varphi) \\ x_2 = A_2 \sin(\omega_n t + \varphi) \end{cases} \tag{2-33}$$

将式（2-33）代入式（2-31）中，得：

$$\begin{bmatrix} k_{11} - \omega_n^2 m_{11} & k_{12} \\ k_{21} & k_{22} - \omega_n^2 m_{22} \end{bmatrix}\begin{bmatrix} A_1 \\ A_2 \end{bmatrix} = \begin{bmatrix} 0 \\ 0 \end{bmatrix} \tag{2-34}$$

保证式（2-34）有非零解的充要条件是其系数行列式为零，即：

$$\begin{vmatrix} k_{11} - \omega_n^2 m_{11} & k_{12} \\ k_{21} & k_{22} - \omega_n^2 m_{22} \end{vmatrix} = 0 \tag{2-35}$$

这就是图 2-6 所示的两自由度系统的频率方程。它的展开式为：

$$\Delta(\omega^2) = m_{11}m_{22}\omega_n^4 - (m_{11}k_{22} + m_{22}k_{11})\omega_n^2 + k_{11}k_{22} - k_{12}^2 = 0$$

其特征根为：

$$\omega_{n_{1,2}}^2 = \frac{1}{2}\left(\frac{k_{11}}{m_{11}} + \frac{k_{22}}{m_{22}}\right) \mp \sqrt{\frac{1}{4}\left(\frac{k_{11}}{m_{11}} - \frac{k_{22}}{m_{22}}\right)^2 + \frac{k_{12}k_{21}}{m_{11}m_{22}}} \tag{2-36}$$

$$\begin{cases} \omega_{n_1}^2 = \dfrac{1}{2}\left(\dfrac{k_1 + k_2}{m_1} + \dfrac{k_2}{m_2}\right) - \sqrt{\dfrac{1}{4}\left(\dfrac{k_1 + k_2}{m_1} - \dfrac{k_2}{m_2}\right)^2 + \dfrac{k_2^2}{m_1 m_2}} \\[4mm] \omega_{n_2}^2 = \dfrac{1}{2}\left(\dfrac{k_1 + k_2}{m_1} + \dfrac{k_2}{m_2}\right) + \sqrt{\dfrac{1}{4}\left(\dfrac{k_1 + k_2}{m_1} - \dfrac{k_2}{m_2}\right)^2 + \dfrac{k_2^2}{m_1 m_2}} \end{cases} \tag{2-37}$$

特征根 $\omega_{n_1}^2$、$\omega_{n_2}^2$ 是两个大于零的不相等的正实根。ω_{n_1}、ω_{n_2} 是系统的自由振动频率，即固有频率。较低的 ω_{n_1} 称为第一阶固有频率；较高的 ω_{n_2} 称为第二阶固有频率。从式（2-36）看出，这两个固有频率与运动的初始条件无关，仅与振动系统的物理特性，即质量、刚度相关。

3）主振型

将式（2-37）代入式（2-33）得到：

第一阶主振动 $\begin{cases} x_1^{(1)} = A_1^{(1)} \sin(\omega_{n_1} t + \varphi_1) \\ x_2^{(1)} = A_2^{(1)} \sin(\omega_{n_1} t + \varphi_1) \end{cases}$

第二阶主振动 $\begin{cases} x_1^{(2)} = A_1^{(2)} \sin(\omega_{n_2} t + \varphi_2) \\ x_2^{(2)} = A_2^{(2)} \sin(\omega_{n_2} t + \varphi_2) \end{cases}$

将两个特征根代入式（2-34），可得到对应于两个固有圆频率的两物体振幅比：

$$\begin{cases} \upsilon_1 = \dfrac{A_2^{(1)}}{A_1^{(1)}} = \dfrac{m_{11}}{k_{12}} \left[\dfrac{1}{2} \left(\dfrac{k_1 + k_2}{m_1} - \dfrac{k_2}{m_2} \right) + \sqrt{ \dfrac{1}{4} \left(\dfrac{k_1 + k_2}{m_1} - \dfrac{k_2}{m_2} \right)^2 + \dfrac{k_2^2}{m_1 m_2} } \right] > 0 \\ \upsilon_2 = \dfrac{A_2^{(2)}}{A_1^{(2)}} = \dfrac{m_{11}}{k_{12}} \left[\dfrac{1}{2} \left(\dfrac{k_1 + k_2}{m_1} - \dfrac{k_2}{m_2} \right) - \sqrt{ \dfrac{1}{4} \left(\dfrac{k_1 + k_2}{m_1} - \dfrac{k_2}{m_2} \right)^2 + \dfrac{k_2^2}{m_1 m_2} } \right] < 0 \end{cases} \tag{2-38}$$

这表明，在第一阶主振动中，质量块 m_1 与 m_2 沿同一方向运动；在第二阶主振动中，质量块 m_1 与 m_2 沿相反方向运动。系统做主振动时，两物块同时经过平衡位置，同时到达最远位置。主振型为以固有频率对应的简谐运动。

（2）两自由度系统的受迫振动

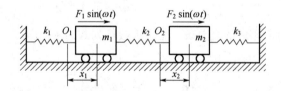

图 2-7 两自由度受迫振动

在图 2-7 所示的两自由度系统力学模型中，两物块所受到的激振力分别为：

$$\begin{cases} F_1(t) = F_1 \sin(\omega t) \\ F_2(t) = F_2 \sin(\omega t) \end{cases}$$

则该系统的受迫振动矩阵形式的微分方程为：

$$M\ddot{x} + Kx = F \sin(\omega t) \tag{2-39}$$

式中，M 为质量矩阵；K 为刚度矩阵；F 为激振力幅值矩阵；ω 为激振频率。

式（2-39）为二阶常系数线性非齐次微分方程组。由微分方程理论可知，其解由对应的齐次方程组的通解和该非齐次方程组的特解组成。前者为系统的自由振动，后者为系统的受迫振动。由于阻尼的存在，自由振动在较短的时间内衰减，而受迫振动不随时间衰减，是系统的稳态响应。

设方程组（3-29）的特解为：

$$\begin{cases} x_1 = B_1 \sin(\omega t) \\ x_2 = B_2 \sin(\omega t) \end{cases} \tag{2-40}$$

令

$$a = \frac{k_{11}}{m_{11}}, \quad b = \frac{k_{12}}{m_{11}}, \quad c = \frac{k_{21}}{m_{22}}, \quad d = \frac{k_{22}}{m_{22}}, \quad f_1 = \frac{F_1}{m_{11}}, \quad f_2 = \frac{F_2}{m_{22}} \tag{2-41}$$

将式（2-40）、式（2-41）代入式（2-39）中解出受迫振动的振幅：

$$\begin{cases} B_1 = \dfrac{(d - \omega^2)f_1 + bf_2}{\Delta(\omega)^2} \\ B_2 = \dfrac{cf_1 + (a - \omega^2)f_2}{\Delta(\omega)^2} \end{cases} \tag{2-42}$$

式中，$\Delta(\omega)^2 = (a - \omega^2)(d - \omega^2) - bc = (\omega_{n_1}^2 - \omega^2)(\omega_{n_2}^2 - \omega^2)$，$\omega_{n_1}$、$\omega_{n_2}$ 为系统的两个固有频率。

于是得出结论：在简谐激振力的作用下，两自由度无阻尼的线性振动系统的受迫振动是以激振力频率为其频率的简谐运动，其振幅由式（2-42）决定，振幅的大小不仅和激振力的幅值 F_1、F_2 有关，还跟激振力的角频率 ω 有关。特别地，当 $\omega = \omega_{n_1}$ 时发生共振，受迫振动的振幅将会以第一阶主振型的振动形态无限增大；当 $\omega = \omega_{n_2}$ 时发生共振，受迫振动的振幅将会以第二阶主振型的振动形态无限增大。与单一自由度振动系统不同，两自由度振动系统一般有两个固有频率，有两阶主振型，因此会发生两次共振。

2.1.4　多自由度系统的振动

（1）多自由度振动系统的运动微分方程

实际的物体与工程结构，其质量和弹性分布是连续的，系统具有无限多个自由度。为简化研究并便于计算，可采用质量聚缩法或有限元法等对连续结构进行离散化，使系统简化为有限多个自由的振动系统，称为多自由度振动系统。若为 n 个自由度的振动系统则需要 n 个独立的坐标来描述。

建立多自由度运动微分方程，一般采用牛顿定律、动力学普遍定理、达朗贝尔原理、动力学普遍方程、拉格朗日方程和哈密顿原理等方法。一般情况下，n 个自由度无阻尼系统的自由振动运动微分方程具有以下形式：

$$\begin{cases} m_{11}\ddot{x}_1 + m_{12}\ddot{x}_2 + \ldots + m_{1n}\ddot{x}_n + k_{11}x_1 + k_{12}x_2 + \ldots + k_{1n}x_n = 0 \\ m_{21}\ddot{x}_1 + m_{22}\ddot{x}_2 + \ldots + m_{2n}\ddot{x}_n + k_{21}x_1 + k_{22}x_2 + \ldots + k_{2n}x_n = 0 \\ \qquad\qquad\qquad\qquad\vdots \\ m_{n1}\ddot{x}_1 + m_{n2}\ddot{x}_2 + \ldots + m_{nn}\ddot{x}_n + k_{n1}x_1 + k_{n2}x_2 + \ldots + k_{nn}x_n = 0 \end{cases} \tag{2-43}$$

写成矩阵形式如下：

$$\boldsymbol{M}\ddot{\boldsymbol{x}} + \boldsymbol{K}\boldsymbol{x} = \boldsymbol{0} \tag{2-44}$$

式中

$$质量矩阵\ \boldsymbol{M} = \begin{bmatrix} m_{11} & m_{12} & \cdots & m_{1n} \\ m_{21} & m_{22} & \cdots & m_{2n} \\ \vdots & \vdots & & \vdots \\ m_{n1} & m_{n2} & \cdots & m_{nn} \end{bmatrix};\ 刚度矩阵\boldsymbol{K} = \begin{bmatrix} k_{11} & k_{12} & \cdots & k_{1n} \\ k_{21} & k_{22} & \cdots & k_{2n} \\ \vdots & \vdots & & \vdots \\ k_{n1} & k_{n2} & \cdots & k_{nn} \end{bmatrix}$$

加速度矢量 $\ddot{\boldsymbol{x}} = [\ddot{x}_1 \quad \ddot{x}_2 \quad \cdots \quad \ddot{x}_n]^T$；位移矢量 $\boldsymbol{x} = [x_1 \quad x_2 \quad \cdots \quad x_n]^T$。只要得到质量矩阵和刚度矩阵也就得到了多自由度无阻尼系统的自由振动的运动微分方程。

（2）多自由度振动系统的固有频率

设 n 自由度系统的各坐标做同步谐振动，其运动微分方程（2-44）的特解即设为：

$$\begin{cases} x_1 = A_1 \sin(\omega_n t + \varphi) \\ x_2 = A_2 \sin(\omega_n t + \varphi) \\ \quad\quad\vdots \\ x_n = A_n \sin(\omega_n t + \varphi) \end{cases}$$

或表示为：$x_i = A_i \sin(\omega_n t + \varphi),\ i = 1, 2, \cdots, n$

又可表示为：

$$\boldsymbol{x} = \boldsymbol{A} \sin(\omega_n t + \varphi) \tag{2-45}$$

式中，$\boldsymbol{A} = [A_1 \quad A_2 \quad \cdots \quad A_n]^T$。

将式（2-45）代入式（2-44）中，得到：

$$(\boldsymbol{K} - \omega_n^2 \boldsymbol{M})\boldsymbol{A} = \boldsymbol{0} \tag{2-46}$$

要使 $\boldsymbol{A}$ 有不全为零的解，必须使其系数行列式等于零。于是得到该系统的频率方程：

$$|\boldsymbol{K} - \omega_n^2 \boldsymbol{M}| = 0 \tag{2-47}$$

式（2-47）是关于 ω_n^2 的 n 次多项式，由它可以求出 n 个角频率。因此，n 个自由度振动系统具有 n 个固有频率。

一般的振动系统的 n 个固有频率值互不相等，将各个固有频率按照由小到大的顺序排列为：

$$0 \leqslant \omega_{n_1} \leqslant \omega_{n_2} \leqslant \cdots \leqslant \omega_{n_n}$$

式中，最低阶固有角频率称为第一阶固有圆频率或基频，然后依次称为第二阶、第三阶等。

（3）多自由度振动系统的主振型

将各个角频率代入式（2-46），可分别求得相应的 $\boldsymbol{A}$。例如，对应于 ω_{n_i} 可以求得 $\boldsymbol{A}^{(i)}$，它满足：

$$(\boldsymbol{K} - \omega_{n_i}^2 \boldsymbol{M})\boldsymbol{A}^{(i)} = \boldsymbol{0}$$

$\boldsymbol{A}^{(i)}$ 为对应于第 i 阶固有圆频率 ω_{n_i} 的特征矢量。它表示系统在以 ω_{n_i} 做自由振动时，各物块振幅 $A_1^{(i)}, A_2^{(i)}, A_3^{(i)}, \cdots, A_n^{(i)}$ 的相对大小，称之为系统的第 i 阶主振型，也称固有振型。

对于任何一个 n 个自由度振动系统总可以找到 n 个固有频率和与之相对应的 n 阶主振型。

$$\boldsymbol{A}^{(1)} = \begin{bmatrix} A_1^{(1)} \\ A_2^{(1)} \\ \vdots \\ A_n^{(1)} \end{bmatrix},\ \boldsymbol{A}^{(2)} = \begin{bmatrix} A_1^{(2)} \\ A_2^{(2)} \\ \vdots \\ A_n^{(2)} \end{bmatrix}, \cdots,\ \boldsymbol{A}^{(n)} = \begin{bmatrix} A_1^{(n)} \\ A_2^{(n)} \\ \vdots \\ A_n^{(n)} \end{bmatrix}$$

为使计算简便进行归一化处理，即令 $A_1^{(i)}=1$，于是，第 i 阶主振型矢量为：

$$\boldsymbol{A}^{(i)} = \begin{bmatrix} 1 & \dfrac{A_2^{(i)}}{A_1^{(i)}} & \cdots & \dfrac{A_n^{(i)}}{A_1^{(i)}} \end{bmatrix}^{\mathrm{T}} \tag{2-48}$$

例 2.2　图 2-8 是三自由度振动系统，设 $m_1 = m_2 = 0.5m_3 = m$，$k_1 = k_2 = k_3 = k$，试求系统的固有频率和主振型。

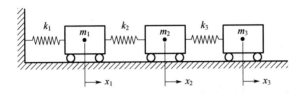

图 2-8　三自由度振动系统

解：选择坐标 x_1、x_2、x_3，如图 2-8 所示。则系统的质量矩阵和刚度矩阵分别为：

$$\boldsymbol{M} = \begin{bmatrix} m & 0 & 0 \\ 0 & m & 0 \\ 0 & 0 & 2m \end{bmatrix}, \quad \boldsymbol{K} = \begin{bmatrix} 2k & -k & 0 \\ -k & 2k & -k \\ 0 & -k & k \end{bmatrix}$$

将 $\boldsymbol{M}$ 和 $\boldsymbol{K}$ 代入频率方程 $|\boldsymbol{K} - \omega_n^2 \boldsymbol{M}| = 0$，得：

$$\begin{vmatrix} 2k - \omega_n^2 m & -k & 0 \\ -k & 2k - \omega_n^2 m & -k \\ 0 & -k & k - 2\omega_n^2 m \end{vmatrix} = 0$$

即

$$2\omega_n^6 - 9\frac{k}{m}\omega_n^4 + 9\left(\frac{k}{m}\right)^2 \omega_n^2 - \left(\frac{k}{m}\right)^3 = 0$$

解方程得到：

$$\omega_{n_1}^2 = 0.126\frac{k}{m}, \quad \omega_{n_2}^2 = 1.2726\frac{k}{m}, \quad \omega_{n_3}^2 = 3.1007\frac{k}{m}$$

系统的三个固有频率为：

$$\omega_{n_1} = 0.3559\sqrt{\frac{k}{m}}, \quad \omega_{n_2} = 1.2810\sqrt{\frac{k}{m}}, \quad \omega_{n_3} = 1.7609\sqrt{\frac{k}{m}}$$

再求特征矩阵的伴随矩阵：

$$\boldsymbol{B} = \boldsymbol{K} - \omega_n^2 \boldsymbol{M} = \begin{bmatrix} 2k - \omega_n^2 m & -k & 0 \\ -k & 2k - \omega_n^2 m & -k \\ 0 & -k & k - 2\omega_n^2 m \end{bmatrix}$$

$$\mathrm{adj}(\boldsymbol{B}) = \begin{bmatrix} (2k - \omega_n^2 m)(k - 2\omega_n^2 m) - k^2 & k(k - 2\omega_n^2 m) & k^2 \\ k(k - 2\omega_n^2 m) & (2k - \omega_n^2 m)(k - 2\omega_n^2 m) & k(2k - \omega_n^2 m) \\ (2k - \omega_n^2 m) & k(2k - \omega_n^2 m) & (2k - \omega_n^2 m)^2 - k^2 \end{bmatrix}$$

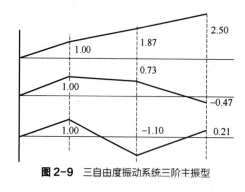

图 2-9 三自由度振动系统三阶主振型

取其第三列，分别将 $\omega_{n_1}^2$、$\omega_{n_2}^2$、$\omega_{n_3}^2$ 代入，依次得到三阶主振型：

$$A^{(1)} = \begin{bmatrix} 1 & 1.8733 & 2.5092 \end{bmatrix}^T$$

$$A^{(2)} = \begin{bmatrix} 1 & 0.7274 & -0.4709 \end{bmatrix}^T$$

$$A^{(3)} = \begin{bmatrix} 1 & -1.1007 & 0.2115 \end{bmatrix}^T$$

三阶主振型如图 2-9 所示。

2.1.5　简支梁的横向自由振动

简支梁具有连续分布的质量和弹性，因此，属于连续系统。具有无限多自由度系统，它的振动规律要用时间和空间坐标的二元函数来描述，其运动方程为偏微分方程，但在物理本质上，振动的基本概念、分析方法与多自由度是相似的。

（1）梁的横向振动微分方程

图 2-10 中，梁在 xoy 平面内做横向振动。假设梁的各截面的中心主惯性轴在同一平面 xoy 内，外载荷也作用在该平面内，且略去剪切变形的影响及截面绕中性轴转动惯量的影响，梁的主要变形是弯曲变形，即通常称为欧拉-伯努利梁（Euler-Bernoulli beam）的模型。

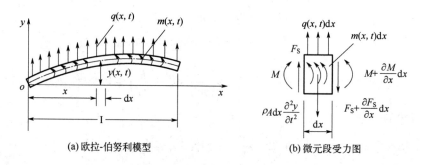

(a) 欧拉-伯努利模型　　　　(b) 微元段受力图

图 2-10　梁的横向振动示意图

在梁上 x 处取长为 $\mathrm{d}x$ 的微元段。在任意瞬时 t，此微元段的横向位移用 $y(x,t)$ 表示；如图 2-10（b）所示微元段的受力图，图中 $q(x,t)$ 表示单位长度梁上分布的外力，$m(x,t)$ 表示单位长度梁上分布的外力矩，M 为弯矩，F_S 为剪力。记梁的密度为 ρ，横截面积为 A，材料的弹性模量为 E，截面对中性轴的惯性矩为 I。由牛顿第二定律写出微元段沿 y 向的运动微分方程：

$$\rho A \mathrm{d}x \frac{\partial^2 y}{\partial t^2} = F_S - \left(F_S + \frac{\partial F_S}{\partial x}\mathrm{d}x \right) + q(x,t)\mathrm{d}x \tag{2-49}$$

化简后：

$$\rho A \frac{\partial^2 y}{\partial t^2} = -\frac{\partial F_S}{\partial x} + q(x,t) \tag{2-50}$$

再由各力对垂直于 xoy 坐标平面的轴的力矩平衡方程，得：

$$\left(M + \frac{\partial M}{\partial x}dx\right) + m(x,t)dx + \frac{q(x,t)}{2}(dx)^2 - M - \left(F_S + \frac{\partial F_S}{\partial x}dx\right)dx = 0 \tag{2-51}$$

略去 $(dx)^2$，简化为：

$$F_S = \frac{\partial M}{\partial x} + m(x,t) \tag{2-52}$$

将式（2-52）代入式（2-50）得：

$$\frac{\partial^2 M}{\partial x^2} + \frac{\partial m}{\partial x} = q(x,t) - \rho A \frac{\partial^2 y}{\partial t^2} \tag{2-53}$$

由材料力学知识可知 $M = EI\frac{\partial^2 y}{\partial x^2}$，代入式（2-53）得：

$$\frac{\partial^2}{\partial x^2}\left(EI\frac{\partial^2 y}{\partial x^2}\right) + \rho A\frac{\partial^2 y}{\partial t^2} = q(x,t) - \frac{\partial}{\partial x}m(x,t) \tag{2-54}$$

式（2-54）就是欧拉-伯努利梁的横向振动微分方程。对于等截面梁，E、I 为常数，式（2-54）可写成：

$$EI\frac{\partial^4 y}{\partial x^4} + \rho A\frac{\partial^2 y}{\partial t^2} = q(x,t) - \frac{\partial}{\partial x}m(x,t) \tag{2-55}$$

（2）两端铰支梁的固有频率和主振型

在式（2-55）中，令 $q(x,t) = 0$，$m(x,t) = 0$，得到梁的横向自由振动的运动微分方程：

$$EI\frac{\partial^4 y}{\partial x^4} + \rho A\frac{\partial^2 y}{\partial t^2} = 0 \tag{2-56}$$

系统是无阻尼的，因此，像解有限多自由度系统那样，假设系统按某一主振型振动时，其上所有质点都做简谐振动。可见梁上所有质点将同时经过平衡位置，并同时达到极限位置。于是式（2-56）的解可以用 x 的函数 $Y(x)$ 与 t 的谐函数的乘积表示，即：

$$y(x,t) = Y(x)[A\cos(\omega_n t) + B\sin(\omega_n t)] \tag{2-57}$$

式中，$Y(x)$ 为主振型或振型函数，即梁上各点按振型 $Y(x)$ 做同步谐振动。将式（2-57）代入式（2-56），得：

$$\frac{d^2}{dx^2}\left(EI\frac{d^2 Y(x)}{dx^2}\right) - \omega_n^2 \rho A Y(x) = 0 \tag{2-58}$$

令 $\beta^4 = \frac{\omega_n^2}{a^2}$，$a^2 = \frac{EI}{\rho A}$，式（2-58）变为：

$$\frac{\partial^4}{\partial x^4}Y(x) = \beta^4 Y(x) \tag{2-59}$$

式（2-59）的通解为：

$$Y(x) = C_1\sin(\beta x) + C_2\cos(\beta x) + C_3\text{sh}(\beta x) + C_4\text{ch}(\beta x) \tag{2-60}$$

根据梁的边界条件，可以确定 β 值及振型函数 $Y(x)$ 中的待定常数因子。简支梁的边界条件需要四个量，即挠度、转角、弯矩、剪力。

在梁的简支端上挠度与弯矩等于 0，即：

$$Y(x) = 0, \quad EI\frac{\partial^2 y}{\partial x^2} = 0, \quad x = 0, l \tag{2-61}$$

将式（2-60）代入式（2-61）得：

$$C_2 = C_3 = C_4 = 0, \quad \sin(\beta l) = 0 \tag{2-62}$$

这是简支梁的频率方程。由此式可得 $\beta_i = \dfrac{i\pi}{l}, \ i = 1, 2, \cdots$。其固有频率为：

$$\omega_{\mathrm{n}} = a\beta^2 = \frac{i^2\pi^2}{l^2}\sqrt{\frac{EI}{\rho A}}, \quad i = 1, 2, \cdots \tag{2-63}$$

主振型函数为：

$$Y_i(x) = C_{1i}\sin\left(\frac{i\pi}{l}x\right), \quad i = 1, 2, \cdots \tag{2-64}$$

分别令 $i = 1, 2, 3$，可得系统的前三阶固有频率和响应的主振型为：

$$\omega_{\mathrm{n}_1} = \frac{\pi^2 a^2}{l^2}, \quad Y_1(x) = C_{11}\sin\left(\frac{\pi}{l}x\right)$$

$$\omega_{\mathrm{n}_2} = \frac{4\pi^2 a^2}{l^2}, \quad Y_2(x) = C_{12}\sin\left(\frac{2\pi}{l}x\right)$$

$$\omega_{\mathrm{n}_3} = \frac{9\pi^2 a^2}{l^2}, \quad Y_3(x) = C_{13}\sin\left(\frac{3\pi}{l}x\right)$$

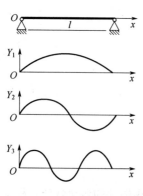

图 2-11 简支梁前三阶主振型

梁的前三阶主振型如图 2-11 所示。

2.2 机械系统固有频率的测量方法

确定机械系统的固有频率往往是一项很重要的工作，一般来说，通过理论和数值计算，可以估计系统固有频率的频率范围。通过振动测量，则可以比较精确地确定系统的固有频率，以验证理论计算结果。测量机械系统的固有频率，一般采用两种方法：自由振动法和强迫振动法。

2.2.1 自由振动法

用自由振动法测量机械系统的固有频率，一般都是测量此系统的低阶固有频率，因为较高阶自由振动衰减较快，在振动波形中不易看到。

通常为了让机械系统产生自由振动，一般采取两种方法。

（1）初位移法

在被测系统上加一个静力，使系统产生一个初始位移，继而把力很快地卸除，机械系统受到突然释放，开始做自由振动。

（2）初速度法

在机械系统上施加一个冲量（即冲击作用），从而使系统产生一个初速度，使系统产生自由振动。

在机械系统中，由于阻尼的存在，系统的自由振动很快衰减。于是，为了测量系统的固有频率，需要把机械系统做衰减振动的位移时间历程记录下来进行处理，测定系统在衰减振动中的固有频率。由振动理论可知，系统做衰减振动的频率 ω_d 与系统的固有频率 ω_n 之间有如下关系：

$$\omega_d = \omega_n \sqrt{1 - 2\zeta^2}$$

由此可知，用自由振动法测得的振动频率，略小于实际固有频率。不过，如果在测固有频率的同时，把系统的阻尼比也测出来，就可以算出 ω_n。

2.2.2 强迫振动法

强迫振动法，实质上就是利用共振的特点来测量机械系统的固有频率，因此，这种方法也叫共振法。在振动测量中，产生强迫振动的方法主要有以下几种。

（1）调节转速法

利用偏心块式激振器安装在机械系统上，激振器的质量与机械系统的质量相比可以忽略不计。逐步提高激振器的转速，并测量机械系统的振幅，当机械系统强迫振动的振幅最大时，就是机械系统发生共振的时候，可以近似认为共振频率就是被测系统的固有频率。发生共振时候的转速叫作临界转速，用 n_c 表示。机械系统的固有频率和固有角频率分别为：

$$f_n = \frac{n_c}{60}, \quad \omega_n = \frac{2\pi n_c}{60} \tag{2-65}$$

但在 ζ 较大时，用上述位移共振法测得的共振频率将与固有频率有较大差别。

（2）调节激振力频率法

1）用电磁激振器激振

如图 2-12（a）所示，信号发生器产生正弦信号，令功率放大器产生功率一定且与信号发生器同频正弦变化的电流，将功率放大器产生的电流送给电磁激振器（接触式、非接触式），以激励机械系统做强迫振动，逐步提高激振器的振动频率，并测量出相应的振幅，在振幅最大时，其激振频率就是系统的共振频率。

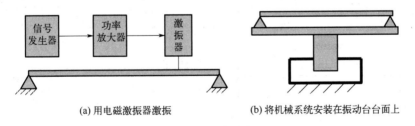

(a) 用电磁激振器激振　　　　(b) 将机械系统安装在振动台台面上

图 2-12 调节激振力频率法示意图

2）将整个机械系统安装在振动台台面上

如图 2-12（b）所示，振动台工作时，整个系统和振动台台面一起做正弦运动，并使被测系统产生牵连惯性力，在牵连惯性力的作用下，被测系统将做强迫振动。当被测系统的质量与振动台台面质量相比很小时，可以将这种激振视为支撑运动式激振。逐步提高振动台振动频率，并让振动台的幅值保持不变，测量出机械系统相应的振幅，找到系统的共振点。

总之，用强迫振动的方法测量机械系统的固有频率，能够得到稳态的振动波形，便于观测，不过它却需要一套能够激励机械系统做强迫振动的激振装置。

与自由振动法相比，用强迫振动法可多获得高阶固有频率。

2.3 简支梁振动测试系统概述

如图 2-13 所示为简支梁固有频率测试系统。

被测对象：为信息源，是各种各样的物质实体，其本身具有各种功能、特性、状态、运动等方面的信息。在简支梁固有频率测试系统中的被测对象为简支梁。从前面的理论分析可知，简支梁为连续振动系统，理论上其固有频率有无穷多阶，相应的也有无穷多个主振型。在实际的测试试验中，只能测出有限个频率较低的固有频率和主振型。

激励装置：使被测对象处于某种能充分显示其特性参数的状态，以便有效地检出有用信息，如图 2-13（a）所示，实际测试系统中的激励装置包括：力锤、信号发生器—功率放大器—激振器（接触式和非接触式激振器）。力锤激励利用初速度法使简支梁发生自由振动从而测量固有频率；信号发生器—功率放大器—激振器采用调节激振力频率法使简支梁发生强迫振动从而依次测出简支梁的各阶固有频率。

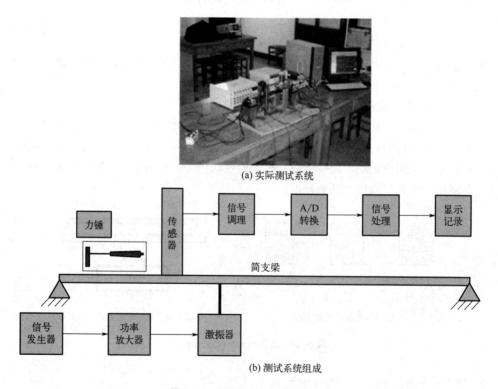

(a) 实际测试系统

(b) 测试系统组成

图 2-13 简支梁固有频率测量系统

传感器：将被测信号转换成相应的容易检测、传输、处理的信号的部件，系统中应用的传感器可将位置、速度、加速度转换为电信号，图 2-13（a）实际测试系统中，采用应变片、压电式加速度传感器等，从而将梁的振动转换成电信号。

信号的调理环节：将传感器输出的电信号转换成适合进一步传输和处理的形式，如放大、调制与解调、滤波等。图 2-13（a）实际测试系统中，采用电荷放大器、动态电阻应变仪等仪器，实现信号的调理。

信号的处理与分析环节：将模拟电信号转换成数字量，分离信、噪，修正测试系统误差，提取特征信息，显示记录等。图 2-13（a）实际测试系统中，信号的处理与分析工作是由数据采集仪、计算机及信号分析软件来完成的。

在此测试系统中，需要将简支梁振动信号中的固有频率信息正确抽取出来。这就还涉及以下问题：

① 如何描述在测试系统中流动的信号？

② 如何处理信号以获得需要的信息？

③ 如何评价测试装置的传输性能？

④ 选择哪种测试装置？

⑤ 分析在整个测试系统中信号的失真问题。

本书就以上几个问题将进行详细讨论。

本章小结

本章主要介绍了振动的基本理论、机械系统固有频率的测量方法及简支梁振动测试系统概述。本章研究路线为从单自由度系统到两自由度系统继而到多自由度系统，研究方法为列出系统的振动微分方程，然后对微分方程求解，分析系统振动的主振型及固有频率。根据理论分析，确定简支梁固有频率测试系统的被测参量、激励方式、激励点位置、测量点位置等信息。

本章学习的要点是：掌握机械系统测试的方法及简支梁固有频率测量的方法；了解机械系统振动的基本理论、基本概念。

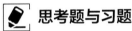 **思考题与习题**

扫码获取本书资源

2-1　简述振动的分类。

2-2　图中简支梁长 $l = 4\text{m}$，抗弯刚度 $EI = 1.96 \times 10^6 \text{N} \cdot \text{m}^2$，且 $k = 4.9 \times 10^5 \text{N} / \text{m}$，$m = 400\text{kg}$，分别求图 2-14 所示两种系统的固有频率。

2-3　图 2-15 所示的简支梁的抗弯强度为 EI，梁本身质量不计，以微小的平动 x_1、x_2、x_3 为坐标，用位移方程法求出系统的固有频率和主振型。假设 $m_1 = m_2 = m_3 = m$。

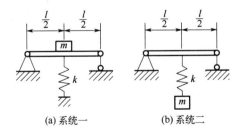

图 2-14　简支梁振动的固有频率

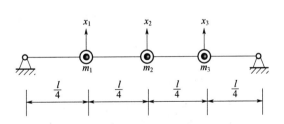

图 2-15　简支梁振动的主振型和固有频率

第 3 章
信号及其描述

在图 2-13 所示的简支梁固有频率测试系统中，简支梁固有频率的信息是隐藏在简支梁的振动信号中的。在生产实践和科学实验中，需要观测大量的现象及其参量的变化。这些变化量可以通过测量装置变成容易测量、记录和分析的电信号。一个信号包含着反映被测系统的状态或特性的某些有用的信息，它是人们认识客观事物内在规律、研究事物之间相互关系、预测未来发展的依据。这些信号通常用时间的函数（或序列）来表述，该函数的图形称为信号的波形。

3.1 信号的分类

根据不同的研究目的，信号有以下几种分类方法。

（1）确定性信号与随机信号

信号按其随时间变化的规律可分为确定性信号和非确定性信号两大类，其中非确定性信号又叫随机信号，如图 3-1 所示。

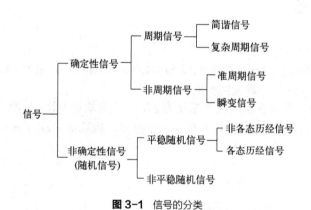

图 3-1 信号的分类

1）确定性信号

如函数 $x = A\mathrm{e}^{-nt}\sin(\omega_{\mathrm{d}}t + \varphi_0)$ 所示，信号 x 可表示为一个确定的时间函数，因而可确定其任何时刻的量值，这种信号称为确定性信号。

确定性信号又分为周期信号和非周期信号。周期信号包括简谐信号和复杂周期信号；非周期信号包括准周期信号和瞬变信号。

① 周期信号。周期信号是按一定时间间隔周而复始重复出现，无始无终的信号，可表达为：

$$x(t) = x(t + nT_0), \quad n = 1, 2, 3\cdots \tag{3-1}$$

式中，T_0 为周期。

例3.1　简谐信号

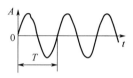

图 3-2　简谐信号

如图 3-2 所示正弦信号为单一频率周期信号，亦称简谐信号，一般可表示为：

$$x(t) = A\sin(\omega t + \varphi)$$

简谐信号的信息包括：幅值 A、角频率 ω 和初相位 φ。

在动态测试研究中，一般以上述三个参数对简谐信号进行识别。这三个参数即测试过程中需要从简谐信号中提取的信息。实际操作中，角频率 ω 也常采用频率 f 表示：

$$f = \frac{\omega}{2\pi}(\text{Hz}) \tag{3-2}$$

频率与周期的关系为：

$$T = \frac{1}{f} = \frac{2\pi}{\omega}(\text{s}) \tag{3-3}$$

例如，图 2-1 所示的单自由度无阻尼振动系统自由振动时，其位移 $x(t)$ 为确定性周期振动。物块瞬时位置的表达式为 $x(t) = A\sin(\omega_n t + \varphi_0)$，为一简谐信号。

例3.2　复杂周期信号　考察由两个分量 $x_1(t) = \sin(3t)$ 和 $x_2(t) = \sin(2t)$ 构成的合成信号，信号的两个分量以及合成结果如图 3-3 所示，合成后得到的仍然为一周期信号。

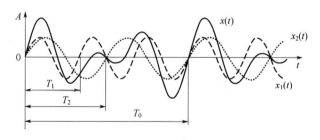

图 3-3　复杂周期信号及其分量波形图

$$x(t) = x_1(t) + x_2(t) = \sin(3t) + \sin(2t)$$

$x_1(t)$ 的周期 $T_1 = \dfrac{2\pi}{3}$，$x_2(t)$ 的周期 $T_2 = \pi$，合成后的信号周期 T_0 为 T_1 和 T_2 的最小公倍数，即

$$T_0 = 3T_1 = 2T_2 = 2\pi$$

据此引出一个重要的结论：两个或多个频率成简单整数比的简谐信号，能够合成一个周期信号。其周期 T_0 为诸分量周期 T_i 的最小公倍数。

这说明将数个频率成整数倍的单一频率周期信号合成，信号在一定时间 T 后（T 为各分量周期 T_i 的最小公倍数）会重复出现，表现出周期信号的特征。即所得到的是一个周期信号，由于这个周期信号中含有多个不同频率的分量，称为复杂周期信号。一般可表示为：

$$x(t) = \sum_{i=1}^{N} A_i \sin(\omega_i t + \varphi_i) = \sum_{i=1}^{N} A_i \sin(n_i \omega_0 t + \varphi_i)$$

式中，n_i 为整数。

设 T 为复杂周期信号的周期，则：

$$T = \frac{2\pi}{\omega_0} \tag{3-4}$$

其中，ω_0 称为基频。

复杂周期信号的信息包括：由多少简谐分量构成；各个简谐分量的特征参数（频率、幅值、初相位）；简谐分量的分布。

② 非周期信号中的准周期信号。确定性信号中那些不具有周期重复性的信号称为非周期信号。它有两种：准周期信号和瞬变非周期信号。

准周期信号是由两种以上的周期信号合成的，但其组成分量间无法找到公共周期，因而无法按某一时间间隔周而复始重复出现，呈现非周期性。

例 3.3　如图 3-4 所示，由两个简谐分量组成的信号 $x(t) = \sin(\sqrt{7}t) + \sin(2t)$。

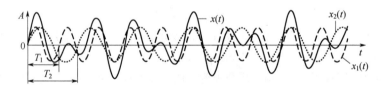

图 3-4　准周期信号及其分量波形图

分析： 本例中由于两个信号分量的频率不成整数比，所以合成后的信号找不到一个公共周期，即合成后的信号永远不会重复出现，从波形图看，呈现非周期的性质。工程中常有这种情况，当几个无关联的周期信号混合作用时，就会形成准周期信号。准周期信号一般可表示为：

$$x(t) = \sum_{i=1}^{N} A_i \sin(\omega_i t + \varphi_i) \tag{3-5}$$

从数学表达式看，准周期信号与周期信号比较，其共同特点是构成分量为简谐信号；不同处为各个频率 ω_i 之间不成整数比。在测试技术中，由于二者均以频率 ω_i、幅值 A_i、相位 φ_i 对信号进行识别，所以对准周期信号按照周期信号处理。

③ 非周期信号中的瞬变信号。除准周期信号之外的其他非周期信号，是一些或者在一定时间区间内存在，或者随着时间的增长而衰减至零的信号，此种信号称为瞬变非周期信号。图 2-2 所示的质量-弹簧-阻尼振动系统自由振动时，其物块瞬时位移的表达式为：

$$x = Ae^{-nt}\sin(\omega_d t + \varphi_0)$$

其图形如图 2-3 所示，它是一种瞬变非周期信号，随时间的增加而衰减至零。

测试技术中常见的典型瞬变信号有以下几类：

a. 阶跃信号，数学表达式为：

$$x(t) = \begin{cases} A, & t \geqslant 0 \\ 0, & t < 0 \end{cases} \tag{3-6}$$

图形如图 3-5 所示。

其物理意义为，信号幅值在某一瞬时从一种状态跃变为另一状态，又称为开关量。从信号变化的角度考察，为短时间作用的瞬变信号。

b. 矩形脉冲信号，数学表达式为：

$$x(t) = \begin{cases} A, & t_1 \leqslant t \leqslant t_2 \\ 0, & t < t_1, t > t_2 \end{cases} \tag{3-7}$$

图形如图 3-6 所示。

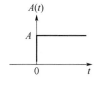

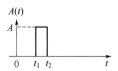

图 3-5 阶跃信号　　　　　　　　　　　**图 3-6** 矩形脉冲信号

从数学描述可表示为两个阶跃信号的叠加；从信号变化角度理解，幅值变化发生在 $t_1 \sim t_2$ 时间段内，为短时间作用的瞬变信号。

c. 单位脉冲信号，数学表达式为：

$$\delta(t - t_0) = \begin{cases} \infty, & t = t_0 \\ 0 & t \neq t_0 \end{cases} \tag{3-8}$$

$$\int_{-\infty}^{+\infty} \delta(t - t_0)\mathrm{d}t = 1 \tag{3-9}$$

图形如图 3-7 所示。

单位脉冲信号从两个方面定义：一是从作用时间定义，作用在 t_0 瞬时，其幅值为无穷大；另一个为积分定义，从信号强度角度描述，单位脉冲信号在整个时间域的积分为 1。

为了理解单位脉冲信号的物理意义，可从矩形脉冲信号分析入手，设矩形脉冲信号对时间的积分为 1（即曲线与时间轴包围的面积 $S=1$），即为信号作用时间（$t_2 - t_1$）A，幅值 A 反映信号的强度。若保持该面积为常量，即表示信号的总强度不变，则作用时间（$t_2 - t_1$）越短，矩形脉冲的幅值越高。当作用时间段缩小到无穷小，即作用在某一瞬时 t_0，则作用幅值为无穷大，但是其乘积仍然保持为常量。上述分析表明，单位脉冲信号可以看作矩形脉冲信号在作用时间无穷小时的特例。

d. 单边指数衰减信号，数学表达式为：

$$x(t) = \begin{cases} A\mathrm{e}^{-at}, & t \geqslant 0 \\ 0, & t < 0 \end{cases} \tag{3-10}$$

图形如图 3-8 所示。

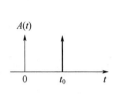

图 3-7　单位脉冲信号

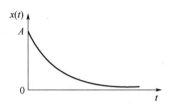

图 3-8　单边指数衰减信号

该信号的特点是信号幅值随时间无限增加衰减至零，其衰减速度由指数系数 a 确定。在测试技术中一般认为，当时间 $t = 6a$ 时，信号幅值即衰减为零。

e．指数衰减振荡信号，信号具有振荡特性，图 3-9 所示的振动系统，A 点为质点 m 的静态平衡位置，若加上阻尼装置后，其质点位移 $x(t)$ 可用下式表示：

$$x(t) = x_0\mathrm{e}^{-at}\sin(\omega_0 t + \varphi_0) \tag{3-11}$$

质点 m 的振动轨迹图形如图 3-10 所示，它是一种瞬变非周期信号，与指数衰减信号相比，信号还具有振荡特性，信号可由指数系数 a、振荡频率 ω_0 和初相位 φ_0 描述。

在上述信号中，阶跃信号、矩形脉冲信号、单位脉冲信号一般作为测试中的激励信号。阶跃信号表示外界的控制量在某个时刻从一个状态跃变为另一个状态；矩形脉冲信号和单位脉冲信号则表示外界在某时刻对系统注入一定的能量，信号主要特征为幅值变化的幅度，以及幅值发生变化的作用时刻。

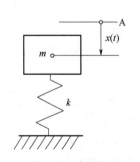

图 3-9　单自由度振动系统

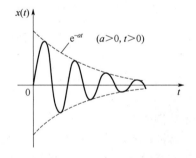

图 3-10　指数衰减振荡信号

指数衰减信号和振荡衰减信号则一般为被测对象对外界激励（扰动）的响应信号，实际物理系统中一般都有耗能元件，在没有外界能量持续补充的情况下，其运动状态一般呈现指数衰减形式。动态测试需要从指数衰减信号中提取的信息为指数系数 a，对于衰减振荡信号则还要添加振动频率 ω_0 和初相位 φ_0。

2）随机信号

随机信号是一种不能准确预测未来瞬时值，也无法用数学关系式来描述的信号。但是，它具有某些统计特征，可以用概率统计方法由其过去来估计其未来。随机信号所描述的现象是随机过程。自然界和生活中有许多随机过程，例如汽车运动时产生的振动、环境噪声等。图 3-11 所示为随机信号的测量结果与概率密度。

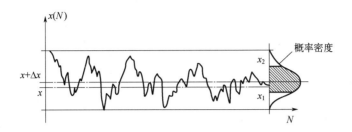

图 3-11 随机信号的测量结果与概率密度

（2）连续信号和离散信号

按信号的取值特征，根据信号的幅值及其自变量是连续的还是离散的，可将信号分为连续信号和离散信号两大类。

若信号数学表示式中的独立变量取值是连续的，则称为连续信号，如图 3-12（a）所示。若独立变量取离散值，则称为离散信号，如图 3-12（b）所示。

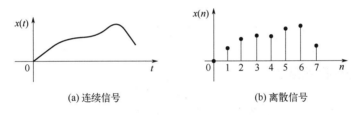

(a) 连续信号　　　　　　　　　　(b) 离散信号

图 3-12 连续信号和离散信号

图 3-12（b）是图 3-12（a）连续信号等时距采样后的结果，图 3-12（b）就是离散信号。离散信号可用离散图形表示，或用数字序列表示。连续信号的幅值可以是连续的，也可以是离散的。独立变量和幅值均取连续值的信号称为模拟信号。若离散信号的幅值也是离散的，则称为数字信号。数字计算机的输入、输出信号都是数字信号。在实际应用中，连续信号和模拟信号两个名词常常不予区分，离散信号和数字信号往往通用。

（3）能量信号和功率信号

在非电量测量中，常把被测信号转换为电压或电流信号来处理。显然，电压信号 $x(t)$ 加到电阻 R 上，其瞬时功率 $P(t)=\dfrac{x^2(t)}{R}$。当 $R=1$ 时，$P(t)=x^2(t)$。瞬时功率对时间积分就是信号在该积分时间内的能量。因此，人们不考虑信号实际的量纲，而把信号 $x(t)$ 的平方 $x^2(t)$ 及其对时间的积分分别称为信号的功率和能量。当 $x(t)$ 满足：

$$\int_{-\infty}^{+\infty} x^2(t)\mathrm{d}t < \infty \tag{3-12}$$

则认为信号的能量是有限的，并称之为能量有限信号，简称能量信号，如矩形脉冲信号、衰减指数函数等。

若信号在区间 $(-\infty, +\infty)$ 的能量是无限的：

$$\int_{-\infty}^{+\infty} x^2(t)\mathrm{d}t \rightarrow \infty \qquad (3\text{-}13)$$

但它在有限区间 (t_1, t_2) 内的平均功率是有限的，即：

$$\frac{1}{t_1 - t_2} \int_{t_2}^{t_1} x^2(t)\mathrm{d}t < \infty \qquad (3\text{-}14)$$

这种信号称为功率有限信号，简称功率信号。

图 2-1 所示的质量-弹簧振动系统，其自由振动的位移信号 $x(t)$ 就是能量无限的正弦信号，但在一定时间区间内其功率却是有限的。如果该系统加上阻尼装置，如图 2-2 所示的质量-弹簧-阻尼振动系统，其自由振动的振动能量随时间而衰减，这时的位移信号就变成能量有限信号了。

但是必须注意，信号的功率和能量，未必具有真实物理功率和能量的量纲。

3.2 信号的时域描述和频域描述

信号的"域"指描述信号参数变化所依赖的独立变量领域，即坐标图中横坐标的含义。

3.2.1 信号的时域描述

以时间为独立变量的信号，称为信号的时域描述。一般直接观测或记录到的信号为时域信号，且为连续信号。以时间为变量描述信号的图像称为信号的时域图。

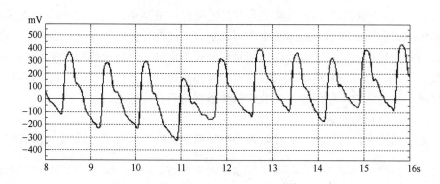

图 3-13 时域信号实例——人体脉搏信号

如图 3-13 所示，信号的特性表现为时间特性，直观地反映出信号瞬时值随时间变化的情况，主要指信号随时间变化而变化的快慢程度、幅度的变化、同一形状的波形重复出现的周期长短等特性。信号的时域描述，包含有信号的全部信息量，在时域上分析信号称为信号的时域分析。

3.2.2 信号的频域描述

以频率为独立变量表示的信号，称为信号的频域描述。下面以周期方波为例说明。

图 3-14 是周期方波的时域图，而式（3-15）则是其时域描述的数学表达式。

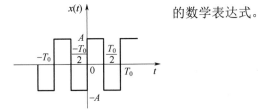

$$\begin{cases} x(t) = x(t + nT_0) \\ x(t) = \begin{cases} A, & 0 < t < \dfrac{T_0}{2} \\ -A, & -\dfrac{T_0}{2} < t < 0 \end{cases} \end{cases} \qquad (3\text{-}15)$$

图 3-14 周期方波信号

对该周期方波应用傅里叶级数展开，可得：

$$x(t) = \frac{4A}{\pi}\left[\sin(\omega_0 t) + \frac{1}{3}\sin(3\omega_0 t) + \frac{1}{5}\sin(5\omega_0 t) + \cdots \right]$$

式中，$\omega_0 = \dfrac{2\pi}{T_0}$。

此式表明该周期方波是由一系列幅值和频率不等、相角为零的正弦信号叠加而成的。实际上此式可改写成：

$$x(t) = \frac{4A}{\pi}\sum_{n=1}^{\infty}\frac{1}{n}\sin(\omega t)$$

式中，$\omega = n\omega_0$，$n = 1, 3, 5, \cdots$。

此式除 t 之外尚有另一变量 ω（各简谐分量的频率）。若视 t 为参变量，以 ω 为独立变量，则此式可记为 $X(\omega)$，即为该周期方波的频域描述。若以频率为横坐标，分别以幅值或相位为纵坐标绘图，便分别得到信号的幅频图或相频图。

在信号的频域描述中，构成信号的各简谐分量按频率大小的次序排列，称为信号的频谱。其中，各简谐分量的幅值与频率的关系称为幅频谱，相位与频率的关系称为相频谱。

图 3-15 表示了该周期方波的时域图形、幅频谱和相频谱三者的关系。信号的时域描述与

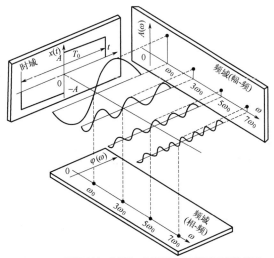

图 3-15 周期方波时域图、幅频图、相频图三者的关系

频域描述是对一个事物的两种观测角度。将信号的时域描述通过适当的方法，变成信号的频域描述过程，称为信号的频谱分析。

下面仍以周期方波为例，进一步说明信号的时域描述与频域描述之间的关系。

对周期方波进行傅里叶级数展开，绘制其前六项分量以及合成的时域波形图，如图 3-16 所示。

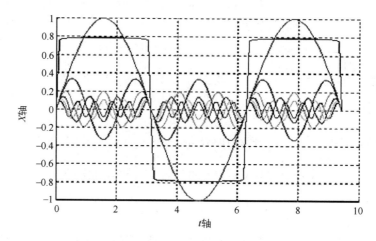

图 3-16 周期方波前 6 项分量及其合成信号

注意：由于只取了前六项，合成的波形只是周期方波的近似。但随着取的项数增多时，波形更趋于理想方波。

在信号的时域图 3-16 中，纵坐标为信号的幅值 $x(t)$，横坐标为时间 t。在水平面内垂直时间轴的方向，增加一维频率坐标 ω。将各个分量按照其频率沿频率轴放置，得到信号的三维图形描述，如图 3-17 所示。

当观察 x-t 坐标平面时，即为信号的时域描述 $x(t)$；若换个角度观察 X-ω 坐标平面时，则得到信号的频域描述 $X(\omega)$（此为信号的幅频图），如图 3-18 所示。信号的幅频谱 $X(\omega)$ 反映组成信号的各个分量在频域的分布，由于信号的幅值与信号能量成正比，所以信号的幅频谱反映了信号的能量在频域的分布。

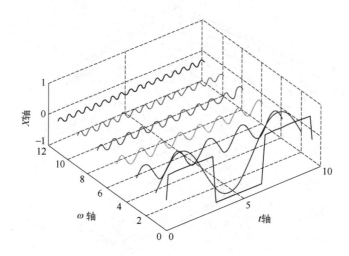

图 3-17 周期方波的三维图形描述

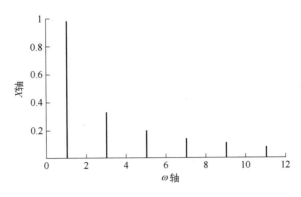

图 3-18　信号的幅频谱 $X(\omega)$

　　表 3-1 列出两个同周期方波及其幅频谱、相频谱。不难看出，在时域中，两方波除彼此相对平移 $\frac{T_0}{4}$ 之外，其余完全一样。但两者的幅频谱虽相同，相频谱却不同。平移使各频率分量产生 $\frac{n\pi}{2}$ 相角，n 为谐波次数。总之，每个信号有其特有的幅频谱和相频谱。故在频域中每个信号都需用幅频谱和相频谱来共同描述。

表 3-1　周期方波的频谱

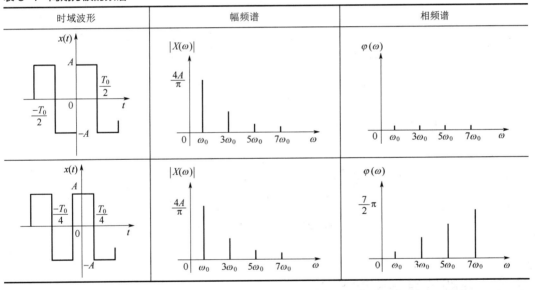

时域波形	幅频谱	相频谱

　　信号时域描述直观地反映出信号瞬时值随时间变化的情况；频域描述则反映信号的频率组成及其幅值、相角之大小。为了解决不同问题，往往需要掌握信号不同方面的特征，因而需要采用不同的描述方式。例如，评定机器振动烈度，需用振动幅度的均方根值来作为判据。若机器振动信号采用时域描述，就能很快求得均方根值，如图 3-19 机器振动加速度时域图所示。而在寻找振源时，需要掌握振动信号的频率分量，这就采用频域描述，如图 3-20 所示。图 3-21 所示为人体脉搏信号及其频谱。实际上，两种描述方法能相互转换，而且包含同样的信息量。

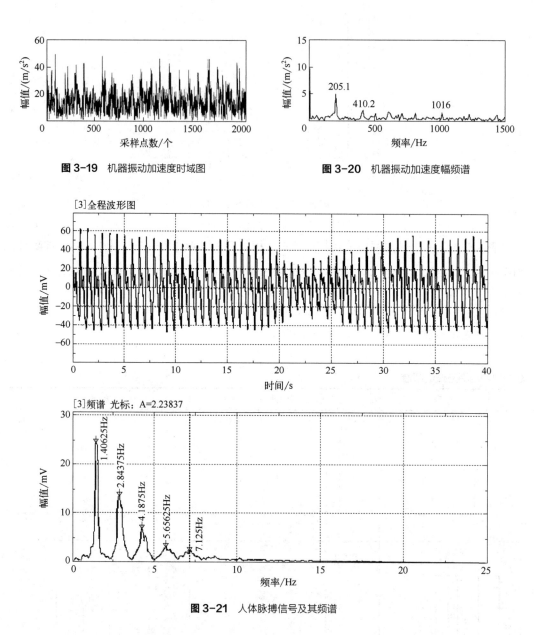

图 3-19 机器振动加速度时域图　　　　图 3-20 机器振动加速度幅频谱

图 3-21 人体脉搏信号及其频谱

3.3 周期信号与离散频谱

周期信号为工程测试中常见的信号，本节介绍周期信号实现频谱分析的途径以及工程中周期信号的频域特征。

3.3.1 傅里叶级数的三角函数展开式

在有限区间上，凡满足狄利克雷条件的周期函数（信号）$x(t)$ 都可以展开成傅里叶级数。

傅里叶级数的三角函数展开式如下：

$$x(t) = a_0 + \sum_{n=1}^{\infty} [a_n \cos(n\omega_0 t) + b_n \sin(n\omega_0 t)]，n=1,2,3,\cdots \tag{3-16}$$

式中，ω_0 为频率，$\omega_0 = \dfrac{2\pi}{T_0}$；$T_0$ 为周期；a_0 为常值分量，a_n 为余弦分量幅值；b_n 为正弦分量。分别为：

$$\begin{cases} a_0 = \dfrac{1}{T_0} \displaystyle\int_{-T_0/2}^{T_0/2} x(t)\mathrm{d}t \\[2mm] a_n = \dfrac{2}{T_0} \displaystyle\int_{-T_0/2}^{T_0/2} x(t)\cos(n\omega_0 t)\mathrm{d}t \\[2mm] b_n = \dfrac{2}{T_0} \displaystyle\int_{-T_0/2}^{T_0/2} x(t)\sin(n\omega_0 t)\mathrm{d}t \end{cases} \tag{3-17}$$

应用三角函数变换将式（3-16）中正、余弦函数的同频项合并、整理，可以改写成：

$$x(t) = a_0 + \sum_{n=1}^{\infty} A_n \sin(n\omega_0 t + \varphi_n) \tag{3-18}$$

式中，$A_n = \sqrt{a_n^2 + b_n^2}$；$\varphi_n = \arctan \dfrac{a_n}{b_n}$，其中 a_n、b_n、A_n、φ_n 之间的关系如图 3-22 所示。

从式（3-18）可见，周期信号是由一个或几个乃至无穷多个不同频率的谐波叠加而成。以频率为横坐标，幅值 A_n 或相角 φ_n 为纵坐标作图，则分别得其幅频谱和相频谱图。由于 n 是整数序列，各频率成分都是 ω_0 的整倍数，相邻频率的间隔 $\Delta\omega = \omega_0 = \dfrac{2\pi}{T_0}$，因而谱线是离散的。

通常把 ω_0 称为基频，并把成分 $A_n \sin(n\omega_0 t + \varphi_n)$ 称为 n 次谐波，A_n 为第 n 次谐波的幅值，φ_n 为第 n 次谐波的初相角。

例 3.4 求图 3-23 中周期性三角波的傅里叶级数。

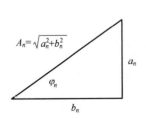

图 3-22 a_n、b_n、A_n、φ_n 之间的关系

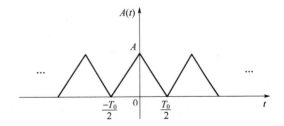

图 3-23 周期性三角波

解：$x(t)$ 在一个周期中可表示为：

$$x(t) = \begin{cases} A + \dfrac{2A}{T_0} t，& -\dfrac{T_0}{2} \leqslant t \leqslant 0 \\[3mm] A - \dfrac{2A}{T_0} t，& 0 \leqslant t \leqslant \dfrac{T_0}{2} \end{cases}$$

常值分量：

$$a_0 = \frac{1}{T_0} \int_{-T_0/2}^{T_0/2} x(t)\mathrm{d}t = \frac{2}{T_0} \int_0^{T_0/2} \left(A - \frac{2A}{T_0}t \right) \mathrm{d}t = \frac{A}{2}$$

余弦分量的幅值：

$$a_n = \frac{2}{T_0} \int_{T_0/2}^{T_0/2} x(t)\cos(n\omega_0 t)\mathrm{d}t = \frac{4}{T_0} \int_0^{T_0/2} \left(A - \frac{2A}{T_0}t \right)\cos(n\omega_0 t)\mathrm{d}t = \frac{4A}{n^2\pi^2}\sin^2\frac{n\pi}{2}$$

$$= \begin{cases} \dfrac{4A}{n^2\pi^2}, & n = 1,3,5,\cdots \\ 0, & n = 2,4,6,\cdots \end{cases}$$

正弦分量的幅值：

$$b_n = \frac{2}{T_0} \int_{-T_0/2}^{T_0/2} x(t)\sin(n\omega_0 t)\,\mathrm{d}t = 0$$

上式是因为 $x(t)$ 为偶函数，$\sin(n\omega_0 t)$ 为奇函数，所以 $x(t)\sin(n\omega_0 t)$ 也为奇函数，而奇函数在上下限对称区间积分之值等于零。这样，该周期性三角波的傅里叶级数展开式为：

$$x(t) = \frac{A}{2} + \frac{4A}{\pi^2}\left[\cos(\omega_0 t) + \frac{1}{3^2}\cos(3\omega_0 t) + \frac{1}{5^2}\cos(5\omega_0 t) \right]$$

$$= \frac{A}{2} + \frac{4A}{\pi^2}\sum_{n=1}^{\infty}\frac{1}{n^2}\cos(n\omega_0 t), \quad n = 1,3,5,\cdots$$

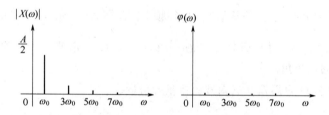

图 3-24 周期性三角波的频谱

周期性三角波的频谱图[❶]如图 3-24 所示，其幅频谱只包含常值分量、基波和奇次谐波分量，谐波的幅值以 $\dfrac{1}{n^2}$ 的规律收敛。在其相频谱中基波和各次谐波的初相位 φ_n 均为零。

例 3.5　周期矩形脉冲信号频谱及频谱特点分析：

$$\begin{cases} x(t) = x(t + nT), \quad n = 0,1,2,\cdots \\ x(t) = \begin{cases} A, & |t| \leqslant \tau/2 \\ 0, & |t| > \tau/2 \end{cases} \end{cases}$$

式中，T 为周期；τ 为脉冲宽度；A 为时域幅值。其图形如图 3-25 所示。

---

❶ 频谱：将组成信号分量按频率大小排列，它可反映信号能量在频域的分布。

• 幅值小的谐波所携带的能量小，在信号中所占的比例小。

• 在频谱分析中，没有必要取那些高次谐波分量，即数学式中的无穷项可用有限项代替。

解：

① 周期矩形脉冲信号的傅里叶级数。

根据公式，由于上述周期脉冲信号是偶函数，$b_n=0$，其展开傅里叶三角级数如下式所示：

$$x(t) = a_0 + \sum_{n=1}^{\infty} a_n \cos(n\omega_0 t)$$

则各谐波分量的幅值为：

$$a_0 = \frac{A\tau}{T}, \quad a_n = \frac{2A}{n\pi}\sin\frac{n\pi\tau}{T} = \frac{2A\tau}{T} \times \frac{\sin\dfrac{n\pi\tau}{T}}{\dfrac{n\pi\tau}{T}} = \frac{2A\tau}{T}\mathrm{sinc}\left(\frac{n\pi\tau}{T}\right) = \frac{2A\tau}{T}\mathrm{sinc}\left(\frac{n\omega_0\tau}{2}\right)$$

因此，周期矩形脉冲频谱为：

$$x(t) = \frac{A\tau}{T} + \sum_{n=1}^{\infty} \frac{2A\tau}{T}\mathrm{sinc}\left(\frac{n\omega_0\tau}{2}\right)\cos(n\omega_0 t)$$

其中，$\quad a_1 = \dfrac{2A\tau}{T} \times \dfrac{\sin\left(\dfrac{\omega_0\tau}{2}\right)}{\dfrac{\omega_0\tau}{2}}$，$\quad a_2 = \dfrac{2A\tau}{T} \times \dfrac{\sin\left(\omega_0\tau\right)}{\omega_0\tau}$，$\cdots$。

其频谱图如图 3-26 所示。

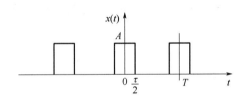

图 3-25　周期矩形脉冲信号

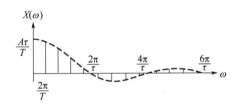

图 3-26　矩形脉冲信号的频谱

② 周期矩形脉冲信号频谱特点分析。

根据上式，各谐波分量的幅值以 $\mathrm{sinc}(\theta)$ 函数❶为包络线。

从图 3-26 可以看出，周期矩形脉冲频谱具有以下特点：

- 频谱是离散的，谱线间隔为 $\omega_0 = \dfrac{2\pi}{T}$。

---

❶ $\mathrm{sinc}(\theta) = \dfrac{\sin\theta}{\theta}$，$\mathrm{sinc}(\theta) - \theta$ 曲线如下图所示：

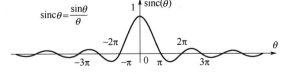

$\mathrm{sinc}(\theta)$ 函数的特点：

- $\theta=0$ 处，$\mathrm{sinc}(\theta)=1$
- 节点：$\theta=n\pi$，$n=\pm1,\pm2,\pm3,\cdots$。

- 周期 T 越大，各谱线距离越近。

- 谱线高度按 $\mathrm{sinc}\left(\dfrac{n\pi\tau}{T}\right)$ 包络线规律变化。

- 谱线高度正比于时域脉冲幅值高度 A 和宽度 τ，反比于周期 T。

③ 周期脉冲频谱包络线的零点和极值点。

- 包络线的零点对应的频率为：$\dfrac{n\omega_0\tau}{2}=m\pi$

$$\omega=n\omega_0=\frac{2m\pi}{\tau}=\left(\frac{2\pi}{\tau},\frac{4\pi}{\tau},\frac{6\pi}{\tau},\cdots\right)$$

- 包络线的极值对应的频率为：$\dfrac{n\omega_0\tau}{2}=\dfrac{k\pi}{2}$

$$\omega=n\omega_0=\frac{k\pi}{\tau}\left(\frac{3\pi}{\tau},\frac{5\pi}{\tau},\frac{7\pi}{\tau},\cdots\right)$$

④ 频谱的能量分布与脉宽 τ 的关系：

- 能量主要集中在第一个零点 $\omega=\dfrac{2\pi}{\tau}$ 以内。

- 频率范围 $\omega\in\left(0,\dfrac{2\pi}{\tau}\right)$，称作矩形信号的频带宽度，记作 $B_\omega=\dfrac{2\pi}{\tau}$，频带宽度 B_ω 只与脉宽 τ 有关。

例 3.6 如图 3-27 所示为三种不同参数的周期矩形脉冲信号，对其频谱特点进行对比分析。

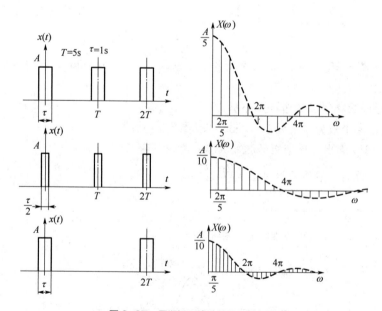

图 3-27 周期矩形脉冲信号及其频谱

解：其频谱特点对比如表 3-2 所示。

表 3-2　三个参数不同的周期矩形脉冲信号频谱对比

项目	信号 2（$T_2=T_1$、$\tau_2=0.5\tau_1$）	信号 3（$T_3=2T_1$、$\tau_3=\tau_1$）
信号 1（T_1、τ_1）	$T_2=T_1$、$\tau_2=0.5\tau_1$ 谱线间距 $\Delta\omega=\dfrac{2\pi}{T}$ 不变 带宽 $B_\omega=\dfrac{2\pi}{\tau}$ 增大 频谱包络线高度 $\dfrac{A\tau}{T}$ 减小	$T_3=2T_1$、$\tau_3=\tau_1$ 谱线间距 $\Delta\omega=\dfrac{2\pi}{T}$ 减小，谱线变密 带宽 $B_\omega=\dfrac{2\pi}{\tau}$ 不变 频谱包络线高度 $\dfrac{A\tau}{T}$ 减小
信号 2（T_2、τ_2）		$T_3=2T_2$、$\tau_3=2\tau_2$ 谱线间距 $\Delta\omega=\dfrac{2\pi}{T}$ 减小，谱线变密 带宽 $B_\omega=\dfrac{2\pi}{\tau}$ 减小 频谱包络线高度 $\dfrac{A\tau}{T}$ 不变

　　例 3.7　以周期矩形脉冲（$A=1$，T 和 τ 为有限值）为基础，保持每个周期能量不变，分析两个极端情形下的频谱。

　　① 周期 T 不变，脉冲宽度 $\tau\to 0$；

　　② 脉冲宽度 τ 不变，周期 $T\to\infty$。

　　解：其频谱特点的对比分析如表 3-3 所示。

表 3-3　周期矩形脉冲信号的参数极限取值情况下的频谱对比

项目	时域信号图	时域信号特点	频谱图	频谱特点
周期矩形脉冲信号		属于周期信号；周期为 T、脉冲宽度为 τ		为离散频谱； 谱线间距 $\Delta f=\dfrac{1}{T}$，频谱谱线高度包络线为 $\mathrm{sinc}\theta$ 函数，工程中按有限带宽信号处理
周期脉冲序列		属于周期信号；周期 T 不变，脉冲宽度 $\tau\to 0$，得到周期脉冲序列		为离散频谱； 谱线间距 $\Delta f=\dfrac{1}{T}$，为频域的周期脉冲序列，频域周期为 Δf
矩形脉冲信号		属于非周期信号；脉冲宽度 τ 不变，周期 $T\to\infty$，得到瞬变矩形脉冲信号		为连续频谱；频谱曲线为 $\mathrm{sinc}\theta$ 函数，工程中按有限带宽信号处理

3.3.2　傅里叶级数的复指数函数展开式

　　傅里叶级数也可以写成复指数函数形式。根据欧拉公式：

$$\mathrm{e}^{\pm\mathrm{j}\omega t}=\cos(\omega t)\pm\mathrm{j}\sin(\omega t),\quad \mathrm{j}=\sqrt{-1} \tag{3-19}$$

$$\cos(\omega t) = \frac{1}{2}(e^{-j\omega t} + e^{j\omega t}) \tag{3-20}$$

$$\sin(\omega t) = j\frac{1}{2}(e^{-j\omega t} - e^{j\omega t}) \tag{3-21}$$

因此式（3-16）可改写为：

$$x(t) = a_0 + \sum_{n=1}^{\infty}\left[\frac{1}{2}(a_n - jb_n)e^{jn\omega_0 t} + \frac{1}{2}(a_n + jb_n)e^{-jn\omega_0 t}\right] \tag{3-22}$$

令：

$$c_0 = a_0, \quad c_n = \frac{1}{2}(a_n - jb_n), \quad c_{-n} = \frac{1}{2}(a_n + jb_n) \tag{3-23}$$

则：

$$x(t) = c_0 + \sum_{n=1}^{\infty}c_n e^{jn\omega_0 t} + \sum_{n=1}^{\infty}c_{-n}e^{-jn\omega_0 t} $$

或：

$$x(t) = \sum_{n=-\infty}^{\infty}c_n e^{jn\omega_0 t}, \quad n = 0, \pm 1, \pm 2, \cdots \tag{3-24}$$

这就是傅里叶级数的复指数函数形式。将式（3-17）代入式（3-23）中，并令 $n=0,\pm 1$, $\pm 2, \cdots$，即得：

$$c_n = \frac{1}{T_0}\int_{-T_0/2}^{T_0/2} x(t)\,e^{-jn\omega_0 t}dt \tag{3-25}$$

一般情况下，c_n 是复数，可以写成：

$$c_n = c_{nR} + jc_{nI} = |c_n|e^{j\varphi_n} \tag{3-26}$$

式中：

$$|c_n| = \sqrt{c_{nR}^2 + c_{nI}^2} \tag{3-27}$$

$$\varphi_n = \arctan\frac{c_{nI}}{c_{nR}} \tag{3-28}$$

c_n 与 c_{-n} 共轭，即 $c_n = c_{-n}^*$；$\varphi_n = -\varphi_{-n}$。

把周期函数 $x(t)$ 展开为傅里叶级数的复指数函数形式后，可分别以 $|c_n|$-ω 和 φ_n-ω 作幅频谱图和相频谱图；也可以分别以 c_n 的实部或虚部与频率的关系作幅频图，并分别称为实频谱图和虚频谱图（参阅例3.8）。比较傅里叶级数的两种展开形式可知：复指数函数形式的频谱为双边谱 [$\omega \in (-\infty, +\infty)$]，三角函数形式的频谱为单边谱 [$\omega \in (0, +\infty)$]；两种频谱各自的谐波幅值在量值上有确定的关系，即 $|c_n| = \frac{1}{2}A_n$，$c_0 = a_0$。双边幅频谱为偶函数，双边相频谱为奇函数。

在式（3-24）中，n 取正、负值。当 n 为负值时，谐波频率 $n\omega_0$ 为"负频率"。出现"负"的频率似乎不好理解，实际上角速度按其旋转方向可以有正有负，一个矢量的实部可以看成两个旋转方向相反的矢量在其实轴上投影之和，而虚部则为其在虚轴上投影之差（图3-28）。

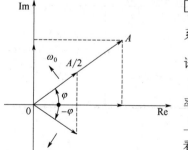

图 3-28 负频率的说明

例 3.8 画出余弦、正弦函数的实、虚部频谱图。

解： 根据式（3-20）和式（3-21）得：

$$\cos(\omega_0 t) = \frac{1}{2}(e^{-j\omega_0 t} + e^{-j\omega_0 t})$$

$$\sin(\omega_0 t) = j\frac{1}{2}(e^{-j\omega_0 t} + e^{-j\omega_0 t})$$

故余弦函数只有实频谱图，与纵轴偶对称。正弦函数只有虚频谱图，与纵轴奇对称。图 3-29 是这两个函数的频谱图。

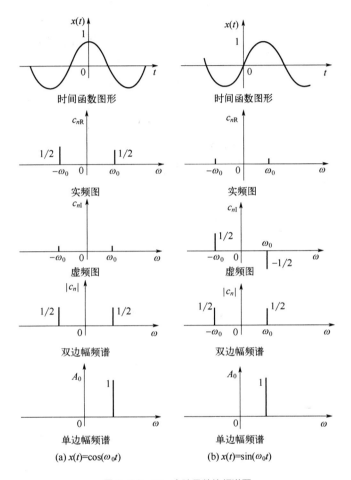

图 3-29 正、余弦函数的频谱图

一般周期函数按傅里叶级数的复指数函数形式展开后，其实频谱总是偶对称的，其虚频谱总是奇对称的。

周期信号的频谱具有三个特点：

① 周期信号的频谱是离散的。

② 每条谱线只出现在基波频率的整倍数上，基波频率是诸分量频率的公约数。

③ 各频率分量的谱线高度表示该谐波的幅值或相位角。

工程中常见的周期信号，其谐波幅值总的趋势是随谐波次数的增高而减小的。因此，在频谱分析中没有必要取那些次数过高的谐波分量。

3.3.3 周期信号的强度表述

周期信号的强度以峰值、绝对均值、有效值和平均功率来表述（图 3-30）。

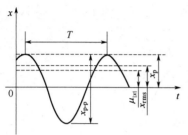

图 3-30 周期信号的强度表示

峰值 x_p 是信号可能出现的最大瞬时值，即：

$$x_p = |x(t)|_{max}$$

峰-峰值 x_{p-p} 是在一个周期中最大瞬时值与最小瞬时值之差。

对信号的峰值和峰-峰值应有足够的估计，以便确定测试系统的动态范围。一般希望信号的峰-峰值在测试系统的线性区域内，使所观测（记录）到的信号正比于被测量的变化状态。如果进入非线性区域，则信号将发生畸变，结果不但不能正比于被测信号的幅值，而且会增生大量谐波。

周期信号的均值 μ_x 为：

$$\mu_x = \frac{1}{T_0} \int_0^{T_0} x(t) dt \tag{3-29}$$

它是信号的常值分量。

周期信号全波整流后的均值就是信号的绝对均值 $\mu_{|x|}$，即：

$$\mu_{|x|} = \frac{1}{T_0} \int_0^{T_0} |x(t)| dt \tag{3-30}$$

有效值是信号的均方根值 x_{rms}，即：

$$x_{rms} = \sqrt{\frac{1}{T_0} \int_0^{T_0} x^2(t) dt} \tag{3-31}$$

有效值的平方——均方值就是信号的平均功率 P_{av}，即：

$$P_{av} = \frac{1}{T_0} \int_0^{T_0} x^2(t) dt \tag{3-32}$$

它反映信号的功率大小。

表 3-4 列举了几种典型周期信号上述各值之间的数量关系。从表中可见，信号的均值、绝对均值、有效值和峰值之间的关系与波形有关。

表 3-4　几种典型信号的强度

名称	波形图	傅里叶级数展开式	x_p	μ_x	$\mu_{|x|}$	x_{rms}
正弦波	$x(t)$ 波形图	$x(t) = A\sin(\omega_0 t)$ $T_0 = \dfrac{2\pi}{\omega_0}$	A	0	$\dfrac{2A}{\pi}$	$\dfrac{A}{\sqrt{2}}$

续表

名称	波形图	傅里叶级数展开式	x_p	μ_x	$\mu_{|x|}$	x_{rms}
方波		$x(t) = \dfrac{4A}{\pi}\left[\sin(\omega_0 t) + \dfrac{1}{3}\sin(3\omega_0 t) + \dfrac{1}{5}\sin(5\omega_0 t) + \cdots\right]$	A	0	A	A
三角波		$x(t) = \dfrac{8A}{\pi^2}\left[\sin(\omega_0 t) + \dfrac{1}{3^2}\sin(3\omega_0 t) + \dfrac{1}{5^2}\sin(5\omega_0 t) + \cdots\right]$	A	0	$\dfrac{A}{2}$	$\dfrac{A}{\sqrt{3}}$
锯齿波		$x(t) = \dfrac{A}{2} + \dfrac{A}{\pi}\left[\sin(\omega_0 t) + \dfrac{1}{2}\sin(2\omega_0 t) + \dfrac{1}{3}\sin(3\omega_0 t) + \cdots\right]$	A	$\dfrac{A}{2}$	$\dfrac{A}{2}$	$\dfrac{A}{\sqrt{3}}$
正弦整流		$x(t) = \dfrac{2A}{\pi}\left[1 - \dfrac{2}{3}\cos(2\omega_0 t) - \dfrac{2}{15}\cos(4\omega_0 t) - \dfrac{2}{35}\cos(6\omega_0 t) + \cdots\right]$	A	$\dfrac{2A}{\pi}$	$\dfrac{2A}{\pi}$	$\dfrac{A}{\sqrt{2}}$

信号的峰值 x_p 绝对均值 $\mu_{|x|}$ 和有效值 x_{rms} 可用三值电压表来测量，也可用普通的电工仪表来测量。峰值 x_p 可根据波形折算或用能记忆瞬峰示值的仪表测量，也可以用示波器来测量。均值可用直流电压表测量。因为信号是周期交变的，如果交流频率较高，交流成分只影响表针的微小晃动，不影响均值读数。当频率低时，表针将产生摆动，影响读数。这时可用一个电容器与电压表并接，将交流分量旁路，但应注意这个电容器对被测电路的影响。

值得指出，虽然一般的交流电压表均按有效值刻度，但其输出量（例如指针的偏转角）并不一定和信号的有效值成比例，而是随着电压表检波电路的不同，其输出量可能与信号的有效值成正比例，也可能与信号的峰值或绝对均值成比例。不同检波电路的电压表上的有效值刻度，都是依照单一简谐信号来刻度的。这就保证了用各种电压表在测量单一简谐信号时都能正确测得信号的有效值，获得一致的读数。然而，由于刻度过程实际上相当于把检波电路输出和简谐信号有效值的关系"固化"在电压表中。这种关系不适用于非单一简谐信号，因为随着波形的不同，各类检波电路输出和信号有效值的关系已经改变了，从而造成电压表在测量复杂信号有效值时出现系统误差。这时应根据检波电路和波形来修正有效值读数。

3.4　瞬变非周期信号与连续频谱

非周期信号包括准周期信号和瞬变非周期信号两种，其频谱各有特点。

如前所述，周期信号可展开成许多乃至无限项简谐信号之和，其频谱具有离散性且诸简谐分量的频率具有一个公约数——基频。但几个简谐信号的叠加，不一定是周期信号。也就是说，具有离散频谱的信号不一定是周期信号。只有其各简谐成分的频率比是有理数，它们能在某个时间隔后周而复始，合成后信号才是周期信号。若各简谐成分的频率比不是有理数，例如 $x(t) = \sin(\omega_0 t) + \sin(\sqrt{2}\omega_0 t)$，诸简谐成分在合成后不可能经过某一时间间隔后重演，其合成信号就不是周期信号。但这种信号有离散频谱，故称为准周期信号。多个独立振源激励起某对象的振动往往是这类信号。

通常所说的非周期信号是指瞬变非周期信号。常见的这种信号如图 3-31 所示。下面讨论这种非周期信号的频谱。

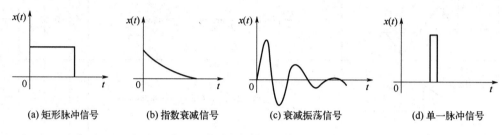

(a) 矩形脉冲信号   (b) 指数衰减信号   (c) 衰减振荡信号   (d) 单一脉冲信号

图 3-31 非周期信号

3.4.1 傅里叶变换

周期为 T_0 的信号 $x(t)$ 其频谱是离散的。如图 3-32（a）所示，当左图所示 $x(t)$ 的周期 T_0 趋于无穷大时，则该信号就成为图 3-32（a）中右图所示的非周期信号了。

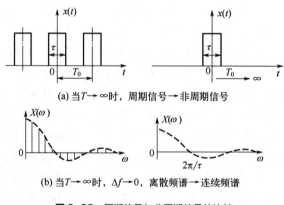

(a) 当 $T \to \infty$ 时，周期信号 → 非周期信号

(b) 当 $T \to \infty$ 时，$\Delta f \to 0$，离散频谱 → 连续频谱

图 3-32 周期信号与非周期信号的比较

周期信号频谱谱线的频率间隔 $\Delta\omega = 2\pi\Delta f = \omega_0 = \dfrac{2\pi}{T_0}$，当周期 $T_0 \to \infty$ 时，其频率间隔 $\Delta\omega \to 0$，谱线无限靠近，变量 ω 连续取值，以致离散谱线的顶点最后演变成一条连续曲线，如图 3-32（b）所示。所以非周期信号的频谱是连续的。可以将非周期信号理解为由无限多个、频率无限接近的简谐分量叠加而成。

设有一个周期信号 $x(t)$，在 $\left(\dfrac{-T_0}{2}, \dfrac{T_0}{2}\right)$ 区间以傅里叶级数表示为：

$$x(t) = \sum_{n=-\infty}^{\infty} c_n e^{jn\omega_0 t}$$

式中，　$c_n = \dfrac{1}{T_0} \displaystyle\int_{-\frac{T_0}{2}}^{\frac{T_0}{2}} x(t) e^{-jn\omega_0 t} dt$ 。

将 c_n 代入上式，则得：

$$x(t) = \sum_{n=-\infty}^{\infty} \left(\frac{1}{T_0} \int_{-\frac{T_0}{2}}^{\frac{T_0}{2}} x(t) e^{-jn\omega_0 t} dt \right) e^{jn\omega_0 t}$$

当 $T_0 \to \infty$ 时，频率间隔 $\Delta\omega$ 成为 $d\omega$，离散频谱中相邻的谱线紧靠在一起，$n\omega_0$ 变成连续变量 ω，求和符号 $\sum$ 变为积分符号 $\int$，于是：

$$x(t) = \int_{-\infty}^{\infty} \left(\frac{d\omega}{2\pi} \int_{-\infty}^{\infty} x(t) e^{-j\omega t} dt \right) e^{j\omega t}$$

$$= \frac{1}{2\pi} \int_{-\infty}^{\infty} \left(\int_{-\infty}^{\infty} x(t) e^{-j\omega t} dt \right) e^{j\omega t} d\omega \tag{3-33}$$

这就是傅里叶积分。

上式中圆括号里的积分，由于时间 t 是积分变量，故积分之后仅是 ω 的函数，记作 $X(\omega)$。这样：

$$X(\omega) = \frac{1}{2\pi} \int_{-\infty}^{+\infty} x(t) e^{-j\omega t} dt \tag{3-34}$$

$$x(t) = \int_{-\infty}^{+\infty} X(\omega) e^{j\omega t} d\omega \tag{3-35}$$

当然，式（3-34）也可写成：　$X(\omega) = \displaystyle\int_{-\infty}^{+\infty} x(t) e^{-j\omega t} dt$

其中　　　　　　　　　　$x(t) = \dfrac{1}{2\pi} \displaystyle\int_{-\infty}^{+\infty} X(\omega) e^{j\omega t} d\omega$

本书采用式（3-34）和式（3-35）。

在数学上，称式（3-34）所表达的 $X(\omega)$ 为 $x(t)$ 的傅里叶变换，称式（3-35）所表达的 $x(t)$ 为 $X(\omega)$ 的傅里叶逆变换，两者互称为傅里叶变换对[●]，可记为：

$$x(t) \overset{\text{FT}}{\underset{\text{IFT}}{\rightleftharpoons}} X(\omega)$$

把 $\omega = 2\pi f$ 代入式（3-33）中，则式（3-34）和式（3-35）变为：

$$X(f) = \int_{-\infty}^{+\infty} x(t) e^{-j2\pi ft} dt \tag{3-36}$$

$$x(t) = \int_{-\infty}^{+\infty} X(f) e^{j2\pi ft} df \tag{3-37}$$

● 这里从周期函数的周期 $T \to \infty$，离散频谱变成连续频谱的推演而得的傅里叶变换对，这种推演是不严格的。傅里叶变换存在的条件除要满足与傅里叶级数相同的狄利克雷条件外，还要满足函数在无限区间上绝对可积的条件，即积分 $\displaystyle\int_{-\infty}^{+\infty} |x(t)| dt$ 收敛。严格的推演请查阅数学专著。

这样就避免了在傅里叶变换中出现 $\dfrac{1}{2\pi}$ 的常数因子，使公式形式简化。

一般 $X(f)$ 是实变量 f 的复函数，可以写成：

$$X(f) = |X(f)|e^{j\varphi_{(f)}} \tag{3-38}$$

式中，$|X(f)|$ 为信号 $x(t)$ 的连续幅值谱；$\varphi_{(f)}$ 为信号 $x(t)$ 的连续相位谱。

必须着重指出，尽管非周期信号的幅值谱 $|X(f)|$ 和周期信号的幅值谱 $|c_n|$ 很相似，但两者是有差别的。其差别突出表现在 $|c_n|$ 的量纲与信号幅值的量纲一样，而 $|X(f)|$ 的量纲则与信号幅值的量纲不一样，它是单位频宽上的幅值，所以更确切地说，$|X(f)|$ 是频谱密度函数。本书为方便起见，在不会引起紊乱的情况下，仍称 $|X(f)|$ 为频谱。

例 3.9 求矩形窗函数 $w(t)$ 的频谱

$$w(t) = \begin{cases} 1, & |t| < \tau/2 \\ 0, & |t| > \tau/2 \end{cases} \tag{3-39}$$

函数 $w(t)$（图 3-33）常称为矩形窗函数，其频谱为：

$$W(f) = \int_{-\infty}^{+\infty} w(t)e^{-j2\pi ft}dt = \int_{-\tau/2}^{\tau/2} e^{-j2\pi ft}dt = \frac{-1}{j2\pi f}(e^{-j\pi f\tau} - e^{j\pi f\tau})$$

引用式（3-21）稍作改写，有：

$$\sin(\pi f\tau) = \frac{-1}{2j}(e^{-j\pi f\tau} - e^{j\pi f\tau})$$

代入上式得：

$$W(f) = \tau\frac{\sin(\pi f\tau)}{\pi f\tau} = \tau\,\mathrm{sinc}(\pi f\tau) \tag{3-40}$$

式中，τ 称为窗宽。

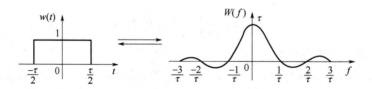

图 3-33 矩形窗函数及其幅频谱

前面定义 $\mathrm{sinc}(\theta) = \dfrac{\sin\theta}{\theta}$，该函数在信号分析中很有用。$\mathrm{sinc}\,\theta$ 的图形如图 3-34 所示。$\mathrm{sinc}\,\theta$ 的函数值有专门的数学表可得，它以 2π 为周期并随 θ 的增加而做衰减振荡。

$\mathrm{sinc}\,\theta$ 函数是偶函数，在 $n\pi(n = \pm1, \pm2, \cdots)$ 处其值为零。

$W(f)$ 函数只有实部，没有虚部。其幅值频谱为：

$$|W(f)| = \tau|\mathrm{sinc}(\pi f\tau)| \tag{3-41}$$

其相位频谱由 $\mathrm{sinc}(\pi f\tau)$ 的符号而定。当 $\mathrm{sinc}(\pi f\tau)$ 为正值时，相角为零，当 $\mathrm{sinc}(\pi f\tau)$ 为负值时，相角为 π。矩形窗函数的幅频谱图如图 3-33 所示。

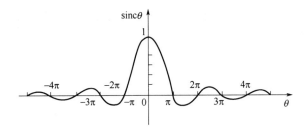

图 3-34　sincθ 的图形

3.4.2　傅里叶变换的主要性质

　　一个信号的时域描述和频域描述依靠傅里叶变换来确立彼此一一对应的关系。熟悉傅里叶变换的主要性质，有助于了解信号在某个域中的变化和运算将在另一域中产生何种相应的变化和运算关系，最终有助于对复杂工程问题的分析和简化计算工作。

　　傅里叶变换的主要性质列于表 3-5。表中各项性质均从定义出发推导而得。这里仅就几项主要性质做必要的推导和解释。

表 3-5　傅里叶变换的主要性质

性质	时域	频域	性质	时域	频域
函数的奇偶虚实性	实偶函数	实偶函数	频移	$x(t)\mathrm{e}^{\mp \mathrm{j}2\pi f_0 t}$	$X(f \pm f_0)$
	实奇函数	虚奇函数	翻转	$x(-t)$	$X(-f)$
	虚偶函数	虚偶函数	共轭	$x^*(t)$	$X^*(-f)$
	虚奇函数	实奇函数	时域卷积	$x_1(t)*x_2(t)$	$X_1(f)X_2(f)$
线性叠加	$ax(t)+by(t)$	$aX(f)+bY(f)$	频域卷积	$x_1(t)x_2(t)$	$X_1(f)*X_2(f)$
对称	$X(t)$	$x(-f)$	时域微分	$\dfrac{\mathrm{d}^n x(t)}{\mathrm{d}t^n}$	$(\mathrm{j}2\pi f)^n X(f)$
尺度改变	$x(kt)$	$\dfrac{1}{k}X\left(\dfrac{f}{k}\right)$	频域微分	$(-\mathrm{j}2\pi t)^n x(t)$	$\dfrac{\mathrm{d}^n X(f)}{\mathrm{d}f^n}$
时移	$x(t-t_0)$	$X(f)\mathrm{e}^{-\mathrm{j}2\pi f t_0}$	积分	$\displaystyle\int_{-\infty}^{\infty} x(t)\mathrm{d}t$	$\dfrac{1}{\mathrm{j}2\pi f}X(f)$

　　（1）奇偶虚实性

　　一般 $X(f)$ 是实变量 f 的复变函数。它可以写成：

$$X(f) = \int_{-\infty}^{+\infty} x(t)\mathrm{e}^{-\mathrm{j}2\pi ft}\mathrm{d}t = \mathrm{Re}X(f) - \mathrm{j}\mathrm{Im}X(f) \tag{3-42}$$

式中：
$$\mathrm{Re}X(f) = \int_{-\infty}^{+\infty} x(t)\cos(2\pi ft)\mathrm{d}t \tag{3-43}$$

$$\mathrm{Im}X(f) = \int_{-\infty}^{+\infty} x(t)\sin(2\pi ft)\mathrm{d}t \tag{3-44}$$

显然，根据时域信号 $x(t)$ 的奇偶性，容易判断其实频谱和虚频谱的奇偶性。

（2）对称性

若 $x(t) \rightleftharpoons X(f)$ 则：

$$X(t) \rightleftharpoons x(-f) \tag{3-45}$$

应用这个性质，利用已知的傅里叶变换对即可得出相应的变换对。图 3-35 是对称性应用举例。

（3）时间尺度改变特性

若 $x(t) \rightleftharpoons X(f)$ 则：

$$x(kt) \rightleftharpoons \frac{1}{k} X\left(\frac{f}{k}\right), \ k > 0 \tag{3-46}$$

证明：

$$\int_{-\infty}^{+\infty} x(kt) \mathrm{e}^{-\mathrm{j}2\pi ft} \mathrm{d}t = \frac{1}{k} \int_{-\infty}^{+\infty} x(kt) \mathrm{e}^{-\mathrm{j}2\pi \frac{f}{k}(kt)} \mathrm{d}(kt) = \frac{1}{k} X\left(\frac{f}{k}\right)$$

当时间尺度扩展（$k<1$）时，如图 3-36（a）所示，其频谱变窄、幅值增高；当时间尺度压缩（$k>1$）时，如图 3-36（c）所示，频谱的频带加宽、幅值降低。

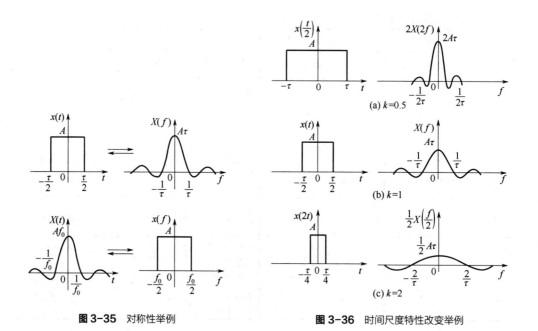

图 3-35　对称性举例　　　　　图 3-36　时间尺度特性改变举例

例如，把记录磁带慢录快放，即使时间尺度压缩，这样虽可以提高处理信号的效率，但是所得到的信号（放演信号）频带就会加宽。倘若后续处理设备（放大器、滤波器等）的通频带不够宽，就会导致失真。反之，快录慢放，则放演信号的带宽变窄，对后续处理设备的通频带要求可以降低，但信号处理效率也随之降低。

（4）时移和频移特性

若 $x(t) \rightleftharpoons X(f)$，在时域中信号沿时间轴平移一常值 t_0 时，则：

$$x(t \pm t_0) \rightleftharpoons X(f) \mathrm{e}^{\pm \mathrm{j}2\pi ft_0} \tag{3-47}$$

在频域中信号沿频率轴平移一常值 f_0 时，则：

$$x(t)\mathrm{e}^{\pm\mathrm{j}2\pi f_0 t} \rightleftharpoons X(f \mp f_0) \tag{3-48}$$

将式（3-37）中的 t 换成 $t \pm t_0$，式（3-36）中的 f 换成 $f \mp f_0$，便可获得式（3-47）和式（3-48），证明从略。

式（3-47）表示：将信号在时域中平移 t_0，则其幅频谱不变，而相频谱中相角的改变量 $\Delta\varphi$ 和频率成正比：$\Delta\varphi = -2\pi f t_0$。表 3-1 的方波相频谱就是例证，其时移 $t_0 = \dfrac{T_0}{4}$，对于基频 $f = f_0 = \dfrac{1}{T_0}$，则相移为 $\Delta\varphi = \dfrac{-\pi}{2}$；而三次谐波的频率 $f = 3f_0$，其相移为 $\Delta\varphi = \dfrac{-3\pi}{2}$。

根据欧拉公式（3-19）可知，式（3-48）等号左侧是时域信号 $x(t)$ 与频率为 f_0 的正、余弦信号之和的乘积。

（5）卷积特性

两个函数 $x_1(t)$ 与 $x_2(t)$ 的卷积定义为 $\displaystyle\int_{-\infty}^{+\infty} x_1(\tau)x_2(t-\tau)\mathrm{d}\tau$，记作 $x_1(t)*x_2(t)$。在很多情况下，卷积积分用直接积分的方法来计算是有困难的，但它可以利用变换的方法来解决，从而使信号分析工作大为简化。因此，卷积特性在信号分析中占有重要地位。若：

$$x_1(t) \rightleftharpoons X_1(f)$$
$$x_2(t) \rightleftharpoons X_2(f)$$

则：
$$x_1(t)*x_2(t) \rightleftharpoons X_1(f)X_2(f) \tag{3-49}$$
$$x_1(t)x_2(t) \rightleftharpoons X_1(f)*X_2(f) \tag{3-50}$$

现以时域卷积为例，证明如下：

$$\int_{-\infty}^{+\infty}\left[\int_{-\infty}^{+\infty} x_1(\tau)x_2(t-\tau)\mathrm{d}\tau\right]\mathrm{e}^{-\mathrm{j}2\pi f\tau}\mathrm{d}t$$

$$= \int_{-\infty}^{+\infty} x_1(\tau)\left[\int_{-\infty}^{+\infty} x_2(t-\tau)\mathrm{e}^{-\mathrm{j}2\pi f\tau}\mathrm{d}t\right]\mathrm{d}\tau \quad（交换积分次序）$$

$$= \int_{-\infty}^{+\infty} x_1(\tau)X_2(f)\mathrm{e}^{-\mathrm{j}2\pi f\tau}\mathrm{d}\tau \quad（根据时移特性）$$

$$= X_1(f)X_2(f)$$

（6）微分和积分特性

若：
$$x(t) \rightleftharpoons X(f)$$

则直接将式（3-37）对时间微分，可得：

$$\frac{\mathrm{d}^n x(t)}{\mathrm{d}t^n} \rightleftharpoons (\mathrm{j}2\pi f)^n X(f) \tag{3-51}$$

又将式（3-36）对 f 微分，得：

$$(-\mathrm{j}2\pi t)^n x(t) \rightleftharpoons \frac{\mathrm{d}^n X(f)}{\mathrm{d}f^n} \tag{3-52}$$

同样可证：
$$\int_{-\infty}^{\infty} x(t)\mathrm{d}t \rightleftharpoons \frac{1}{\mathrm{j}2\pi f}X(f) \tag{3-53}$$

在振动测试中，如果测得振动系统的位移、速度或加速度中任意一参数，应用微分、积分特性就可以获得其他参数的频谱。

3.5 几种典型信号的频谱

3.5.1 矩形窗函数的频谱

矩形窗函数的频谱已在例 3.9 中讨论了。由此可见，一个在时域有限区间内有值的信号，其频谱却延伸至无限频率。若在时域中截取信号的一段记录长度，则相当于原信号和矩形窗函数之乘积，因而所得信号的频谱将是原信号频域函数和 $\mathrm{sinc}\,\theta$ 函数的卷积，它将是连续的、频率无限延伸的频谱。从其频谱图（图 3-33）中可以看到，在 $f = \pm\dfrac{1}{\tau}$ 之间的谱峰，幅值最大，称为主瓣。两侧其他各谱峰的峰值较低，称为旁瓣。主瓣宽度为 $\dfrac{2}{\tau}$，与时域窗宽度 τ 成反比。可见时域窗宽 τ 愈大，即截取信号时长愈大，主瓣宽度愈小。

3.5.2 单位脉冲函数及其频谱

（1）δ 函数的定义

在时间 ε 内激发一个矩形脉冲 $S_\varepsilon(t)$（或三角形脉冲、双边指数脉冲、钟形脉冲等），其面积为 1（图 3-37）。当 $\varepsilon \to 0$ 时，$S_\varepsilon(t)$ 的极限就称为 δ 函数，记作 $\delta(t)$。δ 函数也称为单位脉冲函数。$\delta(t)$ 的特点有：

从函数值极限的角度看：

$$\delta(t) = \begin{cases} \infty, & t = 0 \\ 0, & t \neq 0 \end{cases} \tag{3-54}$$

从面积（通常也称其为 δ 函数的强度）的角度来看：

$$\int_{-\infty}^{\infty} \delta(t)\mathrm{d}t = \lim_{\varepsilon \to 0}\int_{-\infty}^{\infty} S_\varepsilon(t)\mathrm{d}t = 1 \tag{3-55}$$

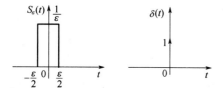

图 3-37 矩形脉冲与 δ 函数

（2）δ 函数的采样性质

如果 δ 函数与某一连续函数 $f(t)$ 相乘，显然其乘积仅在 $t = 0$ 处为 $f(0)\delta(t)$，其余各点 $(t \neq 0)$ 之乘积均为零。其中，$f(0)\delta(t)$ 是一个强度为 $f(0)$ 的 δ 函数。也就是说，从函数值角度来看，该乘积趋于无限大；从面积（强度）角度来看，则为 $f(0)$。如果 δ 函数与某一连续函数 $f(t)$ 相乘，并在 $(-\infty, +\infty)$ 区间中积分，则有：

$$\int_{-\infty}^{\infty} \delta(t)f(t)\mathrm{d}t = \int_{-\infty}^{\infty} \delta(t)f(0)\mathrm{d}t = f(0)\int_{-\infty}^{\infty} \delta(t)\mathrm{d}t = f(0) \tag{3-56}$$

同理，对于有延时 t_0 的 δ 函数 $\delta(t - t_0)$，它与连续函数 $f(t)$ 的乘积只有在 $t = t_0$ 时刻不等于零，而等于强度为 $f(t_0)$ 的 δ 函数。在 $(-\infty, +\infty)$ 区间内，该乘积的积分：

$$\int_{-\infty}^{\infty} \delta(t - t_0)f(t)\mathrm{d}t = \int_{-\infty}^{\infty} \delta(t - t_0)f(t_0)\mathrm{d}t = f(t_0) \tag{3-57}$$

式（3-56）和式（3-57）表示 δ 函数的采样性质。此性质表明，任何函数 $f(t)$ 和 $\delta(t - t_0)$ 的乘积是一个强度为 $f(t_0)$ 的 δ 函数 $\delta(t - t_0)$，而该乘积在无限区间的积分则是 $f(t)$ 在 $t = t_0$ 时

刻的函数值 $f(t_0)$。这个性质对连续信号的离散采样是十分重要的，将在本书第 5 章中得到广泛应用。

（3）δ 函数与其他函数的卷积

任何函数和 δ 函数 $\delta(t)$ 卷积是一种最简单的卷积积分。例如，一个矩形函数 $x(t)$ 与 δ 函数 $\delta(t)$ 的卷积为［图 3-38（a）］：

$$x(t) * \delta(t) = \int_{-\infty}^{\infty} x(\tau)\delta(t-\tau)\mathrm{d}\tau = \int_{-\infty}^{\infty} x(\tau)\delta(\tau-t)\mathrm{d}\tau = x(t) \tag{3-58}$$

同理，当 δ 函数为 $\delta(t \pm t_0)$ 时［图 3-38（b）］，有：

$$x(t) * \delta(t \pm t_0) = \int_{-\infty}^{\infty} x(\tau)\delta(t \pm t_0 - \tau)\mathrm{d}\tau = x(t \pm t_0) \tag{3-59}$$

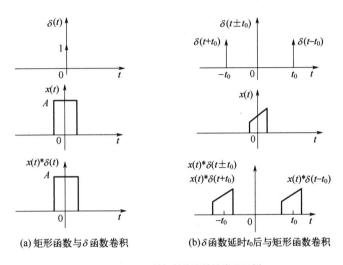

(a) 矩形函数与 δ 函数卷积　　(b) δ 函数延时 t_0 后与矩形函数卷积

图 3-38　δ 函数与其他函数的卷积示例

可见，函数 $x(t)$ 和 δ 函数的卷积结果，就是在发生 δ 函数的坐标位置上（以此作为坐标原点）简单地将 $x(t)$ 重新构图。

（4）$\delta(t)$ 的频谱

将 $\delta(t)$ 进行傅里叶变换：

$$\Delta(f) = \int_{-\infty}^{\infty} \delta(t)\mathrm{e}^{-\mathrm{j}2\pi ft}\mathrm{d}t = \mathrm{e}^0 = 1 \tag{3-60}$$

其逆变换为：

$$\delta(t) = \int_{-\infty}^{+\infty} \mathrm{e}^{\mathrm{j}2\pi ft}\mathrm{d}f \tag{3-61}$$

故知时域的 δ 函数具有无限宽广的频谱，而且在所有的频段上都是等强度的（图 3-39），这种频谱常称为"均匀谱"。

图 3-39　$\delta(t)$ 函数及其频谱

根据傅里叶变换的对称性质和时移、频移性质，可以得到下列傅里叶变换对：

时域	频域
$\delta(t)$	1
（单位瞬时脉冲）	（均匀频谱密度函数）

$$\rightleftharpoons$$

1 （幅值为 1 的直流量）	$\rightleftharpoons$	$\delta(f)$ （在 $f=0$ 处有脉冲谱线）
$\delta(t-t_0)$ （δ 函数时移 t_0）	$\rightleftharpoons$	$\mathrm{e}^{-\mathrm{j}2\pi ft_0}$ （各频率成分分别相移 $2\pi ft_0$ 角）
$\mathrm{e}^{\mathrm{j}2\pi f_0 t}$ （复指数函数）	$\rightleftharpoons$	$\delta(f-f_0)$ （将 $\delta(f)$ 函数频移 f_0）

3.5.3 正、余弦函数的频谱

由于正、余弦函数不满足绝对可积条件，因此不能直接应用式（3-36）进行傅里叶变换，而需在傅里叶变换时引入 δ 函数。

根据式（3-20）和式（3-21），正、余弦函数可以写成：

$$\sin(2\pi f_0 t) = \mathrm{j}\frac{1}{2}(\mathrm{e}^{-\mathrm{j}2\pi f_0 t} - \mathrm{e}^{\mathrm{j}2\pi f_0 t})$$

$$\cos(2\pi f_0 t) = \frac{1}{2}(\mathrm{e}^{-\mathrm{j}2\pi f_0 t} + \mathrm{e}^{\mathrm{j}2\pi f_0 t})$$

应用 δ 函数的频移特性，可认为正、余弦函数是把频域中的两个 δ 函数向不同方向频移后之差或和的傅里叶逆变换。因而可求得正、余弦函数的傅里叶变换如下：

$$\sin(2\pi f_0 t) \rightleftharpoons \mathrm{j}\frac{1}{2}\left[\delta(f+f_0) - \delta(f-f_0)\right] \tag{3-62}$$

$$\cos(2\pi f_0 t) \rightleftharpoons \frac{1}{2}\left[\delta(f+f_0) + \delta(f-f_0)\right] \tag{3-63}$$

其频谱如图 3-40 所示。

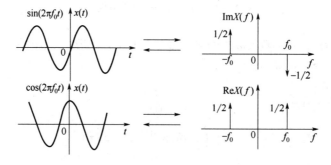

图 3-40 正、余弦函数及其频谱

3.5.4 周期单位脉冲序列的频谱

等间隔的周期单位脉冲序列常称为梳状函数，并用 $\mathrm{comb}(t, T_s)$ 表示：

$$\mathrm{comb}(t, T_s) = \sum_{n=-\infty}^{\infty} \delta(t - nT_s) \tag{3-64}$$

式中，T_s 为周期；n 为整数，$n = 0, \pm 1, \pm 2, \cdots$。

因为此函数是周期函数，所以可以把它表示为傅里叶级数的复指数函数形式：

$$\text{comb}(t, T_\text{s}) = \sum_{n=-\infty}^{\infty} c_n \text{e}^{\text{j}2\pi n f_\text{s} t} \qquad (3\text{-}65)$$

式中，$f_\text{s} = \dfrac{1}{T_\text{s}}$；系数 c_n 为：

$$c_n = \frac{1}{T_\text{s}} \int_{-\frac{T_\text{s}}{2}}^{\frac{T_\text{s}}{2}} \text{comb}(t, T_\text{s}) \text{e}^{-\text{j}2\pi n f_\text{s} t} \text{d}t$$

因为在 $\left(\dfrac{-T_\text{s}}{2}, \dfrac{T_\text{s}}{2} \right)$ 区间内，式（3-64）只有一个 δ 函数 $\delta(0)$，当 $t = 0$ 时，$\text{e}^{-\text{j}2\pi n f_\text{s} t} = \text{e}^0 = 1$，所以：

$$c_n = \frac{1}{T_\text{s}} \int_{-\frac{T_\text{s}}{2}}^{\frac{T_\text{s}}{2}} \delta(t) \text{e}^{-\text{j}2\pi n f_\text{s} t} \text{d}t = \frac{1}{T_\text{s}}$$

这样，式（3-65）可写成：

$$\text{comb}(t, T_\text{s}) = \frac{1}{T_\text{s}} \sum_{n=-\infty}^{\infty} \text{e}^{\text{j}2\pi n f_\text{s} t}$$

根据 δ 函数的频移特性：

$$\text{e}^{\text{j}2\pi n f_\text{s} t} \rightleftharpoons \delta(f - n f_\text{s})$$

可得 $\text{comb}(t, T_\text{s})$ 的频谱 $\text{comb}(f, f_\text{s})$：

$$\text{comb}(f, f_\text{s}) = \frac{1}{T_\text{s}} \sum_{n=-\infty}^{\infty} \delta(f - n f_\text{s}) = \frac{1}{T_\text{s}} \sum_{n=-\infty}^{\infty} \delta\left(f - \frac{n}{T_\text{s}} \right) \qquad (3\text{-}66)$$

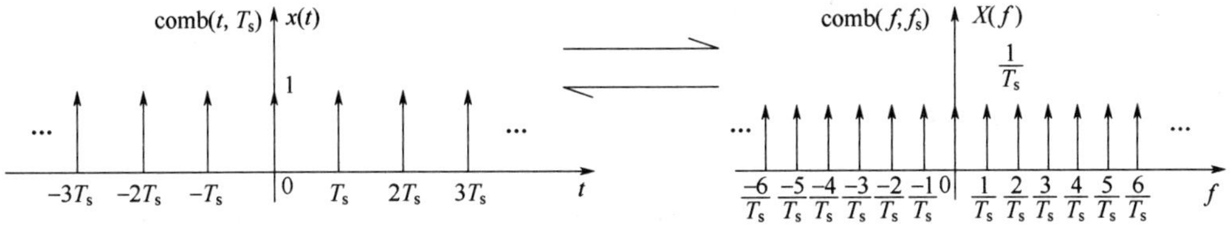

图 3-41　周期单位脉冲序列及其频谱

由图 3-41 可见，时域周期单位脉冲序列的频谱也是周期脉冲序列。若时域周期为 T_s，则频域脉冲序列的周期为 $1/T_\text{s}$；时域脉冲强度为 1，频域中强度为 $1/T_\text{s}$。

3.6　随机信号

3.6.1　随机信号的概念

随机信号是不能用确定的数学关系式来描述的，不能预测其未来任何瞬时值，任何一次观测值只代表在其变动范围中可能产生的结果之一，但其值的变动服从统计规律。在工程实际中，随机信号随处可见，如气温的变化、汽车行驶中的振动、环境噪声等。

描述随机信号必须用概率和统计的方法。对随机信号按时间历程所做的各次长时间观测记录称为样本函数，记作 $x_i(t)$。样本函数在有限时间区间上的部分称为样本记录。在同一实验条件下，全部样本函数的集合（总体）就是随机过程，记作 $|x(t)|$，即：

$$|x(t)| = \{x_1(t), x_2(t), \cdots, x_i(t), \cdots\} \qquad (3\text{-}67)$$

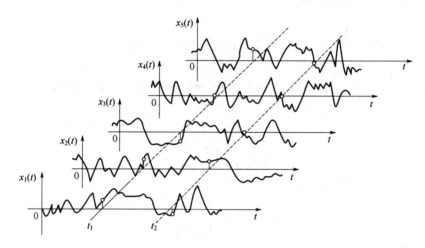

图 3-42 随机过程与样本函数

图 3-42 所示为随机过程和样本函数。随机过程的各种平均值（均值、方差、均方值和均方根值等）是按集合平均来计算的。集合平均的计算不是沿某个样本的时间轴进行，而是将集合中所有样本函数对同一时刻的观测值取平均。为了与集合平均相区别，把按单个样本的时间历程进行平均的计算叫作时间平均。

3.6.2 随机信号的分类

随机过程有平稳随机过程和非平稳随机过程之分。平稳随机过程是指其统计特征参数不随时间的变化而变化的随机过程。否则就是非平稳随机过程。

在平稳随机过程中，若任一单个样本函数的时间平均统计特征等于该过程集合平均统计特征，这样的平稳随机过程叫各态历经（遍历性）随机过程。

工程上所遇到的很多随机信号具有各态历经性，有的虽不是严格的各态历经过程，但也可以当作各态历经过程处理。事实上，一般的随机过程需要大量的样本函数才能描述，但要进行大量观测获取足够多样本是非常困难的。实际的测量工作常常取有限长度样本记录来推断、估计被测对象的整个随机过程。即以时间平均来估计集合平均。

随机信号广泛存在于工程技术的各个领域。实际上，确定性信号一般是在一定条件下出现的特殊情况或者是忽略了次要的随机因素后抽象出来的模型。测试信号总是会受到环境、噪声等污染，故研究随机信号具有普遍的现实意义。

本章小结

本章的主要内容包括信号的分类、信号的时域及频域描述、周期信号的离散频谱、瞬变信号的连续频谱，列举了几种典型信号的频谱，并介绍了随机信号的概念及分类。

本章学习的要点是：熟练掌握信号的分类、频谱的概念、周期信号及瞬变信号的频谱分析及频谱特点、傅里叶变换的性质及典型信号的频谱；了解随机信号的概念及分类。

扫码获取本书资源

思考题与习题

3-1　如何区别周期信号与准周期信号？

3-2　设有一组信号，由频率分别为 724Hz、44Hz、500Hz、600Hz 的同相正弦波叠加而成，求该信号的周期。

3-3　列举典型的周期信号和瞬变信号并绘制其幅值谱。

3-4　求周期方波（图 3-14）的傅里叶级数（复指数函数形式），画出 $|c_n|$-ω 和 φ_n-ω 图，并与表 3-1 对比。

3-5　求正弦信号 $x(t) = x_0\sin(\omega t)$ 的绝对均值 $|\mu_x|$ 和均方根值 x_{rms}。

3-6　求指数函数 $x(t) = A\mathrm{e}^{-at}(a>0,\ t \geqslant 0)$ 的频谱。

3-7　求符号函数［图 3-43（a）］和单位阶跃函数［图 3-43（b）］的频谱。

3-8　求被截断的余弦函数 $\cos(\omega_0 t)$（图 3-44）的傅里叶变换。

$$x(t) = \begin{cases} \cos(\omega_0 t), & |t| < T \\ 0, & |t| \geqslant T \end{cases}$$

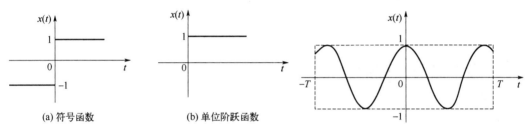

（a）符号函数　　　　　　（b）单位阶跃函数

图 3-43　题 3-7 图　　　　　　　　　　　**图 3-44**　题 3-8 图

3-9　求指数衰减振荡信号 $x(t) = \mathrm{e}^{-at}\sin(\omega_0 t)$ 的频谱。

3-10　设有一时间函数 $f(t)$ 及其频谱如图 3-45 所示，现乘以余弦型振荡 $\cos(\omega_0 t)(\omega_0 > \omega_{\mathrm{m}})$。在这个关系中，函数 $f(t)$ 叫作调制信号，余弦型振荡 $\cos(\omega_0 t)$ 叫作载波。试求调幅信号 $f(t)\cos(\omega_0 t)$ 的傅里叶变换，示意画出调幅信号及其频谱。又问：若 $\omega_0 < \omega_{\mathrm{m}}$ 时将会出现什么情况？

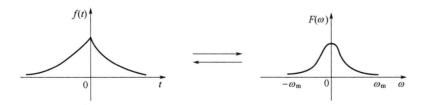

图 3-45　题 3-10 图

3-11　求正弦信号 $x(t) = x_0\sin(\omega t + \varphi)$ 的均值 $|\mu_x|$、均方值 Ψ_x^2 和概率密度函数 $p(x)$。

第 **4** 章
数字信号处理

随着现代技术的发展，传感器技术、通信技术和计算机技术相结合，使得基于微型计算机的数据采集与分析系统的能力增强，可以胜任大多数工业过程控制和测试任务。所谓的计算机数据采集与分析系统，就是利用传感器将被测对象中的物理参量（如位移、速度、加速度、力、温度、压力、液位等物理信号）转换为电信号，这些电信号属于模拟信号，需要再将这些代表实际物理参量的电信号转换为计算机可识别的数字信号，并且在计算机的显示器上以用户要求的方式显示，同时还可以进行存储，随时可以进行统计、分析和处理。

数字信号处理是用数字方法处理信号，它既可在通用计算机上借助程序来实现，也可以用专用信号处理机来完成。数字信号处理机具有稳定、灵活、快速、高效、应用范围广、设备体积小、重量轻等优点，在各行业中得到广泛的应用。

数字信号处理内容很丰富，但受篇幅限制，本章只介绍信号数字化处理及数字信号的初步处理。

4.1 数字信号处理的基本步骤

数字信号处理的基本步骤如图 4-1 所示。

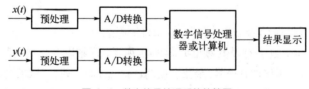

图 4-1 数字信号处理系统的简图

信号处理系统的基本构成：模拟前置处理、A/D 转换、数字信号处理。

（1）模拟信号处理在数字信号处理系统中的作用

模拟信号处理设置在数字信号处理前、后，分别称为前置处理（预处理）和后置处理。前置处理（又叫信号预处理）包括：限幅、滤波、隔直、解调等。

信号预处理的目的是把模拟信号变成适于数字处理的形式，以减轻数字处理的困难。预处理包括：

① 电压幅值调理，以便适宜于采样。对于要处理的信号，总是希望电压峰-峰值足够大，以便充分利用 A/D 转换器的精确度。如 12 位的 A/D 转换器，其参考电压为±5V。由于

$2^{12}=4096$，故其末位数字的当量电压为 2.5mV。若信号电平较低，转换后二进制数的高位都为 0，仅在低位有值，其转换后的信噪比将很差。若信号电平绝对值超过 5V，则转换中又将发生溢出，这是不允许的。所以进入 A/D 转换的信号的电平应适当调整。

② 必要的滤波，以提高信噪比，并滤去信号中的高频噪声。

③ 如果所测信号中不应有直流分量，隔离信号中的直流分量。

④ 如原信号经过调制，则应先行解调。

预处理环节应根据测试对象、信号特点和数字处理设备的能力妥善安排。

（2）模数（A/D）转换

由于数字信号处理器或计算机只能对离散的数字序列进行运算，因此，在进入数字处理环节前需要将模拟信号 $x(t)$ 转化为二进制数字序列 $x(n)$。模-数（A/D）转换即指模拟信号经采样、量化并转化为二进制数字序列的过程，如图 4-2 所示。

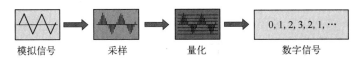

图 4-2　模拟信号数字化过程

计算机只能处理有限长度的数据，所以首先要把长时间的序列截断，对截取的数字序列有时还要人为地进行加权（乘以窗函数）以成为新的有限长的序列。对数据中的奇异点（由于强干扰或信号丢失引起的数据突变）应予以剔除。对温漂、时漂等系统性干扰所引起的趋势项（周期大于记录长度的频率成分）也应予以分离。如有必要，还可以设计专门的程序来进行数字滤波，然后把数据按给定的程序进行运算，完成各种分析。

数字运算的结果可以直接显示或打印，若需要反馈到控制端，则需要将数字信号转换为模拟信号，即数-模（D/A）转换，其过程如图 4-3 所示。

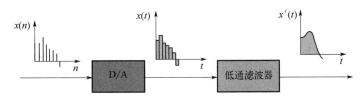

图 4-3　数-模（D/A）转换过程

如有需要，可将数字信号处理结果送入后接计算机或通过专门程序再做后续处理。

（3）数字信号处理

数字信号处理是测试技术中最常用和最需要掌握的部分，无论开发简单还是复杂的测控系统或仪器，都会用到数字信号处理知识。

1）数字信号的时域波形分析

时域波形分析是最常用的信号分析手段，可应用于：信号类型识别、信号基本参数识别、超门限报警等。直接测量获得的信号为时域波形。常用的测量仪器通过显示信号波形就可以获得信号的时域特征参数，如示波器可获得峰值、峰峰值、周期等，使用万用表测量可获得信号的有效值、均值等。

在数字信号处理中,时域分析通过对数字序列进行计算提取上述特征参数。

2)数字信号的频谱分析

信号频谱分析的目的是将信号从时域转换到频域,从而提取信号的频域特征。在数字处理技术中,实现频谱分析的工具为:离散傅里叶变换(DFT)和快速傅里叶变换(FFT)。

根据数学分析理论,对于连续时域信号,可通过傅里叶变换实现从时域到频域的转换:$x(t) \rightleftharpoons X(f)$。对于计算机所处理的离散数字时间序列 $x(n)$,对应的操作为离散傅里叶变换:$x(n) \rightleftharpoons X(k)$。快速傅里叶变换是在离散傅里叶变换的基础上发展出来的快速算法,这种算法大大减少了运算量,是目前计算机实现频谱分析的基础。

(4)数字信号的显示

在数字信号处理系统中,所有的信号都是以离散的数字序列存储、处理,对应时域和频域分别为: $x(n) = x(n\Delta t)$, $X(k) = X(k\Delta f)$。数字信号显示的波形,以离散的数据点连线,实际为折线。当采样间隔足够小时,显示波形近似模拟信号中的连续曲线。

4.2 信号数字化出现的问题

模拟信号转换为数字信号(A/D 转换)需要经过两个步骤:采样(sampling)和量化(quantizing)。数字信号处理时,需要将无限的信号历程序列截取一部分进行处理,此过程称为截断(truncation)。DFT 用数字信号计算频谱,必须使频率离散化,此过程称为频域采样。上述处理过程中的每一个步骤,采样、量化、截断、DFT 计算都可能引起信号的失真或误差,必须充分注意。工程上不仅关心有无误差,而且更关心误差的具体数值,以及是否能以经济、有效的手段提取足够精确的信息。只要概念清楚,处理得当,就可以利用计算机有效地处理测试信号,完成在模拟信号处理技术中难以完成的工作。

4.2.1 采样、频率混叠与采样定理

(1)采样

1)采样过程

采样是把连续时间信号变成离散时间序列的过程。这一过程(如图 4-4 所示)相当于在连续时间信号上,以时间间隔 $\Delta t = T_s$,"摘取"一系列信号在离散时刻 nT_s 上的瞬时值 $x(nT_s)$。

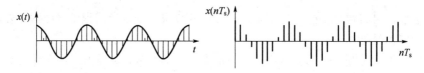

图 4-4 原始模拟信号与采样后离散信号

长度为 τ 的连续时间信号 $x(t)$,从点 $t = 0$ 开始采样,采样得到的离散时间序列为 $x(n)$。

$$x(n) = x(nT_s) = x\left(\frac{n}{f_s}\right), \quad n = 0, 1, 2, \cdots, N-1 \tag{4-1}$$

其中

$$x(nT_s) = x(t)\big|_{t=nT_s}$$

式中，$T_s = \Delta t$ 为采样间隔；N 为序列长度，$N = \dfrac{\tau}{T_s}$；τ 为矩形窗函数的窗宽，截取时域

信号的时间；f_s 为采样频率，$f_s = \dfrac{1}{T_s}$。

2）采样的时域解释

在数学处理上，采样过程可看作以等时距 Δt 的单位脉冲序列 $s(t)$（也叫采样信号）去乘连续时间信号 $x(t)$，各采样点上的瞬时值 $x(n\Delta t)$ 就变成脉冲序列的强度（这些强度值将被量化而成为相应的数值）。

如图 4-5 所示，采样是将采样脉冲序列 $s(t)$ 与信号 $x(t)$ 相乘，抽取离散点 $x(n\Delta t)$ 值的过程。

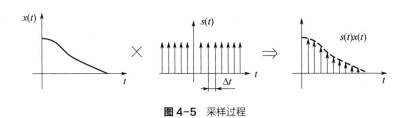

图 4-5 采样过程

3）采样过程的频域解释

如图 4-6 所示为有限带宽 f_n 的模拟信号 $x(t)$ 及其连续频谱 $X(f)$。

如图 4-7 所示为采样脉冲序列 $s(t)$ 及其频谱 $S(f)$。

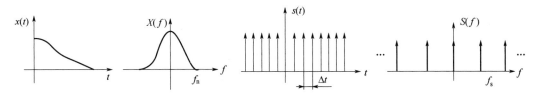

图 4-6 模拟信号及其有限带宽的连续频谱   **图 4-7** 采样序列及其频谱

在时域，$s(t)$ 为周期脉冲信号，其时域周期为 T_s（即采样间隔 $\Delta t = T_s$）。

在频域，采样脉冲序列的傅里叶变换 $S(f)$ 也是周期脉冲序列，其频域周期为 $f_s = \dfrac{1}{T_s}$（亦

称为频率间隔 $\Delta f = f_s$）。

$$s(t) = \sum_{n=-\infty}^{\infty} \delta(t - nT_s) \rightleftharpoons S(f) = \frac{1}{T_s} \sum_{k=-\infty}^{\infty} \delta\left(f - \frac{k}{T_s}\right) \tag{4-2}$$

根据图 4-5 所示采样过程，采样信号 $x(n)$ 是由图 4-6 所示信号与图 4-7 所示的采样脉冲序列的乘积，图 4-8 所示为采样信号及其频谱 $X_n(f)$。

在时域，采样信号 $x(n)$ 为原信号 $x(t)$ 与采样脉冲 $s(t)$ 的乘积，即 $x(n) = x(t)s(t)$。

在频域，根据频域卷积定理可知：两个时域函数的乘积的傅里叶变换等于两者傅里叶变换的卷积，即 $x(t)s(t) \rightleftharpoons X(f) * S(f)$。考虑到 δ 函数与其他函数卷积的特性［见式（3-59）］，上式可写为：

$$X(f) * S(f) = X(f) * \frac{1}{T_s} \sum_{k=-\infty}^{\infty} \delta\left(f - \frac{k}{T_s}\right) = \frac{1}{T_s} \sum_{k=-\infty}^{\infty} X\left(f - \frac{k}{T_s}\right) \tag{4-3}$$

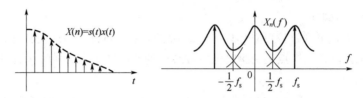

图 4-8　采样信号及其幅频谱

即采样信号 $x(n)$ 的频谱 $X_n(f)$ 为：将原频谱 $X(f)$ 依次平移 $\Delta f = f_s$ 至各采样脉冲对应的频域序列点上，然后全部叠加而成。由此可见，连续信号 $x(t)$ 经时域采样之后成为离散信号 $x(n)$ 序列，频谱也相应地由连续有限频宽的 $X(f)$ 变为无限频宽的周期函数 $X_n(f)$，其频域周期为 $\Delta f = f_s = \dfrac{1}{T_s}$。

（2）频率混叠

1）混叠现象

通过数字信号处理技术实现频谱分析的实质是：以 $0 \sim \dfrac{1}{2}f_s$ 范围内采样信号 $x(n)$ 的频谱 $X_n(f)$ 近似表示原信号 $x(t)$ 的频谱 $X(f)$。

当 $X(f)$ 的频带 f_n 小于 $\dfrac{1}{2}f_s$（采样频率）时，相邻两叠加频谱无重叠部分，两者在 $0 \sim \dfrac{1}{2}f_s$ 范围内一致。

当 $X(f)$ 的频带大于 $\dfrac{1}{2}f_s$ 时，$X(f)$ 中的高频成分（频率 $|f| > \dfrac{1}{2}f_s$ 的成分）被折叠到低频成分（频率 $|f| < \dfrac{1}{2}f_s$ 的成分）上去的现象，称为频率混叠。频率混叠使采样信号频谱 $X_n(f)$ 与原信号频谱 $X(f)$ 不一致，从而产生频谱分析误差，导致频率混叠产生的根本原因是采样频率 f_s 选择不当，即抽取离散值的采样间隔 $T_s = \dfrac{1}{f_s}$ 选择不当。

采样间隔（频率）的选择是一个重要的问题。若采样间隔 T_s 太小（采样频率高），则对一定长度 τ 的信号来说，其数字序列的长度 $N = \dfrac{\tau}{T_s}$ 就很大，计算工作量迅速增大；如果数字序列长度 N 有限制为一定，则能处理的信号长度 $\tau = NT_s$ 就很短，可能产生较大的误差。

但若采样间隔过大（采样频率低），则可能丢掉有用的信息。下面从时域和频域两方面来解释。

2）频率混叠的时域解释

图 4-9（a）中，如果按图中所示的 T_s 采样，将得点 1、2、3、4 等的采样值，无法分清曲线 A、B 和 C 的差别，并把曲线 B、C 误认为 A。图 4-9（b）中，用过大的采样间隔 T_s 对两个不同频率的正弦波采样，结果得到一组相同采样值，无法辨识两者的差别，将其中的高频

信号误认为某种相应的低频信号，出现了所谓的频率混叠现象。

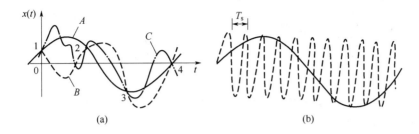

图 4-9 混叠现象

如图 4-10（a）所示，采样间隔 T_s 过大时，高频信号 f_2 的采样值构成了一个虚假的低频成分 f_1，该成分掺杂进原低频波形的采样值，即出现了频率混叠现象，使信号发生失真。而如图 4-10（b）所示，采用合适的采样间隔，就不会出现虚假的低频成分。

3）频率混叠的频域解释

如图 4-11 所示，原信号 $x(t)$ 的频谱 $X(f)$ 为有限带宽 f_n。

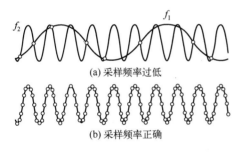

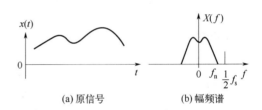

图 4-10 采样间隔与频率混叠   **图 4-11** 原始信号及其有限带宽 f_n 的幅频谱

其采样信号的频谱 $X_n(f)$ 为将 $X(f)$ 在频域各频点（$\pm f_s, \pm 2f_s, \cdots, \pm kf_s, \cdots$）处复制后，再叠加的结果，为无限周期频谱。

如图 4-12 所示，当采样频率 f_s 足够大，即 $f_s > 2f_n$ 时，在各频点处复制的频谱 $X(f)$ 没有重叠的部分；在 $0 \sim \dfrac{1}{2}f_s$ 范围内，采样信号的频谱 $X_n(f)$ 与原信号的频谱 $X(f)$ 一致。

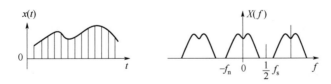

图 4-12 当采样频率 $f_s > 2f_n$，采样信号及其幅频谱

如图 4-13 所示，如果采样的间隔 T_s 太大，即采样频率 $f_s < 2f_n$，平均距离 f_s 过小，那么移至各采样脉冲所在处的频谱 $X(f)$ 就会有一部分相互交叠，新合成的 $X_n(f)$ 图形与原 $X(f)$ 不一致，这种现象称为频率混叠。发生混叠以后，改变了原来频谱的部分幅值，使我们对于

时域信号 $x(t)$ 的频谱分析产生误差。

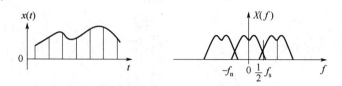

图 4-13 当采样频率 $f_s < 2f_h$ 时，采样信号及其幅频谱

（3）避免频率混叠的措施

1）抗混叠滤波预处理

如果要求不产生频率混叠（图 4-14），首先应使被采样的模拟信号 $x(t)$ 成为有限带宽的信号。为此，对不满足此要求的信号，在采样之前，先通过模拟低通滤波器滤去高频成分，使其成为带限信号，为满足后面的要求创造条件。这种处理称为抗混叠滤波预处理。

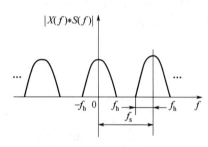

图 4-14 不产生混叠的条件

2）采样定理

为了避免混叠以使采样处理后仍有可能准确地恢复其原信号，采样频率 f_s 必须大于最高频率 f_h 的两倍，即：

$$f_s = \frac{1}{T_s} > 2f_h \qquad (4\text{-}4)$$

这就是采样定理。

在满足上述两条件之下，采样后的频谱 $X(f) * S(f)$ 就不会发生混叠（图 4-14）。

在实际工作中，考虑到实际滤波器不可能有理想的截止特性，在其截止频率 f_c 之后总有一定的过渡带，故采样频率常选为 $(3 \sim 4)f_c$。此外，从理论上说，任何低通滤波器都不可能把高频噪声完全衰减干净，因此也不可能彻底消除混叠。

4.2.2 量化和量化误差

（1）量化

采样所得离散信号的电压幅值，若用二进制数码组来表示，就使离散信号变成数字信号，这一过程称为量化。量化是从一组有限个离散电平中取一个来近似代表采样点的信号实际幅值电平。这些离散电平称为量化电平，每个量化电平对应一个二进制数码。

（2）量化误差

A/D 转换器的位数是一定的。一个 b 位（又称数据字长）的二进制数，共有 $L=2^b$ 个数码。如果 A/D 转换器允许的动态工作范围为 D（例如 $\pm 5V$ 或 $0 \sim 10V$），则两相邻量化电平之间的差 Δx 为：

$$\Delta x = \frac{D}{2^{b-1}} \qquad (4\text{-}5)$$

其中，采用 2^{b-1} 而不用 2^b，是因为实际上字长的第一位用作符号位。

当离散信号采样值 $x(n)$ 的电平落在两个相邻量化电平之间时，就要舍入到相近的一个量化电平上。该量化电平与信号实际电平之间的差值称为量化误差 $\varepsilon(n)$。量化误差的最大值为 $\pm\dfrac{\Delta x}{2}$，可认为量化误差在 $\left(-\dfrac{\Delta x}{2}, +\dfrac{\Delta x}{2}\right)$ 区间各点出现的概率是相等的，其概率密度为 $\dfrac{1}{\Delta x}$，均值为零，其均方值 σ_ε^2 为 $\dfrac{(\Delta x)^2}{12}$，误差的标准差 σ_ε 为 $0.29\Delta x$。实际上，和信号获取、处理的其他误差相比，量化误差通常是不大的。

量化误差 $\varepsilon(n)$ 将形成叠加在信号采样值 $x(n)$ 上的随机噪声。假定字长 $b=8$，峰值电平等于 $2^{8-1}\Delta x = 128\Delta x$。这样，峰值电平与 σ_ε 之比为 $\dfrac{128\Delta x}{0.29\Delta x} \approx 450$，即约近于 26dB。

A/D 转换器位数选择应视信号的具体情况和量化的精度要求而定。但要考虑位数增多后，成本显著增加，转化速率下降的影响。

为了讨论方便，今后假设各采样点的量化电平就是信号的实际电平，即假设 A/D 转换器的位数为无限多，则量化误差等于零。

量化误差是绝对误差，所以信号越接近于满量程电压值，相对误差就越小。在进行数字信号处理时，应使模拟信号的大小与满量程匹配，若信号过小，则应使用放大器放大。

4.2.3　截断、泄漏和窗函数

（1）信号的截断与周期延拓

由于实际只能对有限长的信号进行处理，所以必须截断过长的信号时间历程。用计算机对测试信号进行处理时，取其有限的时间片段进行分析，这个过程称为信号的截断，如图 4-15 所示。

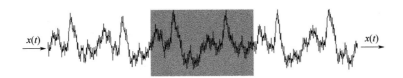

图 4-15　截断的时域解释

理论上，信号处理的过程为：截取一段信号（$t \in (0, \tau)$），将其视为周期信号中的一个周期（基频 $\omega_0 = \dfrac{2\pi}{\tau}$），对这段信号做傅里叶级数分解，计算各谐波分量的幅值 $A_n(u_n, b_n)$、相位 φ_n，按频率排列（频率间隔 $\Delta\omega = \omega_0$）得到信号的频谱 $A(\omega)\mathrm{e}^{\mathrm{j}\varphi(\omega)}$。

这种处理的实质是将截断的信号在时域向两边连续复制、无限延拓，形成一虚拟的无限长的周期信号，称为信号的周期延拓，如图 4-16 所示。对于这种通过周期延拓技术得到的虚拟周期信号，在两个周期的衔接处为截断信号的 $x(0)$ 和 $x(\tau)$。一般有 $x(0) \neq x(\tau)$，即便对于真正的周期信号，如果截断的信号没有取整周期长度，也会导致 $x(0) \neq x(\tau)$。故在信号重构时，由于截断处不连续产生的信号幅值的瞬变，造成附加的频率成分，产生频谱分析误差。所以对于周期信号，应采取整周期截断，这样可以减少误差。

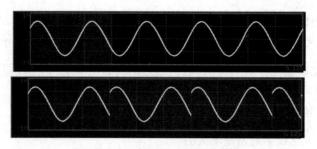

图4-16 信号的截断及其周期延拓

（2）截断引起的能量泄漏效应

下面以余弦信号 $x(t) = \cos(2\pi f_0 t)$ 为例，来说明信号截断带来的影响。

1）截断的时域解释

原信号为时域无限长信号，从中截取一段有限长度的片段，从数学角度分析，相当于原信号 $x(t)$ 与一矩形窗函数 $w(t)$ 相乘。"窗"的意思是指透过窗口能够"看见""外景"（信号的一部分），对时窗以外的信号，视其为零。

图4-17 信号 $\cos(2\pi f_0 t)$ 及其幅值谱

2）截断的频域解释

如图4-17所示，信号 $\cos(2\pi f_0 t)$ 的幅值谱为在频率 f_0 处高度为1的一条谱线，即在频域为 f_0 处的脉冲函数。

窗函数 $w(t)$ 的频谱 $W(f)$ 为连续谱，为频域的 sinc 函数，如图4-18所示。

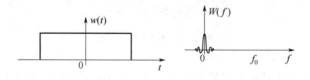

图4-18 矩形窗函数及其幅值谱

根据数学分析理论，两信号在时域相乘 $x(t)w(t)$，在频域两者频谱做卷积 $X(f)*W(f)$，由于 $X(f)$ 为 f_0 点的脉冲函数，两者卷积的结果为将 $W(f)$ 移位到 f_0 处，如图4-19所示。

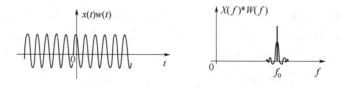

图4-19 截断的余弦信号及其幅值谱

3）截断引起的能量泄漏效应

比较原信号与截断信号的频谱：根据信号频谱的含义，$\cos(2\pi f_0 t)$ 信号在频域为离散谱，能量集中在 f_0 点，而截断信号是以 f_0 为中心向两侧分布的连续谱。即由于截断，信号在频域的能量分布，由原来的集中在 f_0 频点处，变为分散到较宽的频带中，以 f_0 为中心沿频率轴向两侧扩展，这一现象称为频谱的能量泄漏，如图 4-20 所示。

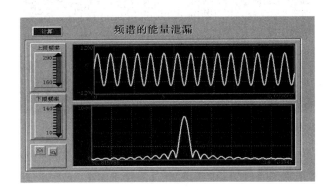

图 4-20　截断造成的频谱能量泄漏

根据窗函数的频谱特点，频谱能量泄漏的形式表现为：一部分能量以主瓣加宽的形式向原有频率近旁分散；另一部分能量则以旁瓣的形式分散到整个频域。能量泄漏对频谱分析的影响是造成频谱分析时的误差。

（3）减小或抑制泄漏的措施

1）通过增加数据量的途径改善泄漏状况

在频域，矩形窗函数的频谱主瓣宽度，取决于 $W(f)$ 频谱曲线与频率轴的第一个交点 $\frac{1}{\tau}$，其频谱 $W(f)$ 主瓣的宽度与时域 $w(t)$ 的"窗口"宽度 τ 成反比，即傅里叶变换的"时域扩展→频域压缩""时域压缩→频域扩展"的特性，如图 4-21 所示。

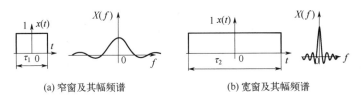

(a) 窄窗及其幅频谱　　　　　　　　(b) 宽窗及其幅频谱

图 4-21　矩形窗函数及其幅频谱

增大截断信号的长度 τ 即增加矩形窗函数的宽度，可使截断信号的频谱更加集中。从信息提取的角度，分析时数据量越大涵盖的信息量也越大、越完整。

2）窗函数

增加数据量会使处理时间增加。对于在线分析、实时控制问题，在不增加数据量的条件下，减小或抑制泄漏的途径是对截断的位置做加权处理，这种技术称为窗函数。窗函数的实质是改善信号在周期延拓的衔接过渡。

矩形窗在整个窗口的高度相同，即在与 $x(t)$ 相乘时采用统一的系数，相当于直接在原信号上切断。而窗函数的起始和结束位置的值均为 0，整个窗口采取逐渐过渡到 1 的形式。故窗函数处理相当于在与 $x(t)$ 相乘时采用了不同的系数，且截断信号 $x(0) = x(\tau) = 0$，保证了周期延拓的顺滑，可有效减少泄漏，如图 4-22 所示。

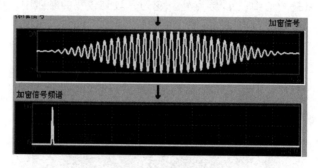

图4-22 窗函数

图 4-23 所示为常采用的各种窗函数的时域及其频域图形，选择的窗函数应力求其频谱的主瓣宽度窄些，旁瓣幅度小些。窄的主瓣可以提高频率分辨能力；小的旁瓣可以减小泄漏。这样，窗函数的优劣大致可从最大旁瓣峰值与主瓣峰值之比、最大旁瓣 100 倍频程衰减率和主瓣宽度等三方面来评价。

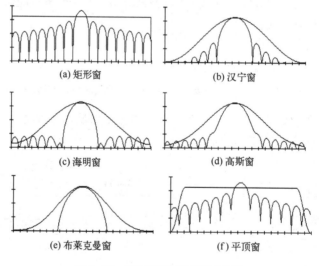

(a) 矩形窗　　　　　　　　(b) 汉宁窗

(c) 海明窗　　　　　　　　(d) 高斯窗

(e) 布莱克曼窗　　　　　　(f) 平顶窗

图4-23 各种窗函数的时域及幅频谱

4.2.4 频域采样和栅栏效应

（1）频域采样

数字信号处理（DSP）获得的频谱为离散数字序列，图 4-24 所示为某软件数字信号处理所得到的频谱曲线，将其局部放大可看到曲线是由离散数据点连线得到的折线。

DSP 得到的频谱 $X_n(k)$ 是 $X_n(f)$ 曲线上的离散数据点，频率采样点为 $\{0, \Delta f, 2\Delta f, 3\Delta f, \cdots\}$，

如图 4-25 所示。

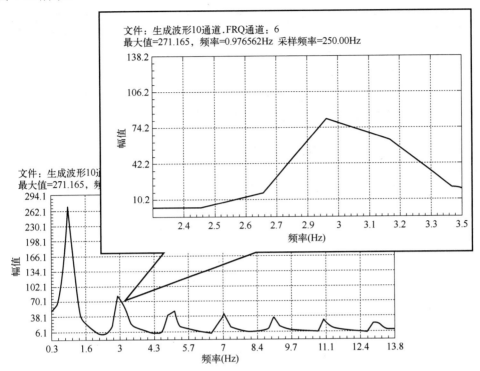

图 4-24 某软件数字信号处理所得的频谱曲线及其放大图

数字信号处理的频谱分析过程,是利用连续频谱的计算公式,将一系列间隔为 Δf 频率值代入公式,从而计算得到一系列频谱值 $X_n(k\Delta f)$,这一过程好像在连续频谱上以频率间隔 Δf 进行采样,从而抽取得到 $X_n(f)$ 上的离散频谱序列 $X_n(k) = X_n(k\Delta f)$,形象地称为频域采样。

(2)栅栏效应

1)栅栏效应的应用

对一函数实行采样,实质上就是"摘取"采样点上对应的函数值。其效果有如透过栅栏的缝隙观看外景一样,只有落在缝隙前的少数景象被看到,其余景象都被栅栏挡住,视为零。这种现象被称为栅栏效应。不管是时域采样还是频域采样,都有相应的栅栏效应。只不过时域采样如满足采样定理要求,栅栏效应不会有什么影响。而频域采样的栅栏效应则影响颇大,如图 4-26 所示,"挡住"或丢失的频率成分有可能是重要的或具有特征的成分,以至于整个处理失去意义。

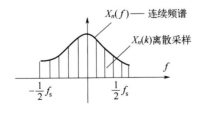

图 4-25 频域采样

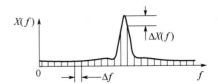

图 4-26 栅栏效应及其引起的误差

2）栅栏效应的影响

由于频谱的离散取样造成频谱分析误差，谱峰越尖锐，产生误差的可能性就越大。例如，单一频率余弦信号的频谱为线谱，如图 4-27 所示。当信号频率与频谱离散取样点不等时，栅栏效应导致的误差为无穷大。

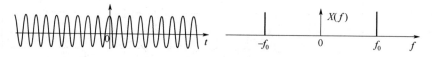

图 4-27 余弦信号及其幅频谱

在实际信号处理中，由于信号截断导致频谱能量泄漏，如图 4-28 所示，所以即使当信号频率 f_0 与频谱离散取样点 f_k 不相等，也能得到该频率分量的一个近似值。从这个意义上说，能量泄漏误差不完全是有害的。如果没有信号截断产生的能量泄漏，频谱离散取样造成的栅栏效应误差将是不能接受的。

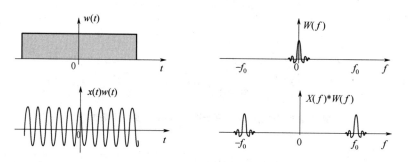

图 4-28 截断所引起的能量泄漏

能量泄漏分主瓣泄漏和旁瓣泄漏。主瓣泄漏可以减小因栅栏效应带来的谱峰幅值估计误差，有其好的一面，而旁瓣泄漏则是完全有害的，如图 4-29 所示。

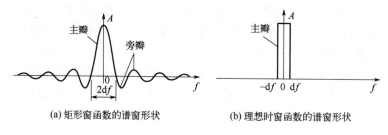

(a) 矩形窗函数的谱窗形状　　　　(b) 理想时窗函数的谱窗形状

图 4-29 窗函数的谱窗形状

（3）频率分辨率、整周期截断

1）频率分辨率

频率采样间隔 Δf 也是频率分辨率的指标。此间隔越小，频率分辨率越高，被"挡住"的频率成分越少。

频率采样间隔：由于频谱的分析带宽为 $\left(-\dfrac{f_s}{2}, \dfrac{f_s}{2}\right)$，若频域采样的计算点数为 N，所以

频率采样间隔 $\Delta f = \dfrac{f_s}{N}$。频率间隔 Δf 与采样频率 f_s 成正比，与计算点数 N 成反比。在实际测试中的选择次序如下：

① 首先根据分析对象的带宽 f_{max} 选择采样频率 $f_s > 2f_{max}$；

② 对数据进行计算求频谱。频率分辨率取决于计算点数 N。

注意：N 受限于采样长度 τ，$N \leqslant \tau f_s$，一般以 1024 点为一块，采样长度取 1024 的整倍数。

例 4.1 已知某实验参数设置为：采样频率 $f_s = 512\text{Hz}$，采样长度 $\tau = 40\text{s}$，如图 4-30 所示。则得到的总数据量 $N_{max} = f_s \tau = 512 \times 40 = 20480$。

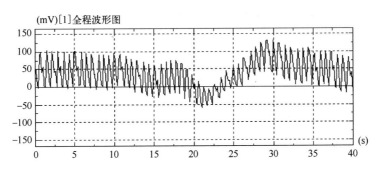

图 4-30 例 4.1 某实验时域波形图

当采样频率确定后，分析频带也确定了，$\dfrac{f_s}{2} = 256\text{Hz}$，分析频带：$0 \sim 256\text{Hz}$。频率分辨率与计算点数 N 成正比：$\Delta f = \dfrac{f_s}{N}$。

频谱分析参数 1：取 $N = 512$（使用信号长度 $\tau = 1\text{s}$），则频率间隔 $\Delta f = \dfrac{f_s}{N} = \dfrac{512}{512} = 1\text{Hz}$，在谱分析结果中只得到一个谱峰，如图 4-31 所示。

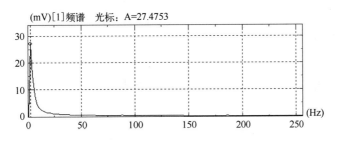

图 4-31 $N = 512$ 时的谱分析

频谱分析参数 2：取 $N = 16384$（使用信号长度 $\tau = 32\text{s}$），则频率间隔 $\Delta f = \dfrac{512}{16384} = 0.03125(\text{Hz})$，频谱分析结果如图 4-32 所示，可看到在 10Hz 频带内有 5 个谱峰。

由上例可以得到 Δf 和分析的时间信号长度 T 的关系是：

$$\Delta f = \frac{f_s}{N} = \frac{1}{\tau} \tag{4-6}$$

即提高频率分辨率的途径是增加计算信号的长度。

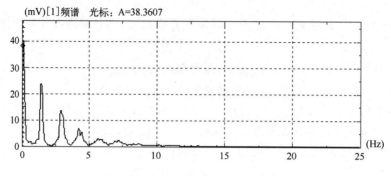

图4-32 $N=16384$ 时的谱分析

根据采样定理，若信号的最高频率为 f_h，最低采样频率 f_s 应大于 $2f_h$。根据式（4-6），在 f_s 选定后，要提高频率分辨率就必须增加计算点数 N，从而急剧地增加了计算工作量。

2）整周期截断

在分析简谐信号的场合下，需要了解某特定频率 f_0 的谱值，希望频率采样的谱线落在 f_0 上。单纯减小 Δf，并不一定会使谱线落在频率 f_0 上。从 DFT 的原理来看，谱线落在 f_0 处的条件是：$f_0/\Delta f$ =整数。考虑到 Δf 是分析时长 τ 的倒数，简谐信号的周期 T_0 是其频率 f_0 的倒数，因此只有截取的信号长度 τ 正好等于信号周期的整数倍时，才可能使分析谱线落在简谐信号的频率上，从而获得准确的频谱。显然，这个结论适用于所有周期信号。

因此，对周期信号实行整周期截断是获得准确频谱的先决条件。从概念来说，相当于将时窗内信号向外周期延拓。若事先按整周期截断信号，则延拓后的信号将和原信号完全重合，无任何畸变。反之，延拓后将在 $t=k\tau$ 交接处出现间断点，波形和频谱都发生畸变，其中 k 为某个整数。

4.3 快速傅里叶变换的原理

4.3.1 离散傅里叶变换（DFT）

离散傅里叶变换（discrete fourier transform）一词是为适应计算机做傅里叶变换运算而引出的一个专用名词。

已知周期为 τ 的信号 $x(t)$ 的傅里叶变换为：$X(f)=\displaystyle\int_0^\tau x(t)\mathrm{e}^{-\mathrm{j}2\pi ft}\mathrm{d}t$。

数字处理技术首先将采集的有限时长为 τ 的信号（截断的信号，截断窗宽为 τ）当作虚拟周期信号 $x_\tau(t)$ 的一个周期。然后在数字信号处理过程中，原连续的 $x(t)$ 通过采样离散化为数字序列 $x(n)$，相应地傅里叶积分转化为求和运算：

$$X(f)=\int_0^\tau x(t)\mathrm{e}^{-\mathrm{j}2\pi ft}\mathrm{d}t$$
$$\Rightarrow X_n(f)=\left[\sum_0^{N-1}x(n)\mathrm{e}^{-\mathrm{j}2\pi fn\Delta t}\right]\Delta t \tag{4-7}$$

利用欧拉公式将复指数替换为三角函数表示形式：

$$X_n(f) = \left[\sum_0^{N-1} x(n)\cos\left(2\pi f n\Delta t\right) + j\sum_0^{N-1} x(n)\sin\left(2\pi f n\Delta t\right) \right]\Delta t \qquad (4\text{-}8)$$

上式仍为变量 f 的连续函数。

利用此式计算各指定频率点 $\{0, \Delta f, 2\Delta f, 3\Delta f, \cdots\}$ 的值，即频域采样：

$$X_n(k\Delta f) = \left[\sum_0^{N-1} x(n)\cos(2\pi k\Delta f n\Delta t) + j\sum_0^{N-1} x(n)\sin(2\pi k\Delta f n\Delta t) \right]\Delta t = X_n(k) \qquad (4\text{-}9)$$

其中，$k = 0, 1, \cdots, N-1$

在计算指定频点谱值（频域采样）时，频率取样点为 $\{0, \Delta f, 2\Delta f, 3\Delta f, \cdots\}$，其中，频率取样间隔为 $\Delta f = \dfrac{f_s}{N}$（$N$ 为计算点数），将 Δf 代入上式，注意时域采样间隔 $\Delta t = T_s = \dfrac{1}{f_s} = \dfrac{\tau}{N}$（采样周期）

$$X_n(k) = \left[\sum_0^{N-1} x(n)\cos\frac{2\pi kn}{N} + j\sum_0^{N-1} x(n)\sin\frac{2\pi kn}{N} \right]\Delta t, \quad k = 0, 1, \cdots, N-1 \qquad (4\text{-}10)$$

上式方括号中部分就是离散傅里叶变换（DFT）计算公式。

4.3.2　快速傅里叶变换（FFT）

（1）快速傅里叶变换算法

FFT 是 DFT 的一种有效的算法，通过选择和重新排列中间结果，可减小运算量。其思路为：对应每一次"采样"计算的 k 值，将 DFT 计算公式展开（以实部为例），下面列出 $k=1$ 和 $k=2$ 时的展开式：

$$X_f(1) =$$
$$x(0)\cos\left(2\pi \times 1 \times \frac{0}{N}\right)$$
$$+x(1)\cos\left(2\pi \times 1 \times \frac{1}{N}\right)$$
$$+x(2)\cos\left(2\pi \times 1 \times \frac{2}{N}\right)$$
$$+\cdots$$

$$X_f(2) =$$
$$x(0)\cos\left(2\pi \times 2 \times \frac{0}{N}\right)$$
$$+x(1)\cos\left(2\pi \times 2 \times \frac{1}{N}\right)$$
$$+x(2)\cos\left(2\pi \times 2 \times \frac{2}{N}\right)$$
$$+\cdots$$

可以看到，在 DFT 中，有大量重复的 cos、sin 计算，令：$W_k^n = \cos\dfrac{2\pi kn}{N}$，$W_k^n$ 不依赖采样数据 $x(n)$ 存在，则有 $W_k^n = W_n^k$，当计算点数 N 确定时（一般取 $N=1024$ 的倍数），可事先计算出全部的 W_k^n，并作为频域采样计算的系数矩阵存储。对于任意的时域采样信号 $x(n)$ $(n = 0, 1, 2, \cdots, N-1)$ 序列，代入矩阵计算公式即可得到其频谱序列 $X(k)$ $(k = 0, 1, 2, \cdots, N-1)$。

$$\begin{bmatrix} X[0] \\ X[1] \\ \vdots \\ X[N-1] \end{bmatrix} = \begin{bmatrix} W_0^0 & W_0^1 & \cdots & W_0^{N-1} \\ W_1^0 & W_1^1 & \cdots & W_1^{N-1} \\ & & \vdots & \\ W_{N-1}^0 & W_{N-1}^1 & \cdots & W_{N-1}^{N-1} \end{bmatrix} \begin{bmatrix} x[0] \\ x[1] \\ \vdots \\ x[N-1] \end{bmatrix} \qquad (4\text{-}11)$$

FFT 的作用就是用技巧减少 cos、sin 项重复计算。例如，对于采样点数为 $N=1024$ 点，DFT 要求一百万次以上计算量，而 FFT 则只要求一万次。

（2）频率分析的有效带宽、单边谱与双边谱

根据前面的分析可知，频谱分析的有效带宽为 $f=\left(0,\dfrac{1}{2}f_s\right)$。

当 FFT 计算区间为 $0<k<N-1$ 时，对应的频域范围为 $0<f<(N-1)\Delta f$，即 $f=(0,f_s)$，称为双边谱，如图 4-33 所示。

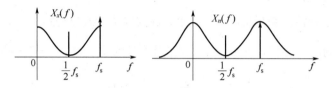

图 4-33 双边谱

由于频谱分析的实际有效区间为 $0<f<\dfrac{1}{2}f_s$，故计算区间只需取 $0<k<\dfrac{1}{2}N$（这也是 N 一般取 1024 的整倍数的缘故），为保持原对应频率曲线下面积不变，取 $G(f)=2X(f)$，称为单边谱，如图 4-34 所示。

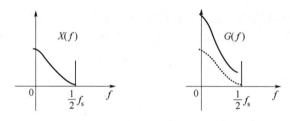

图 4-34 单边谱

4.4 离散信号的频谱分析

现以计算一个模拟信号的频谱为例，来说明上述信号 DFT 的步骤及信号数字化过程中的相关问题。

设模拟信号 $x(t)$ 的傅里叶变换为 $X(f)$（图 4-35）。为了利用数字计算机来计算，必须使 $x(t)$ 变换成有限长的离散时间序列。为此，必须对 $x(t)$ 进行采样和截断。

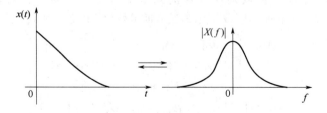

图 4-35 模拟信号及其幅频谱

采样就是用一个等时距的周期脉冲序列 $s(t)$，即 $\text{comb}(t, T_s)$，也称采样函数（图 4-36）去乘 $x(t)$。时距 T_s 称为采样间隔，$1/T_s = f_s$ 称为采样频率。由于 $s(t)$ 的傅里叶变换 $S(f)$ 也是周期脉冲序列，其频率间距为 $f_s = 1/T_s$。根据傅里叶变换的性质，采样后信号频谱应是 $X(f)$ 和 $S(f)$ 的卷积：$X(f) * S(f)$，相当于将 $X(f)$ 乘以 $1/T_s$，然后将其平移，使其中心落在 $S(f)$ 脉冲序列的频率点上，如图 4-37 所示。若 $X(f)$ 的频带大于 $f_s/2$，平移后的图形会发生交叠，如图 4-37 中虚线所示。采样后信号的频谱是这些平移后图形的叠加，如图 4-37 中实线所示。

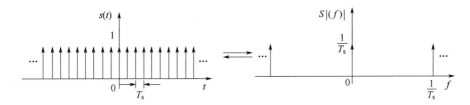

图 4-36 采样函数及其幅频谱

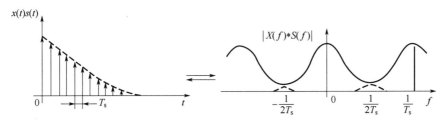

图 4-37 采样后信号频谱及时域函数

由于计算机只能进行有限长序列的运算，所以必须从采样后信号的时间序列截取有限长的一段来计算，其余部分视为零而不予考虑。这等于把采样后信号（时间序列）乘上一个矩形窗函数，窗宽为 τ。所截取的时间序列数据点数 $N = \tau/T_s$。N 也称为序列长度。窗函数 $w(t)$ 的傅里叶变换 $W(f)$ 如图 4-38 所示。时域相乘对应着频域卷积，因此进入计算机的信号为 $x(t)s(t)w(t)$，是长度为 N 的离散信号（图 4-39）。它的频谱函数是 $[X(f) * S(f)] * W(f)$，是一个频域连续函数。在卷积中，$W(f)$ 的旁瓣引起新频谱的皱波。

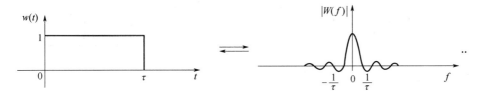

图 4-38 时窗函数及其幅频谱

计算机按照一定算法，如离散傅里叶变换（DFT），将 N 点长的离散时间序列 $x(t)s(t)w(t)$ 变换成 N 点的离散频率序列，并输出来。

注意到，$x(t)s(t)w(t)$ 的频谱是连续的频率函数，而 DFT 计算后的输出则是离散的频率序列。可见，DFT 不仅算出 $x(t)s(t)w(t)$ 的频谱，而且同时对其频谱 $[X(f) * S(f) * W(f)]$

实施了频域的采样处理，使其离散化。这相当于在频域中乘图 4-40 中所示的采样函数 $D(f)$。现在，DFT 是在频域的一个周期 $f_s = 1/T_s$ 中输出 N 个数据点，故输出的频率序列的频率间距 $\Delta f = f_s/N = 1/(T_sN) = 1/\tau$。频域采样函数是 $D(f) = \sum\limits_{n=-\infty}^{+\infty} \delta(f - n/\tau)$，计算机的实际输出是 $X(f)_P$，如图 4-41 所示。

$$X(f)_P = \big[X(f)*S(f)*W(f)\big]D(f) \tag{4-12}$$

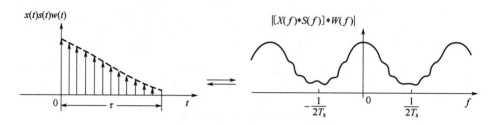

图 4-39　有限长离散信号及其幅频谱

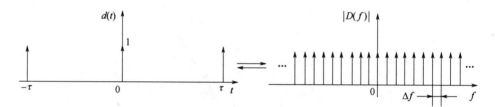

图 4-40　频域采样函数及其时域函数

与 $X(f)_P$ 相对应的时域函数 $x(t)_P$ 既不是 $x(t)$，也不是 $x(t)s(t)$，而是 $[x(t)s(t)w(t)]*d(t)$，$d(t)$ 是 $D(f)$ 的时域函数。应当注意到频域采样形成的频域函数离散化，相应地把其时域函数周期化了，因而 $x(t)_P$ 是一个周期函数，如图 4-41 所示。

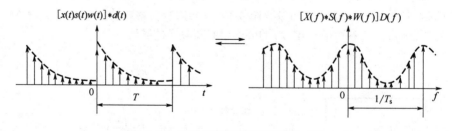

图 4-41　DFT 后的频谱及其时域函数 $x(t)_P$

从以上过程看到，原来希望获得模拟信号 $x(t)$ 的频域函数 $X(f)$，由于输入计算机的数据是序列长为 N 的离散采样后信号 $x(t)s(t)w(t)$，所以计算机输出的是 $X(f)_P$。$X(f)_P$ 不是 $X(f)$，而是用 $X(f)_P$ 来近似代替 $X(f)$。处理过程中的每一个步骤，采样、截断、DFT 计算都会引起失真或误差，必须充分注意。工程上不仅关心有无误差，而且更关心误差的具体数值，以及是否能以经济、有效的手段提取足够精确的信息。只要概念清楚，处理得当，就可以利用计算机有效地处理测试信号，完成在模拟信号处理技术中难以完成的工作。

本章小结

本章主要内容包括：信号数字化处理的基本步骤、信号数字化处理过程中出现的问题及解决方案，DFT 及 FFT 的算法。

本章学习的要点是：熟练掌握信号数字化处理的步骤、信号采样、频率混叠、前置滤波及采样定理，量化及量化误差，截断、能量泄漏、窗处理、DFT、FFT 等基本理论和方法；了解离散信号的频谱分析过程中信号的变化。

扫码获取本书资源

📝 思考题与习题

4-1 数字信号处理方法与模拟信号处理方法有何不同？

4-2 为了使信号在做数字处理时不发生频率混叠，可采取哪些措施？

4-3 截断会使信号的频谱发生哪些变化？

4-4 解释什么是加窗处理，窗处理有何用处？

4-5 窗函数性能有哪些频域指标？

4-6 栅栏效应对周期信号处理有何影响？如何避免？

4-7 对三个正弦信号 $x_1(t) = \cos(2\pi t)$，$x_2(t) = \cos(6\pi t)$，$x_3(t) = \cos(10\pi t)$ 进行采样，采样频率 $f_s = 4\text{Hz}$，求三个采样输出序列，比较这三个结果，画出 $x_1(t)$、$x_2(t)$、$x_3(t)$ 的波形及采样点位置，并解释频率混叠现象。

4-8 对一模拟信号进行数字化频谱分析，要求分析的频率范围是 0～200Hz，频率分辨率是 $\Delta f = 1\text{Hz}$，求采样频率 f_s 和采样点数 N。

第 5 章
信号分析与处理

在测试中获得的各种动态信号包含着丰富的有用信息：一方面由于测试系统内部和外部各种因素影响，信号中必然混杂有噪声；另一方面，有些信息是以某种形式隐藏在信号中，直接观测无法获得。因此，必须对所测得的信号进行处理与分析，才能提取出它所包含的有用信息。

信号的分析与处理是测试工作的重要组成部分，其目的是：剔除信号中的噪声和干扰，即提高信噪比；消除测量系统误差，修正畸变的波形；强化、突出有用的信息，削弱信号中无用的部分；将信号加工、处理、变换，以便更容易识别和分析信号的特征。

对于确定性信号和各态历经的随机信号，描述信号的主要特征参数包括时域特征参数和频域特征参数。获得上述特征参数的过程称为信号的分析与处理。其中，获取时域特征参数的过程称为信号的时域分析，获取频域特征参数的过程称为信号的频域分析。

5.1 信号的时域分析

描述信号的时域特征的参数主要包括：均值、均方值和均方根值、方差、标准差、概率密度函数等。

5.1.1 信号的时域统计参数

（1）模拟信号时域统计参数的计算

1）均值 μ_x

设各态历经随机信号的样本函数为 $x(t)$，观测时间为 T。

其均值 μ_x 表示信号的稳态分量，即常值分量：

$$\mu_x = \lim_{T \to \infty} \frac{1}{T} \int_0^T x(t) \mathrm{d}t \tag{5-1}$$

从式（5-1）可以看出，用时间平均法计算随机信号特征参数，需要将 T 趋于无穷，这是无法克服的困难，实际上只能截取有限时间的样本记录来计算出相应的特征参数，并用它来作为信号特征参数的估计值。

信号均值 μ_x 的估计值 $\hat{\mu}_x$ 为：

$$\hat{\mu}_x = \frac{1}{T} \int_0^T x(t) \mathrm{d}t \tag{5-2}$$

2）均方值 ψ_x^2

各态历经随机信号的均方值 ψ_x^2 及其估计 $\widehat{\psi}_x^2$ 反映信号的能量和强度，分别表示为：

$$\psi_x^2 = \lim_{T \to \infty} \frac{1}{T} \int_0^T x(t)^2 \, \mathrm{d}t \tag{5-3}$$

$$\widehat{\psi}_x^2 = \frac{1}{T} \int_0^T x(t)^2 \, \mathrm{d}t \tag{5-4}$$

3）均方根值 x_{rms}

均方根值 x_{rms} 是均方值 ψ_x^2 的正二次方根，又称有效值，反映信号的平均能量。即：

$$x_{\mathrm{rms}} = \sqrt{\psi_x^2} \tag{5-5}$$

将上述随机信号的均值、均方值和均方根值的概念推广至确定性信号，特别是周期信号，只要将公式中的 T 取一个周期的长度进行计算就可以反映周期信号的有关信息。

4）方差 σ_x^2

方差 σ_x^2 描述随机信号的波动分量，反映 $x(t)$ 偏离均值的波动情况，表示为：

$$\sigma_x^2 = \lim_{T \to \infty} \frac{1}{T} \int_0^T [x(t) - \mu_x]^2 \, \mathrm{d}t = \psi_x^2 - \mu_x^2 \tag{5-6}$$

5）标准差 σ_x

标准差 σ_x 是方差的正二次方根，即：

$$\sigma_x = \sqrt{\sigma_x^2} = \sqrt{\psi_x^2 - \mu_x^2} \tag{5-7}$$

（2）数字信号的时域统计参数计算

模拟信号经过时域采样、量化和用窗函数截断之后得到有限长度的时间序列，序列点数 $N = \dfrac{T}{T_s}$。其中，T 为窗函数的时间宽度，T_s 为采样时间间隔，即采样周期。根据这个有限长度序列信号统计参数的计算方法如下：

1）均值 μ_x

$$\mu_x = E[x(t)] = \frac{1}{N} \sum_{n=0}^{N-1} x(n) \tag{5-8}$$

2）均方值 ψ_x^2（平均功率 P_{av}）

$$\psi_x^2 = P_{\mathrm{av}} = e[x^2(t)] = \frac{1}{N} \sum_{n=0}^{N-1} x^2(n) \tag{5-9}$$

3）均方根值 x_{rms}（有效值 μ_{rms}）

$$x_{\mathrm{rms}} = \mu_{\mathrm{rms}} = \sqrt{\frac{1}{N} \sum_{n=0}^{N-1} x^2(n)} \tag{5-10}$$

4）方差 σ_x^2

$$\sigma_x^2 = E[\{x(t) - E[x(t)]\}^2] = \frac{1}{N} \sum_{n=0}^{N-1} [x(n) - \mu_x]^2 \tag{5-11}$$

（3）时域统计参数的应用

1）均方根值诊断法

利用系统上某些特征点振动响应的均方根值作为判断依据，是最常用的一种方法。例如，我国汽轮发电机电机组规定轴承座上垂直方向振动位移振幅超过 0.05mm 就应该停机检修。此方法适用于做周期振动或简谐振动的设备，也可用于做随机振动的设备。测量的参数选取如下：低频（几十赫兹）时宜测量位移；中频（1000Hz 左右）时宜测量速度；高频时宜测量加速度。

2）振幅-时间图诊断法

均方根值诊断法多适用于机器做稳态振动的情况。如果机器振动不平稳，振动参量随时间变化时，可用振幅-时间图诊断法。

振幅-时间图诊断法多是测量和记录机器在开机和停机过程中振幅随时间变化的过程，根据振幅-时间曲线判断机器故障。

5.1.2 概率密度函数

随机信号的概率密度函数是指信号幅值落在指定区间内的概率。

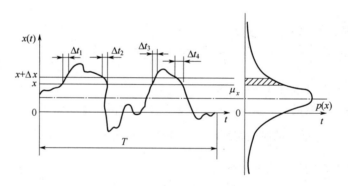

图 5-1 概率密度函数的计算

对图 5-1 所示的信号，$x(t)$ 落在 $(x, x+\Delta x)$ 区间内的时间为：

$$T_x = \Delta t_1 + \Delta t_2 + \cdots + \Delta t_n = \sum_{i=1}^{n}\Delta t_i$$

当样本函数的记录时间 T 趋于无穷大时，$\dfrac{T_x}{T}$ 就是幅值落在 $(x, x+\Delta x)$ 区间的概率，即：

$$P_r[x < x(t) < x + \Delta x] = \lim_{T \to \infty}\frac{T_x}{T} \tag{5-12}$$

幅值的概率密度函数为：

$$p(x) = \lim_{\Delta x \to 0}\frac{P_r[x < x(t) < x + \Delta x]}{\Delta x} \tag{5-13}$$

概率密度函数提供了随机信号幅值分布的信息，是随机信号的主要特征参数，可作为信号识别的特征参数。图 5-2 是常见的四种随机信号（均值为零）的概率密度函数。

例 5.1 求正弦信号 $x = A\sin(\omega t)$ 的概率密度函数 $p(x)$。

解： $x = A\sin(\omega t)$，则 $\mathrm{d}x = A\omega\cos(\omega t)\mathrm{d}t$，可推出：

$$\mathrm{d}t = \frac{\mathrm{d}x}{A\omega\cos(\omega t)} = \frac{\mathrm{d}x}{A\omega\sqrt{1-\left(\dfrac{x}{A}\right)^2}}$$

根据正弦信号的特点，可知：

$$p(x)\mathrm{d}x \approx \frac{2\mathrm{d}t}{T} = \frac{2\mathrm{d}x}{\left(\dfrac{2\pi}{\omega}\right)A\omega\sqrt{1-\left(\dfrac{x}{A}\right)^2}} = \frac{\mathrm{d}x}{\pi\sqrt{A^2-x^2}}$$

则：

$$p(x) = \frac{1}{\pi\sqrt{A^2-x^2}} \qquad (5\text{-}14)$$

正弦信号的概率密度函数如图 5-2 所示。在均值 $\mu_x = 0$ 处，$p(x)$ 最小；在信号最小和最大幅值处，$p(x)$ 取值最大。

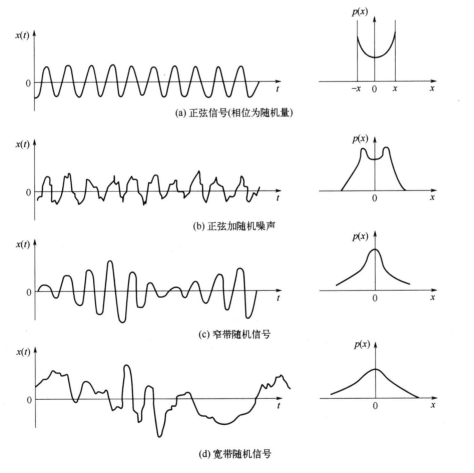

图 5-2 几种随机信号的概率密度函数

5.2 相关分析及其应用

在测试技术领域中，无论分析两个随机变量之间的关系，还是分析两个信号或一个信号在一定时移前后之间的关系，都需要应用相关分析。例如振动测试分析、雷达测距、声发射探伤等，都用到相关分析。

5.2.1 两个随机变量的相关系数

通常，两个变量之间若存在一一对应的确定关系，则称两者存在着函数关系。当两个随机变量之间具有某种关系时，随着某一个变量数值的确定，另一变量却可能取许多不同值，但取值有一定的概率统计规律，这时称两个随机变量存在着相关关系。

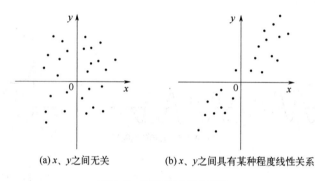

(a) x、y 之间无关　　　(b) x、y 之间具有某种程度线性关系

图 5-3 两随机变量的相关性

图 5-3 表示由两个随机变量 x 和 y 组成的数据点的分布情况。图 5-3（a）中各点分布很散，可以说变量 x 和变量 y 之间是无关的。图 5-3（b）中 x 和 y 虽无确定关系，但从总体看，大致具有某种程度的线性关系，因此说它们之间有着相关关系。变量 x 和 y 之间的相关程度常用相关系数 ρ_{xy} 表示：

$$\rho_{xy} = \frac{\sigma_{xy}}{\sigma_x \sigma_y} = \frac{E[(x-\mu_x)(y-\mu_y)]}{\sqrt{E[(x-\mu_x)^2]E[(y-\mu_y)^2]}} \tag{5-15}$$

式中，E 为数学期望；μ_x 为随机变量 x 的均值，$\mu_x = E[x]$；μ_y 为随机变量 y 的均值，$\mu_y = E[y]$；σ_x、σ_y 为随机变量 x、y 的标准差。

$$\sigma_x^2 = E[(x-\mu_x)^2]$$
$$\sigma_y^2 = E[(y-\mu_y)^2]$$

利用柯西-施瓦茨不等式：

$$E[(x-\mu_x)(y-\mu_y)]^2 \leqslant E[(x-\mu_x)^2]E[(y-\mu_y)^2] \tag{5-16}$$

故知 $|\rho_{xy}| \leqslant 1$。当数据点分布愈接近于一条直线时，ρ_{xy} 的绝对值愈接近 1，x 和 y 的线

性相关程度愈好，将这样的数据回归成直线才愈有意义。ρ_{xy} 的正负号则是表示一变量随另一变量的增加而增或减。当 ρ_{xy} 接近于零时，则可认为 x、y 两变量之间完全无关，但仍可能存在着某种非线性的相关关系甚至函数关系。

5.2.2 信号的自相关函数

（1）自相关函数的定义

假如 $x(t)$ 是某各态历经随机过程的一个样本记录，$x(t+\tau)$ 是 $x(t)$ 时移 τ 后的样本（图 5-4），在任何 $t=t_i$ 时刻，从两个样本上可以分别得到两个值 $x(t_i)$ 和 $x(t_i+\tau)$，而且 $x(t)$ 和 $x(t+\tau)$ 具有相同的均值和标准差。把 $\rho_{x(t)x(t+\tau)}$ 简写作 $\rho_x(\tau)$，那么有：

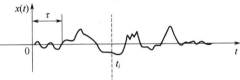

$$\rho_x(\tau) = \frac{\lim\limits_{T\to\infty}\dfrac{1}{T}\displaystyle\int_0^T [x(t)-\mu_x][x(t+\tau)-\mu_x]\mathrm{d}t}{\sigma_x^2}$$

将分子展开并注意到：

$$\lim_{T\to\infty}\frac{1}{T}\int_0^T x(t)\mathrm{d}t = \mu_x$$

$$\lim_{T\to\infty}\frac{1}{T}\int_0^T x(t+\tau)\mathrm{d}t = \mu_x$$

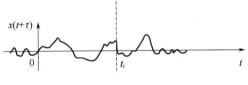

图 5-4 自相关

从而得：

$$\rho_x(\tau) = \frac{\lim\limits_{T\to\infty}\dfrac{1}{T}\displaystyle\int_0^T x(t)x(t+\tau)\mathrm{d}t - \mu_x^2}{\sigma_x^2} \tag{5-17}$$

对各态历经随机信号及功率信号可定义自相关函数 $R_x(\tau)$ 为：

$$R_x(\tau) = \lim_{T\to\infty}\frac{1}{T}\int_0^T x(t)x(t+\tau)\mathrm{d}t \tag{5-18}$$

则：

$$\rho_x(\tau) = \frac{R_x(\tau) - \mu_x^2}{\sigma_x^2} \tag{5-19}$$

显然，$\rho_x(\tau)$ 和 $R_x(\tau)$ 均随 τ 而变化，且两者成线性关系。如果该随机过程的均值 $\mu_x = 0$，则 $\rho_x(\tau) = \dfrac{R_x(\tau)}{\sigma_x^2}$。

（2）自相关函数的性质

① 由式（5-19）得：

$$R_x(\tau) = \rho_x(\tau)\sigma_x^2 + \mu_x^2 \tag{5-20}$$

又因为 $|\rho_x(\tau)| \leqslant 1$，所以：

$$\mu_x^2 - \sigma_x^2 \leqslant R_x(\tau) \leqslant \mu_x^2 + \sigma_x^2 \tag{5-21}$$

② 自相关函数在 $\tau = 0$ 时为最大值，并等于该随机信号的均方值 ψ_x^2。

$$R_x(0) = \lim_{T \to \infty} \frac{1}{T} \int_0^T x(t)x(t)\mathrm{d}t = \psi_x^2 \tag{5-22}$$

③ 当 τ 足够大或 $\tau \to \infty$ 时，随机变量 $x(t)$ 和 $x(t+\tau)$ 之间不存在内在联系，彼此无关，故：

$$\rho_x(\tau) \underset{\tau \to \infty}{\to} 0 \quad \text{则} \quad R_x(\tau) \underset{\tau \to \infty}{\to} \mu_x^2$$

④ 自相关函数为偶函数，即：

$$R_x(\tau) = R_x(-\tau) \tag{5-23}$$

上述四个性质可用图 5-5 来表示。

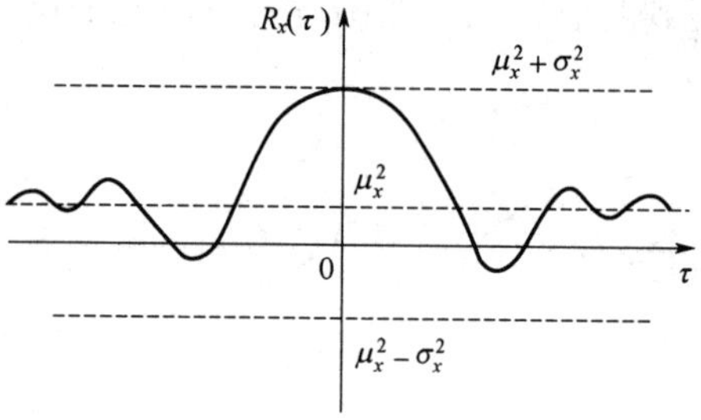

⑤ 周期信号的自相关函数仍为同频率的周期信号，其幅值与原周期信号的幅值有关，原信号的相位信息丢失了。

例 5.2 求正弦信号 $x(t) = x_0 \sin(\omega t + \varphi)$ 的自相关函数，初始相角 φ 为一随机变量。

解： 此正弦信号是一个零均值的各态历经随机过程，其各种平均值可以用一个周期内的平均值表示。该正弦信号的自相关函数为：

图 5-5 自相关函数的性质

$$R_x(\tau) = \lim_{T \to \infty} \frac{1}{T} \int_0^T x(t)x(t+\tau)\mathrm{d}t$$

$$= \frac{1}{T_0} \int_0^{T_0} x_0^2 \sin(\omega t + \varphi) \sin[\omega(t+\tau) + \varphi]\mathrm{d}t$$

式中，T_0 为正弦信号的周期，$T_0 = \dfrac{2\pi}{\omega}$。令 $\omega t + \varphi = \theta$，则 $\mathrm{d}t = \dfrac{\mathrm{d}\theta}{\omega}$。于是：

$$R_x(\tau) = \frac{x_0^2}{2\pi} \int_0^{2\pi} \sin\theta \sin(\theta + \omega\tau)\mathrm{d}\theta = \frac{x_0^2}{2} \cos(\omega\tau)$$

可见，正弦信号的自相关函数是一个余弦信号，在 $\tau = 0$ 时具有最大值，但它不随 τ 的增加而衰减至零。它保留了原正弦信号的幅值和频率信息，而丢失了初始相位信息。

表 5-1 列举了四种典型信号的自相关函数，稍加对比就可以看到，自相关函数是区别信号类型的一个非常有效的手段。只要信号中含有周期成分，其自相关函数在 τ 很大时都不衰减，并且有明显的周期性。不包含周期成分的随机信号，当 τ 稍大时自相关函数就将趋近于零。宽带随机噪声的自相关函数很快衰减到零，窄带随机噪声的自相关函数则具有较慢的衰减特性。

表 5-1 4 种典型信号的自相关函数

典型信号	时间历程	自相关函数图
正弦波	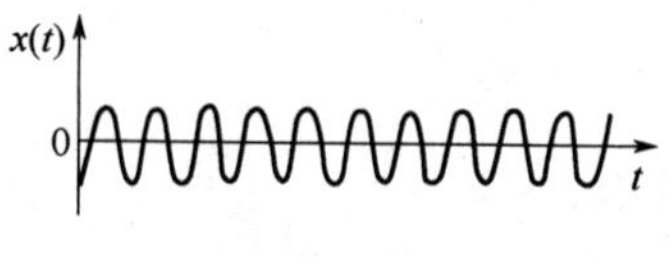	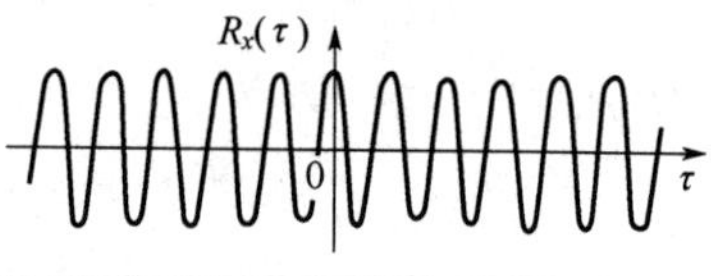

续表

典型信号	时间历程	自相关函数图
正弦波加随机噪声	$x(t)$ ...	$R_x(\tau)$ ...
窄带随机噪声	$x(t)$ ...	$R_x(\tau)$ ...
宽带随机噪声	$x(t)$ ...	$R_x(\tau)$ ...

（3）自相关分析的应用

自相关分析是检测混淆在随机信号中的确定性信号的有力工具。

设 $x(t) = n(t) + h(t)$，其中 $n(t)$ 为噪声信号，$h(t)$ 为独立信号，两者互不相关。则 $x(t)$ 的自相关函数为这两部分各自的自相关函数之和：

$$R_x(\tau) = R_n(\tau) + R_h(\tau)$$

根据自相关的性质，$R_n(\tau)$ 随 τ 增大迅速衰减，故：

$$R_x(\tau) \underset{\tau \to \infty}{\longrightarrow} R_h(\tau)$$

因此，自相关处理使确定性信号的特征显露出来。

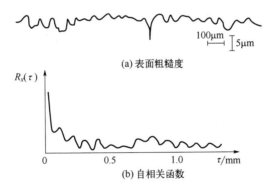

图 5-6　表面粗糙度和自相关函数

图 5-6（a）是某一机械加工表面粗糙度的波形，经自相关分析后所得到的自相关图 ［图 5-6（b）］呈现出周期性。这表明，造成表面粗糙度的原因中包含有某种周期因素。从自相关图能确定该周期因素的频率，从而可以进一步分析其原因。

例 5.3　利用某数据采集处理软件对噪声信号、正弦信号及噪声与正弦混杂的信号进行自相关分析，结果如下面各图所示。

图 5-7 所示为一随机信号，最大幅值为 181，均值为 -0.1，均方根为 37.071。

对随机信号做自相关分析，如图 5-8 所示，信号仍表现随机性，幅值最大值为 133.9。

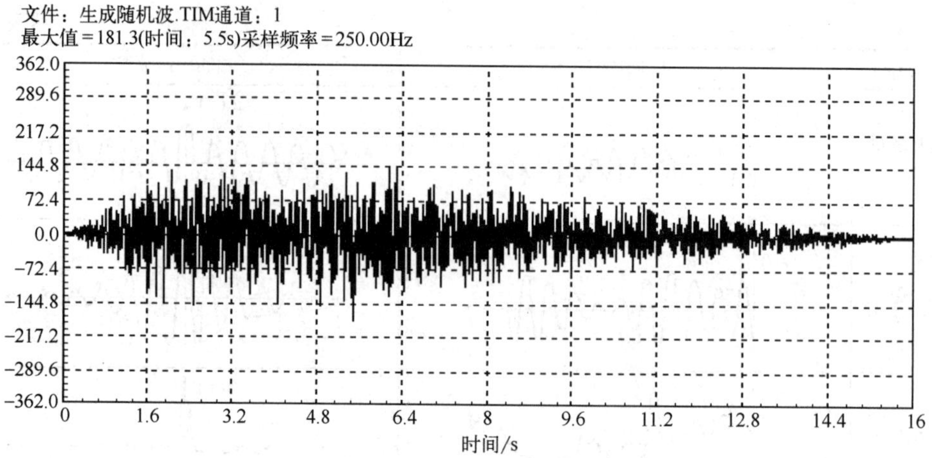

文件：生成随机波.TIM通道：1
最大值=181.3(时间：5.5s)采样频率=250.00Hz
362.0
289.6
217.2
144.8
72.4
0.0
−72.4
−144.8
−217.2
−289.6
−362.0
0
1.6
3.2
4.8
6.4
8
9.6
11.2
12.8
14.4
16
时间/s

图 5-7 例 5.3 中随机信号

文件：ZXG-R.TIM通道：1
最大值=133.9(时间：4.06s)采样频率=250.00Hz
266.0
212.8
159.6
106.4
53.2
0.0
−53.2
−106.4
−159.6
−212.8
−266.0
1.9
2.8
3.7
4.6
5.5
6.4
7.3
8.2
9.1
10
时间/s

图 5-8 随机信号的自相关函数

图 5-9 所示为一正弦信号 S1，频率为 5Hz，幅值为 50。

文件：S1.TIM通道：1
最大值=49.92(时间：7.95s)采样频率=250.00Hz
98.0
78.4
58.8
39.2
19.6
0.0
−19.6
−39.2
−58.8
−78.4
−98.0
0
1
2
3
4
5
6
7
8
9
10
时间/s

图 5-9 S1 正弦信号

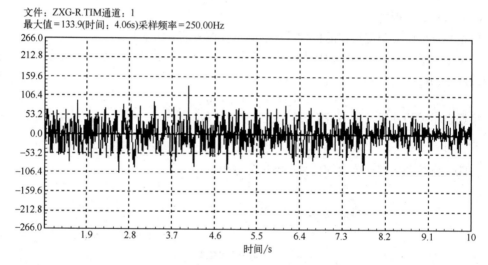

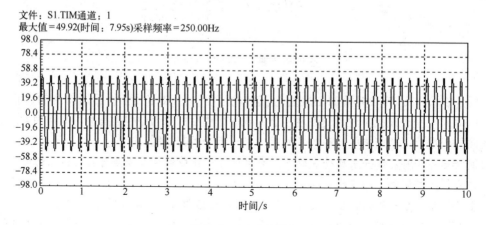

正弦信号的自相关函数如图 5-10 所示，仍保持其原频率特征，幅值的最大值为 800。

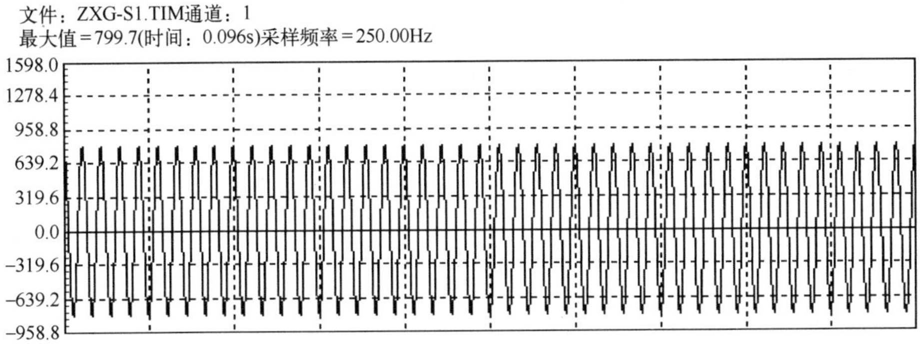

文件：ZXG-S1.TIM通道：1
最大值 = 799.7(时间：0.096s)采样频率 = 250.00Hz

图 5-10　正弦信号的自相关函数

将随机信号与正弦信号叠加，如图 5-11 所示，在得到的合成信号中，周期信号混杂在随机信号中，在时域无法辨别出确定性信号。

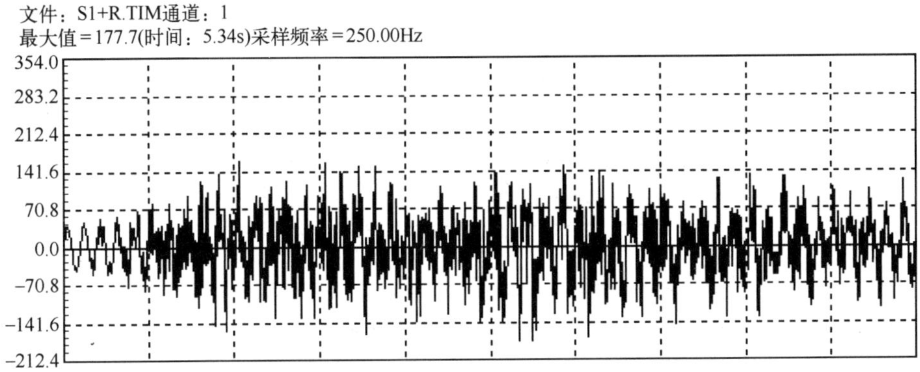

文件：S1+R.TIM通道：1
最大值 = 177.7(时间：5.34s)采样频率 = 250.00Hz

图 5-11　随机信号与正弦信号 S1 叠加

自相关处理后，如图 5-12 所示，其中的随机信号成分被极大抑制，而确定性频率信号的特征不衰减，实现了滤除噪声的作用。

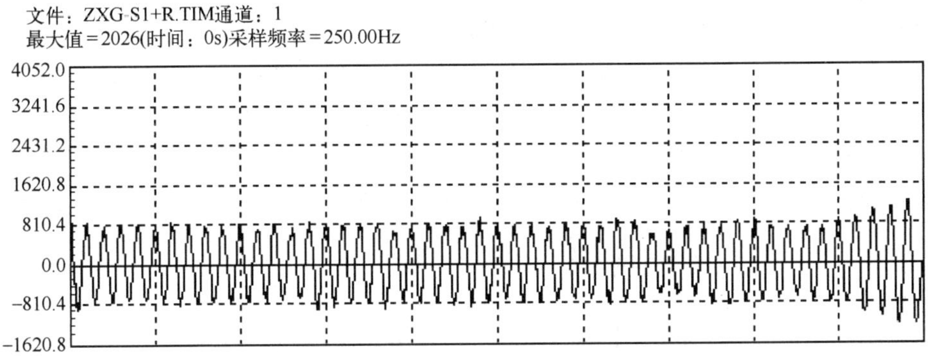

文件：ZXG-S1+R.TIM通道：1
最大值 = 2026(时间：0s)采样频率 = 250.00Hz

图 5-12　叠加信号的自相关函数

另外，在通信、雷达、声呐等工程应用中，要判断接收机接收到的信号有无周期信号时，利用自相关分析就十分方便。

5.2.3 信号的互相关函数

（1）互相关函数的定义

两个各态历经过程的随机信号 $x(t)$ 和 $y(t)$ 的互相关函数 $R_{xy}(\tau)$ 定义为：

$$R_{xy}(\tau) = \lim_{T \to \infty} \frac{1}{T} \int_0^T x(t)y(t+\tau)\mathrm{d}t \qquad (5\text{-}24)$$

（2）互相关函数的性质

① 当时移 τ 足够大或 $\tau \to \infty$ 时，$x(t)$ 和 $y(t)$ 互不相关，$\rho_{xy} \to 0$，$R_{xy}(\tau) \to \mu_x\mu_y$。

② $R_{xy}(\tau)$ 的最大变动范围在 $\mu_x\mu_y \pm \sigma_x\sigma_y$ 之间，即：

$$(\mu_x\mu_y - \sigma_x\sigma_y) \leqslant R_{xy}(\tau) \leqslant (\mu_x\mu_y + \sigma_x\sigma_y) \qquad (5\text{-}25)$$

式中，μ_x、μ_y 分别为 $x(t)$、$y(t)$ 的均值；σ_x、σ_y 分别为 $x(t)$、$y(t)$ 的标准差。

③ 互相关函数不是偶函数，即 $R_{xy}(\tau) \neq R_{xy}(-\tau)$。

④ $R_{xy}(\tau)$ 和 $R_{yx}(\tau)$ 一般是不等的，因此书写互相关函数时应注意下标符号的顺序。

⑤ 图 5-13 所示，$\tau = \tau_0$ 时呈现最大值，时移 τ_0 反映 $x(t)$ 和 $y(t)$ 之间的滞后时间。

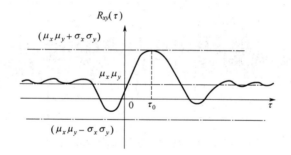

图 5-13 互相关函数的性质

⑥ 同频率相关，不同频不相关。如果 $x(t)$ 和 $y(t)$ 两信号是同频率的周期信号或者包含有同频率的周期成分，即使 $\tau \to \infty$，互相关函数也不收敛并会出现该频率的周期成分。如果两信号含有频率不等的周期成分，则两者不相关。

例 5.4 设有两个周期信号 $x(t)$ 和 $y(t)$，$x(t) = x_0\sin(\omega t + \theta)$，$y(t) = y_0\sin(\omega t + \theta - \varphi)$。

式中，θ 为 $x(t)$ 相对 $t = 0$ 时刻的相位角；φ 为 $x(t)$ 与 $y(t)$ 的相位差。

试求其互相关函数 $R_{xy}(\tau)$。

解： 因为信号是周期函数，可以用一个共同周期内的平均值代替其整个历程的平均值，故：

$$R_{xy}(\tau) = \lim_{T \to \infty} \frac{1}{T} \int_0^T x(t)y(t+\tau)\mathrm{d}t$$

$$= \frac{1}{T_0} \int_0^{T_0} x_0\sin(\omega t + \theta)y_0\sin[\omega(t+\tau) + \theta - \varphi]\mathrm{d}t$$

$$= \frac{1}{2} x_0 y_0 \cos(\omega\tau - \varphi)$$

由此例可见，两个均值为零且具有相同频率的周期信号，其互相关函数中保留了这两个信号的角频率 ω、对应的幅值 x_0 和 y_0 以及相位差值 φ 的信息。

例 5.5 若两个周期信号的角频率不等：

$$x(t) = x_0 \sin(\omega_1 t + \theta)$$

$$y(t) = y_0 \sin(\omega_2 t + \theta - \varphi)$$

试求其互相关函数。

解： 因为两信号的角频率不等（$\omega_1 \neq \omega_2$），不具有共同的周期，因此按式（5-24）计算。

$$R_{xy}(\tau) = \lim_{T \to \infty} \frac{1}{T} \int_0^T x(t) y(t + \tau) \mathrm{d}t$$

$$= \lim_{T \to \infty} \frac{1}{T} \int_0^T x_0 y_0 \sin(\omega_1 t + \theta) \sin[\omega_2 (t + \tau) + \theta - \varphi] \mathrm{d}t$$

根据正（余）弦函数的正交性，可知：

$$R_{xy}(\tau) = 0$$

可见，两个非同频的周期信号是不相关的。

例 5.6 利用某数据处理软件，对信号进行互相关分析。两正弦信号 S1 频率为 5Hz，S2 频率为 6Hz，如图 5-14 所示。

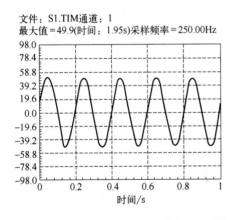
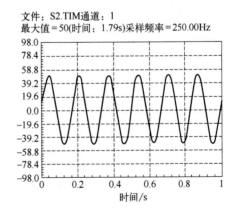

图 5-14 正弦信号 S1、S2 的时域图

将两信号叠加 S1+S2，由于两信号频率接近，叠加后生成拍波，如图 5-15 所示。

令信号 S1 与拍波信号进行互相关处理，由于同频相关，其中的 5Hz 的简谐信号保留下来，其他频率成分被抑制，如图 5-16 所示。

对 S1 信号与 S2 信号进行互相关处理，由于两信号的频率分别为 5Hz 与 6Hz，根据不同频不相关性质，互相关函数收敛，如图 5-17 所示。

通过例 5.6 验证了互相关函数的"同频相关，不同频不相关"的性质。

文件：S1+S2.TIM通道：1
最大值＝98.93(时间：3.96s)采样频率＝250.00Hz

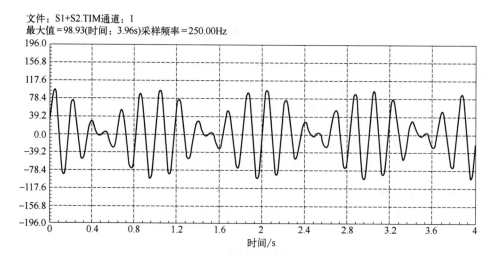

图5-15 两信号叠加形成的拍波信号

文件：HXG-P-S1.TIM通道：1
最大值＝2501(时间：9.91s)采样频率＝250.00Hz

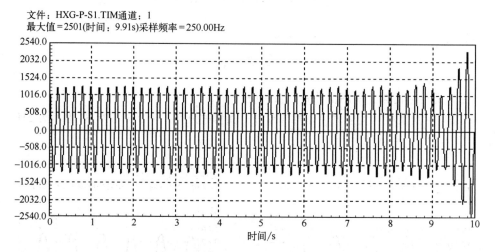

图5-16 正弦信号 S1 与拍波的互相关函数

文件：HXG-S1-S2.TIM通道：1
最大值＝1248(时间：9.92s)采样频率＝250.00Hz

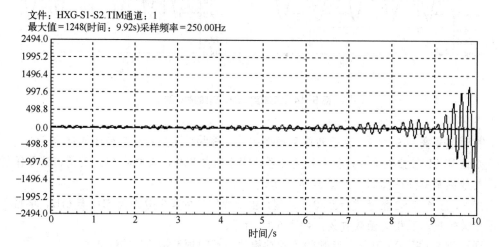

图5-17 不同频不相关

（3）互相关分析的应用

1）相关滤波

互相关函数的这些特性，使它在工程应用中有重要的价值。它是在噪声背景下提取有用信息的一个非常有效的手段。如果我们对一个线性系统（例如某个部件、结构或某台机床）激振，所测得的振动信号中常常含有大量的噪声干扰。根据线性系统的频率保持性，只有和激振频率相同的成分才可能是由激振引起的响应，其他成分均是干扰。因此，只要将激振信号和所测得的响应信号进行互相关（不必用时移，$\tau = 0$），就可以得到由激振引起的响应信号的幅值和相位差，消除了噪声干扰的影响。这种应用相关分析原理来消除信号中噪声干扰、提取有用信息的处理方法叫作相关滤波，它是利用互相关函数同频相关、不同频不相关的性质来达到滤波效果的。

例如，汽车座椅振动原因识别测试中，在汽车座椅、发动机和汽车后桥各放置一个传感器检测三个位置的振动情况，将发动机振动信号与汽车座椅振动信号进行互相关分析，同时将汽车后桥振动信号与汽车座椅振动信号进行互相关分析，通过对比两个互相关分析曲线即可找出汽车座椅振动的主要原因。

在复杂管路系统振动和噪声原因识别的测试中，互相关分析可以有效地找出异常管路。

2）相关测速

互相关技术还广泛地应用于各种测试中。工程中常使用两个间隔一定距离的传感器，利用互相关处理技术实现速度测量，称为相关测速。图 5-18 是测定热轧钢带运动速度的示意图。钢带表面的反射光经透镜聚焦在相距为 d 的两个光电池上。反射光强度的波动，经过光电池转换为电信号，再进行相关处理。当可调延时 τ 等于钢带上某点在两个测试点之间经过所需的时间 τ_d 时，互相关函数为最大值。该钢带的运动速度 $v = \dfrac{d}{\tau_d}$。

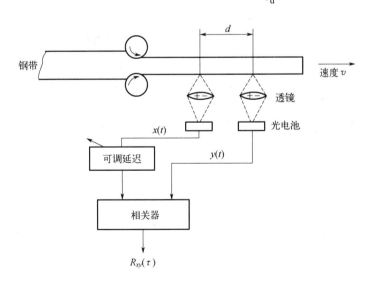

图 5-18　钢带运动速度的非接触测量

3）互相关分析在故障诊断中的应用

图 5-19 是确定深埋在地下的输油管裂损位置的例子。漏损处 K 视为向两侧传播声响的声源，在两侧管道上分别放置传感器 1 和 2，因为放传感器的两点距漏损处不等远，则漏油

的音响传至两传感器就有时差，在互相关图上 $\tau = \tau_m$ 处 $R_{x_1 x_2}(\tau)$ 有最大值，这个 τ_m 就是时差。由 τ_m 就可确定漏损处的位置：

$$s = \frac{1}{2} v \tau_m$$

式中，s 为两传感器的中点至漏损处的距离，m；v 为声响通过管道的传播速度，m/s。

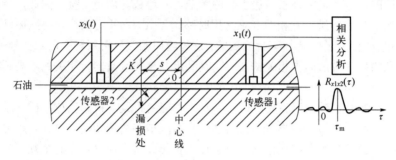

图 5-19 确定输油管裂损位置原理图

4）互相关分析的声学应用

利用互相关分析可以区分不同时间到达的声音；可以测定物体的吸声系数和衰减系数；可以从多个声源中测出某一声源到一定地点的声功率等。

5）检测混淆在噪声中的信号

互相关分析的另一重要应用是检测混淆在噪声中的信号。它与自相关滤波不同的是，自相关分析后丢失了相位信息，而互相关分析不仅保留了振幅信息，还保留了相位信息，可见互相关分析更加全面。

需要强调的是，自相关分析只能提取混在噪声中的周期信号，而互相关分析不限于提取周期信号，也可以提取非周期信号，前提是要设法建立相应的参考信号。正因为此，互相关系统要更复杂一些。

由式（5-18）和式（5-24）所定义的相关函数只适用于各态历经随机信号和功率信号。对于能量有限信号的相关函数，其中的积分若除以趋于无限大时的随机时间 T 后，无论时移 τ 为何值，其结果都将趋于零。因此，对能量有限信号进行相关分析时，应按下面定义来计算：

$$R_x(\tau) = \int_{-\infty}^{\infty} x(t)x(t+\tau)\mathrm{d}t \tag{5-26}$$

$$R_{xy}(\tau) = \int_{-\infty}^{\infty} x(t)y(t+\tau)\mathrm{d}t \tag{5-27}$$

5.2.4 相关函数估计

按照定义，相关函数应该在无穷长的时间内进行观察和计算。实际上，任何的观察时间都是有限的，我们只能根据有限时间的观察值去估计相关函数的真值。理想的周期信号，能准确重复其过程，因此一个周期内的观察值的平均值就能完全代表整个过程的平均值。对于随机信号，可用有限时间内样本记录所求得的相关函数值来作为随机信号相关函数的估计。

样本记录的相关函数，亦就是随机信号相关函数的估计值 $\hat{R}_x(\tau)$、$\hat{R}_{xy}(\tau)$，它们可分别由下式计算：

$$\hat{R}_x(\tau) = \frac{1}{T-\tau} \int_0^{T-\tau} x(t)x(t+\tau)\mathrm{d}t \tag{5-28}$$

$$\hat{R}_{xy}(\tau) = \frac{1}{T-\tau} \int_0^{T-\tau} x(t)y(t+\tau)\mathrm{d}t \tag{5-29}$$

式中，T 为样本记录长度。

为了简便，假定信号在（$T+\tau$）上存在，则可用下两式代替式（5-28）和式（5-29）：

$$\hat{R}_x(\tau) = \frac{1}{T} \int_0^T x(t)x(t+\tau)\mathrm{d}t \tag{5-30}$$

$$\hat{R}_{xy}(\tau) = \frac{1}{T} \int_0^T x(t)y(t+\tau)\mathrm{d}t \tag{5-31}$$

而且两种写法实际结果是相同的。

使模拟信号不失真地沿时轴平移是一件困难的工作。因此，模拟相关处理技术只适用于几种特定信号（如正弦信号）。在数字信号处理中，信号时序的增减就表示它沿时间轴平移，是一件容易做到的事。所以实际上相关处理都是用数字技术来完成的。对于有限个序列点 N 的数字信号的相关函数估计，可写成

$$\begin{cases} \hat{R}_x(r) = \dfrac{1}{N} \sum_{n=0}^{N-1} x(n)x(n+r) \\[2mm] \hat{R}_{xy}(r) = \dfrac{1}{N} \sum_{n=0}^{N-1} x(n)y(n+r) \end{cases} \qquad r=0,1,2,\cdots,m<N \tag{5-32}$$

式中，m 为最大时移序数。

例如，当采样频率为 250Hz，时间长度为 10s，信号数字序列长度 N 为2500，相关分析点数 r 的最大值为 2500。

5.3　功率谱分析及其应用

时域中的相关分析为在噪声背景下提取有用信息提供了途径。功率谱分析则为从频域提取有用信息提供相关技术，它是研究平稳随机过程的重要方法。

5.3.1　自功率谱密度函数

（1）自功率谱密度函数的定义及其物理意义

1）定义

假定 $x(t)$ 是零均值的随机过程，即 $\mu_x=0$（如果原随机过程是非零均值的，可以进行适当处理使其均值为零）。又假定 $x(t)$ 中没有周期分量，那么当 $\tau \to \infty$，$R_x(\tau) \to 0$。这样，自相关函数 $R_x(\tau)$ 可满足傅里叶变换的条件 $\int_{-\infty}^{\infty} |R_x(\tau)|\mathrm{d}\tau < \infty$。利用式（3-34）和式（3-36）可

得到 $R_x(\tau)$ 的傅里叶变换 $S_x(f)$：

$$S_x(f) = \int_{-\infty}^{\infty} R_x(\tau) e^{-j2\pi f \tau} d\tau \tag{5-33}$$

逆变换为：

$$R_x(f) = \int_{-\infty}^{\infty} S_x(f) e^{-j2\pi f \tau} d\tau \tag{5-34}$$

定义 $S_x(f)$ 为 $x(t)$ 的自功率谱密度函数，简称自谱或自功率谱。由于 $S_x(f)$ 和 $R_x(\tau)$ 之间是傅里叶变换对的关系，两者是唯一对应的，$S_x(f)$ 中包含着 $R_x(\tau)$ 的全部信息。

2）自功率谱的物理意义、单边谱与双边谱

若 $\tau = 0$，根据自相关函数 $R_x(\tau)$ 和自功率谱密度函数 $S_x(f)$ 的定义，可得到：

$$R_x(0) = \lim_{T \to \infty} \frac{1}{T} \int_0^T x^2(t) dt = \int_{-\infty}^{\infty} S_x(f) df$$

由此可见，$S_x(f)$ 曲线下和频率轴所包围的面积就是信号的平均功率，$S_x(f)$ 就是信号的功率密度沿频率轴的分布，故称 $S_x(f)$ 为自功率谱密度函数。

因为 $R_x(\tau)$ 为实偶函数，$S_x(f)$ 亦为实偶函数。由此常用在 $f \in (0,\infty)$ 范围内的 $G_x(f) = 2S_x(f)$ 来表示信号的全部功率谱，并把 $G_x(f)$ 称为 $x(t)$ 信号的单边功率谱（图 5-20）。

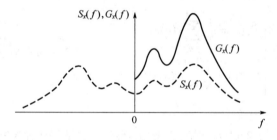

图 5-20 单边谱和双边谱

（2）功率谱与能量谱

1）Parseval 定理

Parseval 定理：在时域中计算的信号总能量，等于在频域中计算的信号总能量，即：

$$\int_{-\infty}^{\infty} x^2(t) dt = \int_{-\infty}^{\infty} |X(f)|^2 df \tag{5-35}$$

式（5-35）又叫作能量等式。这个定理可以用傅里叶变换的卷积公式导出。

设：

$$x(t) \Leftrightarrow X(f)$$
$$h(t) \Leftrightarrow H(f)$$

按照频域卷积定理有：

$$x(t)h(t) \Leftrightarrow X(f) * H(f)$$

即：

$$\int_{-\infty}^{\infty} x(t)h(t) e^{-j2\pi qt} dt = \int_{-\infty}^{\infty} X(f)H(q-f) df$$

令 $q = 0$，得：

$$\int_{-\infty}^{\infty} x(t)h(t)\mathrm{d}t = \int_{-\infty}^{\infty} X(f)H(-f)\mathrm{d}f$$

又令 $h(t) = x(t)$，得：

$$\int_{-\infty}^{\infty} x^2(t)\mathrm{d}t = \int_{-\infty}^{\infty} X(f)H(-f)\mathrm{d}f$$

$x(t)$ 是实函数，则 $X(-f) = X^*(f)$，所以：

$$\int_{-\infty}^{\infty} x^2(t)\mathrm{d}t = \int_{-\infty}^{\infty} X(f)X^*(f)\mathrm{d}f = \int_{-\infty}^{\infty} \left|X(f)\right|^2 \mathrm{d}f$$

2）能谱、幅值谱、功率谱

$\left|X(f)\right|^2$ 称为能谱，它是沿频率轴的能量分布密度函数。在整个时间轴上信号平均功率为：平均功率=总能量/总时间。

时域：$P_{\mathrm{av}} = \lim\limits_{T \to \infty} \dfrac{1}{T} \int_0^T x^2(t)\mathrm{d}t$

频域：$P_{\mathrm{av}} = \lim\limits_{T \to \infty} \int_{-\infty}^{\infty} \dfrac{1}{T}\left|X(f)\right|^2 \mathrm{d}f = \int_{-\infty}^{\infty} \lim\limits_{T \to \infty} \dfrac{1}{T}\left|X(f)\right|^2 \mathrm{d}f = \int_{-\infty}^{\infty} S(f)\mathrm{d}f$

因此，自功率谱密度函数和幅值谱的关系为：

$$S_x(f) = \lim_{T \to \infty} \frac{1}{T}\left|X(f)\right|^2 \tag{5-36}$$

利用这一种关系，就可以直接通过对时域信号做傅里叶变换来计算功率谱。

（3）自功率谱估计

无法按式（5-36）来计算随机过程的功率谱，只能用有限长度 T 的样本记录来计算样本功率谱，并以此作为信号功率谱的初步估计值。现以 $\tilde{S}_x(f)$、$\tilde{G}_x(f)$ 分别表示双边、单边功率谱的初步估计，如下所示：

$$\begin{cases} \tilde{S}_x(f) = \dfrac{1}{T}\left|X(f)\right|^2 \\[2mm] \tilde{G}_x(f) = \dfrac{2}{T}\left|X(f)\right|^2 \end{cases} \tag{5-37}$$

对于数字信号，功率谱的初步估计为：

$$\begin{cases} \tilde{S}_x(k) = \dfrac{1}{N}\left|X(k)\right|^2 \\[2mm] \tilde{G}_x(k) = \dfrac{2}{N}\left|X(k)\right|^2 \end{cases} \tag{5-38}$$

也就是对离散的数字信号序列 $\{x(n)\}$ 进行 FFT 运算，取其模的平方，再除以 N（或乘以 $\dfrac{2}{N}$），便可得信号的功率谱初步估计。这种计算功率谱估计的方法称为周期图法。它也是一种最简单、常用的功率谱估计算法。

可以证明，功率谱的初步估计不是无偏估计，估计的方差为：

$$\sigma^2[\tilde{G}_x(f)] = 2G_x^2(f)$$

这就是说，估计的标准差 $\sigma[\hat{G}_x(f)]$ 和被估计量 $G_x(f)$ 一样大。在大多数的应用场合中，如此大的随机误差是无法接受的，这样的估计值自然是不能用的。这也就是上述功率谱估计使用 "~" 符号而不是 "∧" 符号的原因。

为了减小随机误差，需要对功率谱估计进行平滑处理。最简单且常用的平滑方法是分段平均。这种方法是将原来样本记录长度 $T_总$ 分成 q 段，每段时长 $T = T_总 / q$。然后对各段分别用周期图法求得其功率谱初步估计 $\hat{G}_x(f)$，最后求诸段初步估计的平均值，并作为功率谱估计值 $\hat{G}_x(f)$，即：

$$\hat{G}_x(f) = \frac{1}{q}[\tilde{G}_x(f)_1 + \tilde{G}_x(f)_2 + \cdots + \tilde{G}_x(f)_q]$$
$$= \frac{2}{qT}\sum_{i=2}^{q}\left|X(f)_i\right|^2 \tag{5-39}$$

式中，$X(f)_i$、$\tilde{G}_x(f)_i$ 分别是由第 i 段信号求得的傅里叶变换和功率谱初步估计。

不难理解，这种平滑处理实际上是取 q 个样本中同一频率 f 的谱值的平均值。

当各段周期图不相关时，$\hat{G}_x(f)$ 的方差大约为 $\tilde{G}_x(f)$ 方差的 $\frac{1}{q}$，即：

$$\sigma^2[\hat{G}_x(f)] = \frac{1}{q}\sigma^2[\tilde{G}_x(f)] \tag{5-40}$$

可见，所分的段数 q 愈多，估计方差愈小。但是，当原始信号的长度一定时，所分的段数 q 愈多，则每段的样本记录愈短，频率分辨率会降低，并增大偏度误差。通常应先根据频率分辨率的指标 Δf，选定足够的每段分析长度 r，然后根据允许的方差确定分段数 q 和记录总长 $T_总$。为进一步增大平滑效果，可使相邻各段之间重叠，以便在同样 $T_总$ 之下增加段数。实践表明，相邻两段重叠 50% 者效果最佳。

谱分析是信号分析与处理的重要内容。周期图法属于经典的谱估计法，是建立在 FFT 的基础上的，计算效率很高，适用于观测数据较长的场合。这种场合有利于发挥计算效率高的优点，又能得到足够的谱估计精度。对短记录数据或瞬变信号，此种谱估计方法无能为力，可以选用其他方法。

（4）自功率谱密度的应用

自功率谱密度 $S_x(f)$ 为自相关函数 $R_x(\tau)$ 的傅里叶变换，故 $S_x(f)$ 包含着 $R_x(\tau)$ 中的全部信息。

自功率谱密度 $S_x(f)$ 反映信号的频域结构，这一点和幅值谱 $|X(f)|$ 一致，但是自功率谱密度所反映的是信号幅值的平方，因此其频域结构特征更为明显，如图 5-21 所示。

对于一个线性系统（图 5-22），若其输入为 $x(t)$，输出为 $y(t)$，系统的频率响应函数为 $H(f)$，$x(t) \Leftrightarrow X(f)$，$y(t) \Leftrightarrow Y(f)$，则：

$$Y(f) = H(f)X(f) \tag{5-41}$$

不难证明，输入、输出的自功率谱密度与系统频率响应函数的关系如下：

$$S_y(f) = \left|H(f)\right|^2 S_x(f) \tag{5-42}$$

通过对输入、输出自谱的分析，就能得出系统的幅频特性。但是在这样的计算中丢失了相位信息，因此不能得出系统的相频特性。

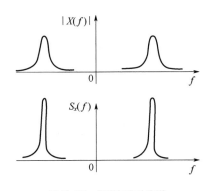

图 5-21　频谱与自功率谱

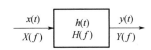

图 5-22　理想的单输入-单输出

　　自相关分析可以有效地检测出信号中有无周期成分。自功率谱密度也能用来检测信号中的周期成分。

　　周期信号的频谱是脉冲函数，在某特定频率上的能量是无限的。但是在实际处理时，用矩形窗函数对信号进行截断，这相当于在频域用矩形窗函数的频谱 sinc 函数和周期信号的频谱 δ 函数实行卷积，因此截断后的周期函数的频谱已不再是脉冲函数，原来为无限大的谱线高度变成有限长，谱线宽度由无限小变成有一定宽度。所以，周期成分在实测的功率谱密度图形中以陡峭有限峰值的形态出现。

　　例 5.7　对方波及其频谱、自相关函数、自功率谱进行分析。

　　方波及其幅值谱如图 5-23 所示。方波的幅频谱体现了周期信号频谱的特点：离散性、谐波性和频率成分的幅值随次数的增高呈下降趋势。

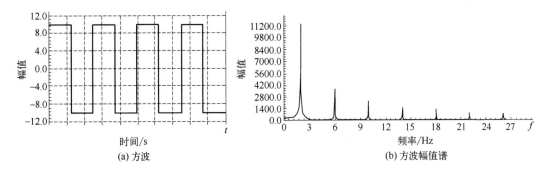

图 5-23　方波及其幅值谱

　　方波的自相关函数及方波的自功率谱如图 5-24 所示。方波的自相关函数的图形为三角波，其自功率谱与方波的幅值谱相比，反映了方波的频域结构，这点与幅值谱一致；但自功率谱密度反映的是信号幅值的平方，因此，其频域结构特征更加明显。

　　例 5.8　简支梁脉冲激励实验，如图 5-25 所示为脉冲激励信号及其自功率谱。从图中可以看出，脉冲激励信号的频谱为连续频谱，其频谱的带宽为 0~1kHz，在频带内频谱体现为均匀谱。

　　图 5-26 所示为脉冲响应信号及其频谱，脉冲响应大概在 0.2s 趋于 0；其自功率谱为连续谱，但在 1kHz 以内有 4 个频率成分的能量较大，反映了简支梁在上述脉冲激励下的响应信号，体现出简支梁在 1kHz 以内有 4 个固有频率。

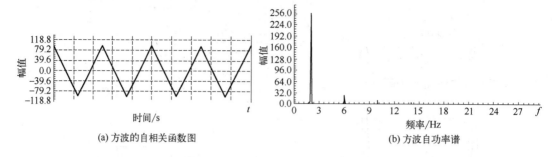

(a) 方波的自相关函数图　　　　　　　　　(b) 方波自功率谱

图 5-24　方波的自相关函数及自功率谱

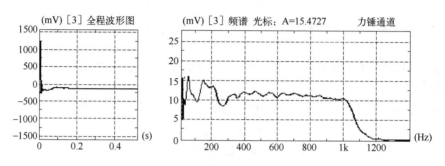

图 5-25　简支梁脉冲激励信号及其自功率谱

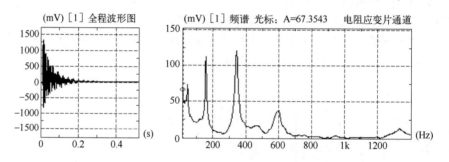

图 5-26　简支梁脉冲响应信号及其自功率谱

例 5.9　图 5-27 所示为脉搏信号及其自功率谱，由图中可以看出，脉搏信号为周期信号，其频谱为离散频谱，组成脉搏信号的频率成分主要在 10Hz 以下，且包括 5 个频率成分，其频率大约为：1.4Hz、2.8Hz、4.2Hz、5.7Hz、7.1Hz；各频率成分的能量随频率的增高而降低。

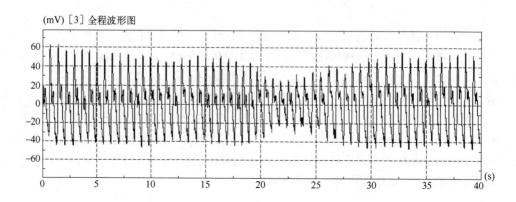

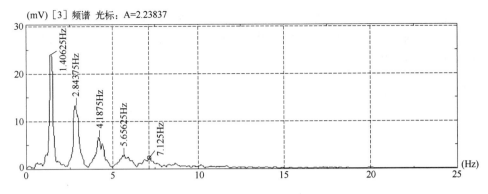

图 5-27　脉搏信号及其自功率谱

5.3.2　互谱密度函数

（1）定义

如果互相关函数 $R_{xy}(\tau)$ 满足傅里叶变换的条件 $\int_{-\infty}^{\infty}|R_{xy}(\tau)|\mathrm{d}\tau<\infty$，则定义：

$$S_{xy}(f)=\int_{-\infty}^{\infty}R_{xy}(\tau)\mathrm{e}^{-\mathrm{j}2\pi f\tau}\mathrm{d}\tau \tag{5-43}$$

$S_{xy}(f)$ 称为信号 $x(t)$ 和 $y(t)$ 的互谱密度函数，简称互谱。根据傅里叶逆变换，有：

$$R_{xy}(\tau)=\int_{-\infty}^{\infty}S_{xy}(f)\mathrm{e}^{-\mathrm{j}2\pi f\tau}\mathrm{d}f \tag{5-44}$$

互相关函数 $R_{xy}(\tau)$ 并非偶函数，因此 $S_{xy}(f)$ 具有虚、实两部分。同样，$S_{xy}(f)$ 保留了 $R_{xy}(\tau)$ 中的全部信息。

（2）互功率谱估计

对于模拟信号，有：

$$\tilde{S}_{xy}(f)=\frac{1}{T}X^*(f)_iY(f)_i \tag{5-45}$$

$$\tilde{S}_{yx}(f)=\frac{1}{T}X(f)_iY^*(f)_i \tag{5-46}$$

式中，$X^*(f)$、$Y^*(f)$ 分别为 $X(f)$、$Y(f)$ 的共轭函数。

对于数字信号，有：

$$\tilde{S}_{xy}(k)=\frac{1}{N}X^*(k)Y(k) \tag{5-47}$$

$$\tilde{S}_{yx}(k)=\frac{1}{N}X(k)Y^*(k) \tag{5-48}$$

这样得到的初步互谱估计 $\tilde{S}_{xy}(k)$、$\tilde{S}_{yx}(k)$ 的随机误差太大，不适合应用要求，应进行平滑处理，平滑的方法与功率谱估计相同。

（3）互功率谱的应用

1）互功率谱密度函数 $S_{xy}(f)$ 与系统的频响函数 $H(f)$ 的关系

对图 5-28 所示的线性系统，可证明有：

$$S_{xy}(f)=H(f)S_x(f) \tag{5-49}$$

故从输入的自谱和输入、输出的互谱就可以直接得到系统的频率响应函数。式（5-49）与式（5-42）不同，通过互功率谱所得到的 $H(f)$ 不仅含有幅频特性，而且含有相频特性。这是因为互相关函数中包含有相位信息。

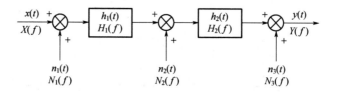

图 5-28 受外界干扰的系统

2）利用互功率谱排除噪声影响

如果一个测试系统受到外界干扰，如图 5-28 所示，$n_1(t)$ 为输入噪声，$n_2(t)$ 为加于系统中间环节的噪声，$n_3(t)$ 为加在输出端的噪声。显然该系统的输出 $y(t)$ 将为：

$$y(t) = x'(t) + n_1'(t) + n_2'(t) + n_3'(t) \tag{5-50}$$

式中，$x'(t)$、$n_1'(t)$ 和 $n_2'(t)$ 分别为系统对 $x(t)$、$n_1(t)$ 和 $n_2(t)$ 的响应。

输入 $x(t)$ 与输出 $y(t)$ 的互相关函数为：

$$R_{xy}(\tau) = R_{xx}'(\tau) + R_{xn_1}'(\tau) + R_{xn_2}'(\tau) + R_{xn_3}'(\tau) \tag{5-51}$$

由于输入 $x(t)$ 和噪声 $n_1(t)$、$n_2(t)$、$n_3(t)$ 是独立无关的，故互相关函数 R_{xn_1}、R_{xn_2} 和 R_{xn_3} 均为零。所以：

$$R_{xy}(\tau) = R_{xx}'(\tau) \tag{5-52}$$

故 $$S_{xy}(f) = S_{xx}(f) = H(f)S_x(f) \tag{5-53}$$

式中，$H(f) = H_1(f)H_2(f)$ 为所研究系统的频率响应函数。

由此可见，利用互谱进行分析可排除噪声的影响。这是这种分析方法的突出优点。然而应当注意到，利用式（5-53）求线性系统的 $H(f)$ 时，尽管其中的互谱 $S_{xy}(f)$ 可不受噪声的影响，但是输入信号的自谱 $S_x(f)$ 仍然无法排除输入端测量噪声的影响，从而形成测量的误差。

为了测试系统的动态特性，有时人们故意给正在运行的系统以特定的已知扰动——输入 $z(t)$。从式（5-53）可以看出，只要 $z(t)$ 和其他各输入量无关，在测量 $S_{xy}(f)$ 和 $S_z(f)$ 后就可以计算得到 $H(f)$。这种在被测系统正常运行的同时对它进行的测试，称为"在线测试"。

5.3.3 相干函数

（1）相干函数的定义

若信号 $x(t)$ 和 $y(t)$ 的自谱和互谱分别为 $S_x(f)$、$S_y(f)$ 和 $S_{xy}(f)$，则这两个信号之间的相干函数 $\gamma_{xy}^2(f)$ 为：

$$\gamma_{xy}^2(f) = \frac{|S_{xy}(f)|^2}{S_x(f)S_y(f)}, \quad 0 \leqslant \gamma_{xy}^2(f) \leqslant 1 \tag{5-54}$$

实际上，利用式（5-54）计算相干函数时，只能使用 $S_y(f)$、$S_x(f)$ 和 $S_{xy}(f)$ 的估计值，所得相干函数也只是一种估计值。并且唯有采用经多段平滑处理后的 $\hat{S}_y(f)$、$\hat{S}_x(f)$ 和 $\hat{S}_{xy}(f)$

来计算，所得到的 $\gamma_{xy}^2(f)$ 才是较好的估计值。

（2）相干函数的物理意义

评价系统的输入信号和输出信号之间的因果性，即输出信号的功率谱中有多少是输入量所引起的响应，在许多场合中是十分重要的。通常用相干函数 $\gamma_{xy}^2(f)$ 来描述这种因果性。

假若一个线性系统的输入信号为 $x(t)$，输出信号为 $y(t)$，将式（5-42）、式（5-53）分别代入式（5-54），得：

$$\gamma_{xy}^2(f) = \frac{|S_{xy}(f)|^2}{S_x(f)S_y(f)} = \frac{|H(f)S_x(f)|^2}{S_x(f)S_y(f)} = \frac{S_x(f)S_y(f)}{S_x(f)S_y(f)} = 1 \qquad (5-55)$$

上式表明：对于一个线性系统，其输出与输入的相干函数为 1，表明输出完全由输入引起的线性响应。

假如相干函数为零，表示输出信号与输入信号不相关。

通常，一般测试中相干函数取值在 0～1 之间，这表明有如下三种可能：

① 测试中有外界噪声干扰；

② 输出 $y(t)$ 是输入 $x(t)$ 和其他输入的综合输出；

③ 联系 $x(t)$ 和 $y(t)$ 的系统是非线性的。

所以，相干函数 $\gamma_{xy}^2(f)$ 的数值反映了 $y(t)$ 由 $x(t)$ 引起线性响应的程度。

（3）相干函数的应用

1）系统因果性检验

例如，对测试的输出信号处理之前，使用相干函数鉴别信号是否是被测信号的线性响应。

2）鉴别物理结构的不同响应信号之间的关系

例 5.10　图 5-29 所示是船用柴油机润滑油泵压力脉动和压油管振动两信号的自谱和二者的相干函数。润滑油泵转速 $n = 781 \mathrm{r/min}$，油泵齿轮的齿数 $z = 14$。

测得油压脉动信号 $x(t)$ 和压油管振动信号 $y(t)$。压油管压力脉动的基频 $f_0 = \dfrac{nz}{60} = 182.24\mathrm{Hz}$。由于油压脉动并不完全是准确的正弦变化，所以，它在频域还存在二、三、四次以及更高的谐波谱线。

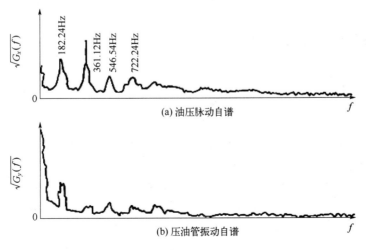

(a) 油压脉动自谱

(b) 压油管振动自谱

图 5-29

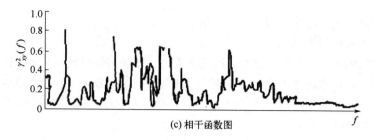

(c) 相干函数图

图 5-29　油压脉动与油管振动的相干关系

由相干函数图〔图 5-29（c）〕看出，油泵脉动压力与油管振动的相干函数取值，见表 5-2。

表 5-2　油泵压力与油管振动的相干函数

峰值频率	$\gamma_{xy}^2(f)$
$f = f_0 = 182.24\text{Hz}$	0.9
$f = 2f_0 \approx 361.12\text{Hz}$	0.37
$f = 3f_0 \approx 546.54\text{Hz}$	0.8
$f = 4f_0 \approx 722.24\text{Hz}$	0.75

齿轮引起的各次谐频对应的相干函数值都比较大，而其他频率对应的相干函数值很小。由此可见，油管的振动主要是由油压脉动引起的。从 $x(t)$ 和 $y(t)$ 的自谱图也明显可见油压脉动的影响〔图 5-29（a）、（b）〕。

5.4　现代信号分析方法简介

本节简单介绍一些现代信号分析和处理方法，详细内容请参考相关书籍。

5.4.1　功率谱估计的现代方法

（1）非参数方法

1）多窗口法（multitaper methool，MTM）

MTM 法使用多个正交窗口以获得相互独立的谱估计，然后把它们合成最终的谱估计。这种估计方法比经典非参数谱估计法具有更大的自由度和较高的精度。

2）子空间方法

子空间方法又称为高分辨率方法。这种方法在相关矩阵特征分析或特征分解的基础上，产生信号的频率分量估计。如多重信号分类法（multiple signal claddification，MUSIC）或特征向量法（EV）。此法检测隐藏在噪声中的正弦信号（特别是信噪比较低时）是有效的。

（2）参数方法

参数方法是选择一个接近实际样本的随机过程模型，在此模型的基础上，从观测数据中估计出模型参数，进而得到一个较好的谱估计值。此方法与经典功率谱估计方法相比，特别对短信号，可以获得较高的频率分辨率。参数方法主要包括 AR 模型、MA 模型、ARMA 模型和最小方差功率谱估计等。

5.4.2　时频分析

随机信号在理论上分为平稳和非平稳两大类。由于理论研究和分析工具的局限，常常将非平稳随机信号简化为平稳随机信号处理。但严格来说，许多实际信号是非平稳随机信号，在不同的时刻，信号具有不同的谱特征。

前面介绍的时域分析可以使我们了解信号随时间变化的特征，频域分析体现的是信号随频率变化的特征，两者都不能同时描述信号的时间和频率特征。

时频分析是指用时间和频率的二维函数来描述信号的能量分布密度和计算其他特征参量的方法。

（1）短时傅里叶变换（STFT）

短时傅里叶变换的基本思想是：把非平稳的长信号划分成若干段小的时间间隔（窗），信号在每个窗内可以近似为平稳信号，用傅里叶变换分析这些信号，就可以得到在某一时间间隔内相对精确的频率描述。随着窗函数在时间轴上的滑动而形成信号的一种时频表示。

短时傅里叶变换的时间间隔划分并不是越细越好，因为划分就相当于加窗，这会降低频率分辨率并引起能量泄漏。由于短时傅里叶变换的基础是傅里叶变换，虽能分析非平稳信号，但更适合分析准平稳信号。

（2）小波变换

小波变换是 20 世纪 80 年代后期发展起来的一门新兴的应用数学分支，近年来被引入工程应用领域并得到广泛应用。小波变换具有多分辨性，通过适当地选择尺度因子和平移因子，可得到一个伸缩窗，只要适当地选择基本小波，就可使小波变换在时域和频域都具有表征信号局部特征的能力。在低频段具有较高的频率分辨率和较低的时间分辨率，在高频段具有较高的时间分辨率和较低的频率分辨率，很适合探测正常信号中夹带的瞬态反常现象。

（3）Wigner-Ville 分布

短时傅里叶变换和小波变换本质都是线性时频表示，它不能描述信号的瞬时功率谱密度。

Wigner-Ville 分布是 Winger 于 1932 年提出并应用于量子力学，1948 年 Ville 应用于信号分析，简称 WVD 分布。信号 $x(t)$ 的 Wigner-Ville 分布定义为其瞬时相关函数关于滞后 τ 的傅里叶变换：

$$W_x(t,\omega) = \int_{-\infty}^{\infty} x\left(t+\frac{\tau}{2}\right)x^*\left(t-\frac{\tau}{2}\right)\mathrm{e}^{-\mathrm{j}\omega\tau}\mathrm{d}\tau \tag{5-56}$$

属于双线性时频表示。如图 5-30 所示为两个时间不同、频率不同的"原子"组成信号的 WVD 图。

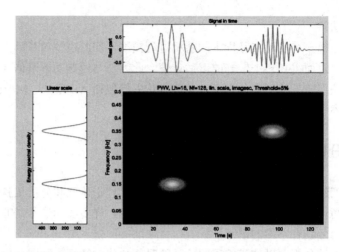

图 5-30 两个时间不同、频率不同的"原子"组成信号的 WVD

5.4.3 统计信号处理

在大多数情况下，信号往往混有随机噪声。由于信号和噪声的随机特性，需要采样统计方法来分析处理，这就使得数学上的概率统计理论方法在信号分析处理中得以应用，并演化出统计信号处理这一领域。

统计信号处理涉及如何利用概率模型来描述观测信号和噪声的问题，这种信号和噪声的概率模型往往需要信息的函数，而信息则是由一组参数构成，这组参数是通过某个优化准则从观测数据中得来的。显然，这种方法得出的信息的精确度取决于所采用的概率模型和优化原理。在统计信号处理中，常用的信号处理模型包括高斯随机过程模型、马尔可夫随机过程模型和 α 稳定分布随机信号模型等。常用的优化准则包括最小二乘（LS）准则、最小均方（LMS）准则、最大似然（ML）准则和最大后验（MAP）概率准则等。在上述概率模型和优化准则的基础上，出现了许多统计信号处理算法，如维纳滤波器、卡尔曼滤波器、最大熵谱估计算法和最小均方自适应滤波器等。

本章小结

本章主要内容包括：信号时域分析、相关分析及应用、功率谱分析及应用、现代信号分析简介。

本章的学习要点是：掌握信号时域分析，包括模拟及数字信号的时域统计参量计算，概率密度函数的概念及计算，相关分析的概念、性质、计算及应用；掌握信号频谱分析，包括功率谱分析概念、性质、计算及应用，相干函数的概念、性质、计算及应用；了解现代信号分析方法。

 思考题与习题

扫码获取本书资源

5-1 求 $h(t)$ 的自相关函数。

$$h(t)=\begin{cases} \mathrm{e}^{-at}, & t\geq 0, a>0 \\ 0, & t<0 \end{cases}$$

5-2 假定有一个信号 $x(t)$，它由两个频率、相角均不相等的余弦函数叠加而成。其数学表达式为：

$$x(t) = A_1 \cos(\omega_1 t + \varphi_1) + A_2 \cos(\omega_2 t + \varphi_2)$$

求该信号的自相关函数。

5-3 求方波和正弦波（图 5-31）的互相关函数。

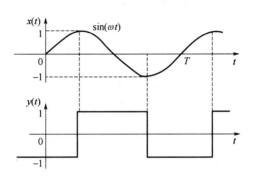

图 5-31 题 5-3 图

5-4 某一系统的输入信号为 $x(t)$（图 5-32），若输出 $y(t)$ 与输入 $x(t)$ 相同，输入的自相关函数 $R_x(\tau)$ 和输入-输出的互相关函数 $R_{xy}(\tau)$ 之间的关系为 $R_x(\tau) = R_{xy}(\tau + T)$，试说明该系统起什么作用？

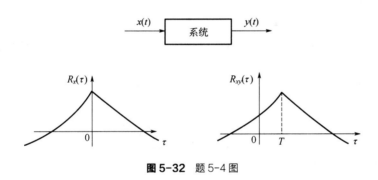

图 5-32 题 5-4 图

5-5 试根据一个信号的自相关函数图形，讨论如何确定该信号中的常值分量和周期成分。

5-6 已知信号的自相关函数为 $A\cos(\omega\tau)$，请确定该信号的均值 μ_x、均方值 ψ_x^2 和均方根值 x_{rms}。

5-7 应用 Parseval 定理求 $\int_{-\infty}^{+\infty} \sin[c^2(t)]\mathrm{d}t$ 的积分值。

5-8 试述正弦信号、正弦加随机噪声信号、窄带随机噪声信号和宽带随机噪声信号自相关函数的特点。

5-9 已知某信号的自相关函数 $R_x(\tau) = \dfrac{1}{4}\mathrm{e}^{-2a\tau}$ $(a>0)$，求它的自谱 $S_x(f)$。

5-10 结合个人实际，分析信号、信息、知识、能力之间的关系。

第 **6** 章
测试系统的传输特性

为实现某种量的测量而选择或设计测量装置时，就必须考虑这些测量装置能否准确获取被测量的量值及其变化，即实现准确测量。而能否实现准确测量，则决定于测量装置的特性。这些特性包括静态特性、动态特性、负载特性、抗干扰性等。这种划分只是为了研究上的方便，事实上测量装置的特性是统一的，各种特性之间是相互关联的。系统的动态特性往往与某些静态特性有关。例如，若考虑静态特性中的非线性、迟滞、游隙等，则动态特性方程就成为非线性方程。显然，从难于求解的非线性方程很难得到系统动态特性的清晰描述。因此，在研究测量系统动态特性时，往往忽略上述非线性或参数的时变特性，只从线性系统的角度研究测量系统最基本的动态特性。

6.1 测试装置的基本要求

将测试系统或测试装置视为一个整体进行研究，通过输入、输出之间的关系把握系统的传输特性。

（1）测试装置的模型

以台秤称重为例，进行观察。如图 6-1 所示，放置方式不同，指针的运动状态也不同，但当 t 趋于无穷时，最后显示的重量示值是一致的，即指针显示的重量示值与被秤物体重量成正比。实验说明，对于特定的系统，放置方式（输入）与显示方式（输出）之间有固定的对应关系，这种对应关系反映的是系统内部的固有特性，即系统的本质特征。

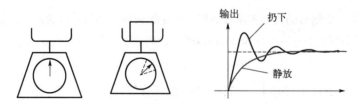

图 6-1 台秤称量及输出曲线

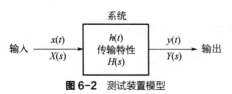

图 6-2 测试装置模型

测试装置的模型如图 6-2 所示，一般以 $x(t)$（或其变换 $X(s)$）表示系统的输入，以 $y(t)$（或其变换 $Y(s)$）表示系统的输出，以 $h(t)$（或 $H(s)$）表示系统的本质特征称为系统的传输特性。

（2）工程测试需处理的问题

根据测试技术的用途可知，一般工程中所需要解决的问题可归为三类。

① 已知 $x(t)$、$y(t)$，推断 $h(t)$。这种应用场合，系统为被测对象，应用于检测、系统识别和故障诊断。一般采用典型的输入信号对系统进行激励，通过响应获得系统的传递特性。

② 已知 $h(t)$ 且 $y(t)$ 可测，可推断 $x(t)$。此类型为测试装置的应用。系统为测试装置（测试系统），应用中要确保 $y(t)$ 尽可能全面保留 $x(t)$ 的信息，并甄别 $x(t)$ 中的原始信息与通过系统传递后附加的信息。即系统不失真问题以及信号采集与处理问题。

③ $x(t)$、$h(t)$ 已知，可预测 $y(t)$。这类为自动控制系统的应用。系统为被控制对象，输入为控制信号，输出为被控系统的运动。目的就是根据系统的传输特性，通过调整输入控制量 $x(t)$，实现预期的目标 $y(t)$，如运动路径、速度、位置等。

（3）对测试装置的基本要求

测试装置的应用对应上述第二类问题，可知测试装置应具有单值、确定、一一对应的输入、输出关系。而其中以输入、输出成线性关系为理想测试系统。

（4）测试装置的特性

为获得准确的测试结果，对测试装置提出多方面的性能要求。这些性能大致可分为静态特性和动态特性。对于那些用于静态测量的装置，一般只需利用静态特性指标来考察其质量；在动态测试中，不仅需要用静态指标，而且需要用动态特性指标来描述测试仪器的质量，因为两方面的特性都将影响测量结果。

6.2 线性系统及其主要特性

本书涉及的各种理论都是建立在研究对象为线性系统的基础上。

6.2.1 线性系统定义

线性时不变系统的输入输出关系可用线性微分方程表示：

$$a_n \frac{\mathrm{d}^n y(t)}{\mathrm{d}t^n} + a_{n-1} \frac{\mathrm{d}^{n-1} y(t)}{\mathrm{d}t^{n-1}} + \cdots + a_0 y(t) = b_m \frac{\mathrm{d}^m x(t)}{\mathrm{d}t^m} + b_{m-1} \frac{\mathrm{d}^{m-1} x(t)}{\mathrm{d}t^{m-1}} + \cdots + b_0 x(t) \quad (6\text{-}1)$$

等式（6-1）的左、右两边分别为系统输出 $y(t)$、输入 $x(t)$ 各阶微分的线性组合，其中 a_i、b_i 为系数。当系统的特性不随时间变化时，a_i、b_i 为常数，称为线性时不变系统。

6.2.2 线性系统的主要特性

（1）比例特性

如图 6-3 所示，设系统输入为 $x(t)$ 时输出为 $y(t)$，当系统输入为 $ax(t)$ 时，输出则为 $ay(t)$，即系统的输出 $y(t)$ 随输入 $x(t)$ 成比例变化。

（2）频率保持特性

如图 6-4 所示，当输入为简谐信号 $x(t) = X \sin(\omega t)$ 时，系统的稳态输出为同频率的简谐信

号 $y(t) = Y\sin(\omega t + \varphi)$ ，即频率保持不变，但是输出信号的幅值和相位与输入不同。

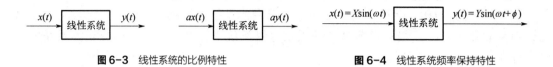

图6-3 线性系统的比例特性   图6-4 线性系统频率保持特性

（3）叠加特性

如图 6-5 所示，设系统输入为 $x_1(t)$ 时输出为 $y_1(t)$，输入为 $x_2(t)$ 时输出为 $y_2(t)$，则当系统的输入为 $x_1(t) + x_2(t)$ 时，输出为 $y_1(t) + y_2(t)$。该特性的含义为：一个信号的存在不影响另一个信号引起的输出，这是线性系统区别于非线性系统的主要特性，也是在工程应用中解决实际问题的主要工具。

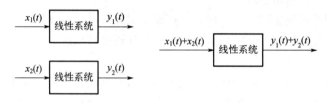

图6-5 线性系统的叠加特性

根据线性系统的上述特性可将复杂问题简化。例如，复杂周期信号可以分解为简谐信号的叠加。

例 6.1 已知输入为 $x(t) = 0.5\cos(10t) + 0.2\cos(100t - 45°)$，求系统相应的输出 $y(t)$。

解：已知输入由两个分量 $x_1(t)$ 和 $x_2(t)$ 叠加而成，两分量的参数分别为：

$$X_1 = 0.5, \quad \omega_1 = 10, \quad \varphi_1 = 0°$$

$$X_2 = 0.2, \quad \omega_2 = 100, \quad \varphi_2 = -45°$$

对应输入 $x_1(t)$ 和 $x_2(t)$，系统的响应分别为 $y_1(t)$ 和 $y_2(t)$。

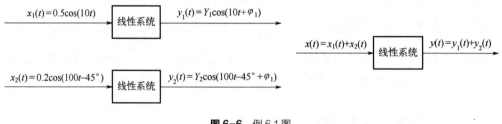

图6-6 例 6.1 图

根据线性系统的特性，如图 6-6 所示，则系统的输出 $y(t)$ 为：

$$y(t) = y_1(t) + y_2(t) = Y_1\cos(\omega_1 t + \varphi_{01} + \varphi_1) + Y_2\cos(\omega_2 t + \varphi_{02} + \varphi_2)$$
$$= Y_1\cos(10t + \varphi_1) + Y_2\cos(100t - 45° + \varphi_2)$$

只要求解出 Y_1、φ_1、Y_2、φ_2，即可求出相应的输出。

6.3　测试系统的静态特性

6.3.1　基本概念

（1）线性系统的静态模型

在静态测量时输入不随时间变化，故 $x(t)$ 为常量。将 $x(t)$ 代入式（6-1）所表示的时不变常系数微分方程模型中，式中 $x(t)$ 和 $y(t)$ 的各阶导数均为 0，可得理想的常系数线性系统的静态模型：

$$a_0 y(t) = b_0 x(t) \tag{6-2}$$

合并常数项得：

$$y = \frac{b_0}{a_0} x = Sx \tag{6-3}$$

其中，S 为常数。其图形如图 6-7 中直线所示。

但是实际测试系统，输入、输出之间为非线性关系，如图 6-7 中曲线所示，数学表达式为：

$$Y = f(x) = a_0 + a_1 x + a_2 x^2 + a_3 x^3 + \cdots + a_n x^n \tag{6-4}$$

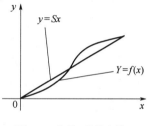

图 6-7　线性系统静态模型

（2）测试装置的静态特性

测量装置的静态特性是在静态测量情况下描述实际测量装置输出与输入之间的关系。静态特性评定指标用来描述测量装置的实际静态特性与理想时不变线性系统的接近程度。

测量装置的静态测量误差与多种因素有关，包括测量装置本身和人为的因素。本章只讨论测量装置本身的测量误差。

有一些测量装置对静态或低于一定频率的输入没有响应，例如压电加速度计。这类测量装置也需要考虑诸如灵敏度等类似于静态特性的参数，此时则是以特定频率的正弦信号为输入，研究其灵敏度。这种特性称为稳态特性，本书将其归入静态特性中加以讨论。

6.3.2　静态特性的评定指标

以下讨论一些重要的静态特性的评定指标。

（1）线性度

线性度是指测量装置的实际输入、输出关系（校准直线）与理想线性关系（即理想直线关系）的偏离程度。将测量的数据描点、连线（折线），获得反映实际被测值与示值之间的关系称为校准曲线。

"理想直线"通常有两种确定方法：一种是两端点连线法，如图 6-8（a）所示；另一种是数据点的最小二乘直线拟合得到的直线，如图 6-8（b）所示。后者较常使用。

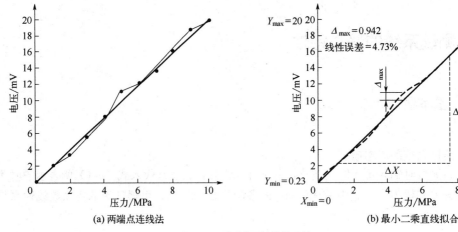

图 6-8　测量装置的线性误差

线性度的评定指标为线性误差与相对线性误差。

① 线性误差：由静态标定所得到的实际输入、输出的数据点一般不在一条直线上，如图 6-8 所示。这些点与理想直线偏差的最大值 Δ_{max} 称为线性误差。

② 相对线性误差：线性误差 Δ_{max} 与测量装置输出范围（$Y_{max}-Y_{min}$）之比的百分数：

$$相对误差 = \frac{\Delta_{max}}{Y_{max}-Y_{min}} \times 100\% \tag{6-5}$$

式中，Y_{max} 和 Y_{min} 指输出的最大值和最小值。对于具有不同输出范围的测量装置，以相对线性误差评价更为客观。

（2）灵敏度

灵敏度 S 定义为单位输入变化所引起的输出的变化，通常使用理想直线的斜率作为测量装置的灵敏度值，如图 6-8（b）所示，即：

$$S = \frac{\Delta Y}{\Delta X} \tag{6-6}$$

一般灵敏度是有量纲的，其量纲为输出量的量纲与输入量的量纲之比。

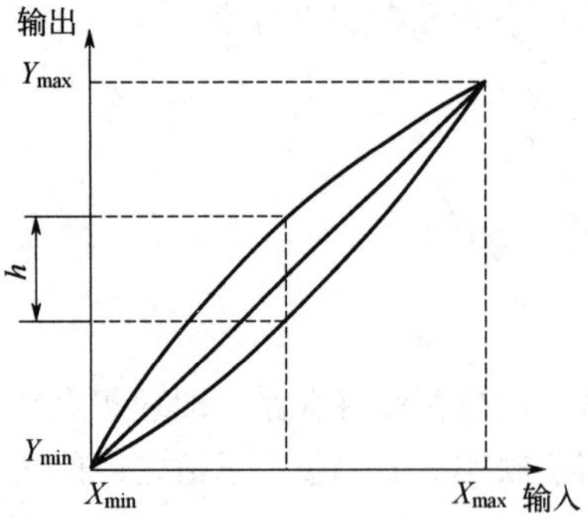

如果测试系统由多个环节串联而成，那么总的灵敏度等于各个环节灵敏度的乘积。

一般地，测试系统的灵敏度越高，测量范围越窄，系统的稳定性也越差。因此，应合理选择灵敏度。

（3）回程误差

回程误差也称为迟滞，是描述测量装置同输入变化方向有关的输出特性。如图 6-9 中曲线所示，理想测量装置的输入、输出有完全单调、一一对应的直线关系，不管输入是由小增大，还是由大减小，对于一个给定的输入，输出总是相同的。但是实际测量装置在同样的测试条件下，当输入量由小增大和由大减小时，对于同一个输入量所得

图 6-9　回程误差

到的两个输出量却往往存在差值。在整个测量范围内，最大的差值 h 称为回程误差或迟滞误差。

磁性材料的磁化曲线和金属材料的受力、变形曲线常常可以看到这种回程误差。当测量装置存在死区时也可能出现这种现象。

（4）分辨力

引起测量装置的输出值产生一个可察觉变化的最小输入量（被测量）变化值称为分辨力。分辨力通常表示为它与可能输入范围之比的百分数。

（5）零点漂移和灵敏度漂移

零点漂移是测量装置的输出零点偏离原始零点的距离，如图 6-10 所示，它可以是随时间缓慢变化的量。灵敏度漂移则是由于材料性质的变化所引起的输入与输出关系（斜率）的变化。因此，总误差是零点漂移与灵敏度漂移之和，如图 6-10 所示。在一般情况下，后者的数值很小，可以略去不计，于是只考虑零点漂移。如需长时间测量，则需做出 24h 或更长时间的零点漂移曲线。

产生漂移的原因有两个方面：一是仪器自身结构参数的变化；另一个是周围环境的变化（如温度、湿度等）对输出的影响。最常见的是温度漂移，也叫温漂。

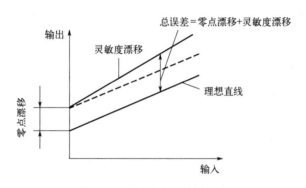

图 6-10 零点漂移和灵敏度漂移

6.4 测试系统的动态特性

测量装置的动态特性是指当被测量（即测试装置的输入量）随时间快速变化时，测量装置（系统）的输入与输出之间的动态传递关系。对于线性系统来说，系统的动态特性由系统的结构特征所决定，不依赖输入而存在，但可以通过研究输入、输出之间的关系来把握。如图 6-11 所示，将测量装置动态特性用系统输入、输出之间关系的数学模型来表达，称为系统动态特性的数学描述。

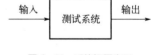

图 6-11 系统框图表示

6.4.1 测试系统动态特性的数学描述

根据研究需要，数学模型可建立在时域、复数域、频域等，则相应的数学描述有微分方程、传递函数、频率响应函数、脉冲响应函数。下面简要介绍"机械工程测试技术"课程中主要涉及的数学描述。

（1）线性微分方程

如前所述，在研究测量装置动态特性时，往往认为系统参数是不变的，并忽略诸如迟滞、死区等非线性因素，即可用常系数线性微分方程描述测量装置输入与输出间的关系。

把测量装置视为定常线性系统，可用常系数线性微分方程式（6-1）来描述该系统输出 $y(t)$ 和输入 $x(t)$ 之间的关系。在微分方程描述中，等式的左右两边分别为系统输出、输入的各阶微分的线性组合，当已知构成系统的物理结构时，我们可以通过力学、电磁学定律建立系统的微分方程，从而获得系统的动态特性的数学描述。

例 6.2 建立如图 6-12 所示的质量-弹簧-阻尼系统的运动微分方程。

解：图 6-12 中，作用在质量块上的外力 $f(t)$ 为系统的输入；质量块质心的位移 $y(t)$ 为系统的输出。

为建立描述系统的微分方程，取质量块进行受力分析，其受力如图 6-13 所示。

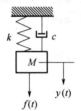

图 6-12 质量-弹簧-阻尼系统

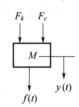

图 6-13 质量块受力分析

其中，$F_k = -Ky(t)$，$F_c = -C\dfrac{\mathrm{d}y(t)}{\mathrm{d}t}$

系统的力平衡方程为：

$$M\frac{\mathrm{d}^2 y(t)}{\mathrm{d}t^2} = f(t) - C\frac{\mathrm{d}y(t)}{\mathrm{d}t} - Ky(t)$$

整理得到描述系统运动的微分方程为：

$$M\frac{\mathrm{d}^2 y(t)}{\mathrm{d}t^2} + C\frac{\mathrm{d}y(t)}{\mathrm{d}t} + Ky(t) = f(t) \tag{6-7}$$

描述系统的线性微分方程可以通过已知的物理学定律获得，便于我们研究实际系统。不足之处在于，在线性微分方程中，虽然系统的输入、输出各阶微分项分列于等式的左右两边，但是对于系统的输入、输出的传输关系描述不直接，且当已知输入的情况下求解输出的过程复杂。

（2）传递函数

1）概述

在可以利用计算机进行微分方程的数值求解出现之前，通过对微分方程进行拉普拉斯变换，建立系统传递函数可以解决微分方程的求解问题。

对时域信号做拉普拉斯变换（记 $L\{\}$ 为拉氏变换操作）可将时域信号转换到复数域。记为：$L\{x(t)\} = X(s)$，或 $L\{y(t)\} = Y(s)$。当拉氏变换的操作对象为信号的微分时引入微分算子 s，有：

$$L\left\{\frac{\mathrm{d}x(t)}{\mathrm{d}t}\right\} = sL\{x(t)\}$$

$$L\left\{\frac{\mathrm{d}^n x(t)}{\mathrm{d}t^n}\right\} = s^n L\{x(t)\}$$

当假设系统初始条件均为零时，可直接利用系统的线性微分方程通过拉普拉斯变换得到系统的传递函数。

2）系统线性微分方程的拉普拉斯变换

设 $X(s)$ 和 $Y(s)$ 分别为输入 $x(t)$、输出 $y(t)$ 的拉普拉斯变换。对式（6-1）取拉普拉斯变换整理得：

$$Y(s) = H(s)X(s) + G_h(s)$$

其中，s 为复变量，$s = a + \mathrm{j}\omega$；$G_h(s)$ 是与输入和系统初始条件有关的关系式；$H(s)$ 与系统初始条件及输入无关，只反映系统本身的特性，称为系统的传递函数。

若初始条件全为零，则 $G_h(s) = 0$，便有：

$$H(s) = \frac{Y(s)}{X(s)} \tag{6-8}$$

此条件下对式（6-1）做拉氏变换，即可得：

$$a_n s^n Y(s) + a_{n-1} s^{n-1} Y(s) + \cdots + a_1 s Y(s) + a_0 Y(s)$$
$$= b_m s^m X(s) + b_{m-1} s^{m-1} X(s) + \cdots + b_1 s X(s) + b_0 X(s)$$

合并同类项：

$$\left[a_n s^n + a_{n-1} s^{n-1} + \cdots + a_1 s + a_0 \right] Y(s) = \left[b_m s^m + b_{m-1} s^{m-1} + \cdots + b_1 s + b_0 \right] X(s)$$

整理得：

$$H(s) = \frac{Y(s)}{X(s)} = \frac{b_m s^m + b_{m-1} s^{m-1} + \cdots + b_1 s + b_0}{a_n s^n + a_{n-1} s^{n-1} + \cdots + a_1 s + a_0} \tag{6-9}$$

显然，简单地将传递函数说成输出、输入两者拉普拉斯变换之比是不妥当的。因为式（6-8）只有在系统初始条件均为零时才成立。今后若未加说明而引用式（6-8）时，便是假设系统初始条件为零，希望读者特别注意。

3）系统传递函数的特点

通过拉氏变换将时域 t 的微分方程变换为 s 域的代数方程。传递函数有以下几个特点：

① $H(s)$ 与输入 $x(t)$ 及系统的初始状态无关，它只表达系统的传输特性。对具体系统而言，它的 $H(s)$ 不会因输入 $x(t)$ 的变化而不同，却对任一具体输入 $x(t)$ 都能确定地给出相应的、不同的输出。当初始条件为零时，根据传递函数关系式有 $Y(s) = H(s)x(s)$，再利用拉氏逆变换即可求得输出 $y(t) = L^{-1}\{Y(s)\}$。

例 6.3 求弹簧-阻尼-质量系统，当输入 $x(t)$ 为脉冲激励时，质点 M 的位移响应 $y(t)$。

对系统微分方程式（6-7）做拉氏变换，得：

$$Ms^2 Y(s) + CsY(s) + KY(s) = F(s)$$

整理得系统传递函数：

$$H(s) = \frac{Y(s)}{F(s)} = \frac{1}{Ms^2 + Cs + K}$$

若输入为一单位脉冲：

$$f(t) = \delta(t), \quad F(s) = L\{\delta(t)\} = 1$$

系统输出的拉氏变换：

$$Y(s) = H(s)F(s) = \frac{1}{Ms^2 + Cs + K} = \frac{1}{K}\left(\frac{\omega_n^2}{s^2 + 2\zeta\omega_n s + \omega_n^2}\right)$$

系统的输出：

$$y(t) = L^{-1}[Y(s)] = \frac{1}{K}L^{-1}\left[\frac{\omega_n^2}{s^2 + 2\zeta\omega_n s + \omega_n^2}\right] = \frac{1}{K}\times\frac{\omega_n}{\sqrt{1-\zeta^2}}e^{-\zeta\omega_n t}\sin\left(\omega_n\sqrt{1-\zeta^2}\,t\right)$$

② $H(s)$ 是对物理系统的微分方程，即对式（6-1）取拉普拉斯变换而求得的，它只反映系统传输特性而不拘泥于系统的物理结构。同一形式的传递函数可以表征具有相同传输特性的不同物理系统。例如，液柱温度计和 RC 低通滤波器同是一阶系统，具有形式相似的传递函数，而其中一个是热学系统，另一个却是电学系统，两者的物理性质完全不同。

③ 对于实际的物理系统，输入 $x(t)$ 和输出 $y(t)$ 都具有各自的量纲。用传递函数描述系统传输、转换特性理应真实地反映量纲的变换关系。这关系正是通过系数 a_n、a_{n-1}…、a_1、a_0 和 b_m、b_{m-1}…、b_1、b_0 来反映的。这些系数的量纲将因具体物理系统和输入、输出的量纲而异。

④ $H(s)$ 中的分母多项式取决于系统的结构。分母多项式中 s 的最高幂次 n 代表系统微分方程的阶数。分子多项式则反映系统同外界之间的关系，与输入（激励）点的位置、输入方式、被测量及测点布置情况有关。

一般测量装置总是稳定系统，其分母多项式中 s 的幂次总是高于分子多项式中 s 的幂次，即 $n > m$。

传递函数是在复数域中描述系统的特性，与在时域中用微分方程来描述系统特性相比有许多优点。但是传递函数的物理概念很难理解，而且许多工程系统的微分方程式及其传递函数极难建立。下面介绍的频率响应函数有着明确的物理概念，并容易通过实验来建立，为本书主要应用的数学描述。

（3）频率响应函数

频率响应函数是在频域中描述系统特性，与传递函数相比较，频率响应函数有着物理概念明确，容易通过实验来建立，也极易由它求出传递函数等优点。因此，频率响应函数就成为实验研究系统的重要工具。

1）频率响应函数的定义及其物理意义

系统的频率响应函数又称为系统的频率特性，包括幅频特性和相频特性。

① 系统的频率传输特性。根据定常线性系统的频率保持特性，系统在简谐信号 $x(t) = X_i \sin(\omega_i t)$ 的激励下，所产生的稳态响应输出也是简谐信号，即 $y(t) = Y_i \sin(\omega_i t + \varphi_i)$。此时输入和输出虽为同频率的简谐信号，但两者的幅值和相位不同。其幅值比 $A(\omega_i) = Y_i / X_i$ 和相位差 $\varphi(\omega_i)$ 都随频率 ω 而变，是 ω 的函数。

② 频率响应函数的定义及表达式。定常线性系统在简谐信号的激励下，其稳态输出信号和输入信号的幅值比被定义为该系统的幅频特性，记为 $A(\omega)$；稳态输出对输入的相位差被定义为该系统的相频特性，记为 $\varphi(\omega)$。两者统称为系统的频率特性。因此，系统的频率特性是指系统在简谐信号激励下，其稳态输出对输入的幅值比、相位差随激励频率 ω 变化的特性。

现以 $A(\omega)$ 为模、以 $\varphi(\omega)$ 为辐角来构成一个复数：

$$H(\omega) = A(\omega)e^{j\varphi(\omega)}$$

$H(\omega)$ 称为系统的频率特性，它是激励频率 ω 的函数，也称为系统的频率响应函数。

尽管频率响应函数用来描述系统对简谐信号的传递特性，但在任何复杂信号输入下，系统频率特性也是适用的。因为当任何信号转到频域分析时，都可以视为频率 ω 从 $0 \sim \infty$ 的简谐信号的叠加，这时，幅频、相频特性分别表征系统对输入信号中各个频率分量幅值的缩放能力和相位角前后移动的能力。

由于系统的频率响应函数 $H(\omega)$ 为复函数，将其分解为实部 $P(\omega)$ 和虚部 $Q(\omega)$，则有频率响应函数的实部、虚部表达形式：

$$H(\omega) = P(\omega) + jQ(\omega)$$

注意到任何一个复数 $z = a + jb$，也可以表达为 $z = |z|e^{j\theta}$。其中，$|z| = \sqrt{a^2 + b^2}$，相角 $\theta = \arctan\dfrac{b}{a}$。频率响应函数的两种表达式之间的关系有：

$$|A(\omega)| = \sqrt{P(\omega)^2 + Q(\omega)^2}$$

$$\varphi(\omega) = \arctan\frac{Q(\omega)}{P(\omega)}$$

2）频率响应函数的求法

① 解析法，通过传递函数获得。在系统的传递函数 $H(s)$ 已知的情况下，可令 $H(s)$ 中 $s = j\omega$，便可求得频率响应函数 $H(\omega)$。例如，设系统的传递函数为式（6-9），将 $s = j\omega$ 代入，便得该系统的频率响应函数 $H(\omega)$：

$$H(\omega) = \frac{b_m(j\omega)^m + b_{m-1}(j\omega)^{m-1} + \cdots + b_1(j\omega) + b_0}{a_n(j\omega)^n + a_{n-1}(j\omega)^{n-1} + \cdots + a_1(j\omega) + a_0} \tag{6-10}$$

频率响应函数有时记为 $H(j\omega)$，以此来强调它来源于 $H(s)|_{s=j\omega}$。在初始条件为零的条件下，令 $s = j\omega$，代入拉普拉斯变换中，实际上就是将拉普拉斯变换变成傅里叶变换。同时考虑到系统在初始条件均为零时，有 $H(s)$ 等于 $Y(s)$ 和 $X(s)$ 之比的关系，因而系统的频率响应函数 $H(\omega)$ 就成为输出 $y(t)$ 的傅里叶变换 $Y(\omega)$ 和输入 $x(t)$ 的傅里叶变换 $X(\omega)$ 之比，即：

$$H(\omega) = \frac{Y(\omega)}{X(\omega)} \tag{6-11}$$

这一结论有着广泛用途。

② 实验法，通过简谐激励实验获得。用频率响应函数来描述系统的优点是可以通过实验手段来获得。根据频率响应函数的物理意义，频率响应函数即系统的频率传输特性，可通过实验测量系统在不同频率激励下的响应来获取频率响应函数。具体操作步骤为：依次用不同频率 ω_i 的简谐信号去激励被测系统，同时测出激励和系统的稳态输出的幅值 X_{0i}、Y_{0i} 和相位差 φ_i。这样对于某个 ω_i，便有一组 $\dfrac{Y_{0i}}{X_{0i}} = A_i$ 和 φ_i，全部的 $A_i - \omega_i$ 和 $\varphi_i - \omega_i$（$i = 1, 2, 3\cdots$）便可表达系统的频率响应函数。

需要特别指出，频率响应函数描述系统的简谐输入和相应的稳态输出的关系。因此，在测量系统响应时，应当在系统响应达到稳态阶段时再进行测量。

③ 实验法，通过傅里叶变换获得。也可在初始条件全为零的情况下，同时测得输入 $x(t)$ 和输出 $y(t)$，通过傅里叶变换为 $X(\omega)$ 和 $Y(\omega)$，求得频率响应函数：

$$H(\omega) = \frac{Y(\omega)}{X(\omega)}$$

目前的许多数据处理软件都有此功能。

3）频率特性的图像描述

将频率特性 $H(\omega)$ 中的幅频 $A(\omega)\text{-}\omega$ 和相频 $\varphi(\omega)\text{-}\omega$ 分别作图，即得幅频特性曲线和相频特性曲线。将频率特性 $H(\omega)$ 中的实部 $P(\omega)\text{-}\omega$ 和虚部 $Q(\omega)\text{-}\omega$ 分别作图，即得实频特性曲线和虚频特性曲线。

常用的频率特性的图像描述有 Bode 图和 Nyquist 图。

伯德图（Bode 图）：在幅频 $A(\omega)\text{-}\omega$ 和相频 $\varphi(\omega)\text{-}\omega$ 作图时，对横坐标自变量 ω 或 $f = \omega/2\pi$ 取对数标尺，纵坐标幅值比 $A(\omega)$ 取分贝（dB）数标尺，相角 $\varphi(\omega)$ 取实数标尺，由此所作的曲线分别称为对数幅频特性曲线和对数相频特性曲线，总称为伯德图（Bode 图）。

奈奎斯特（Nyquist）图：以 ω 为参变量，以 $A(\omega)$ 为矢量向径的长度，以 $\varphi(\omega)$ 为矢量向径与横坐标轴的夹角，作极坐标图。

（4）脉冲响应函数

若装置的输入为单位脉冲 $\delta(t)$ 时，因单位脉冲 $\delta(t)$ 的拉普拉斯变换为 1，即 $\delta(s) = L[\delta(t)] = 1$，则装置的输出 $y(t)$ 的拉普拉斯变换为 $Y(s) = H(s)\delta(s) = H(s)$。即装置对单位脉冲激励的响应为 $y(t)_\delta = L^{-1}[Y(s)] = L^{-1}[H(s)]$，并可以记为 $h(t)$，常称它为装置的脉冲响应函数或权函数。脉冲响应函数可视为系统特性的时域描述。

至此，系统特性的时域、频域和复数域可分别用脉冲响应函数 $h(t)$、频率响应函数 $H(\omega)$ 和传递函数 $H(s)$ 来描述。三者存在着一一对应的关系。$h(t)$ 和传递函数 $H(s)$ 是一对拉普拉斯变换对；$h(t)$ 和频率响应函数 $H(\omega)$ 又是一对傅里叶变换对。

（5）动态特性的数学描述

综上所述，把测量装置（或系统）视为定常线性系统，可用常系数线性微分方程来描述系统的输入、输出关系；对其进行拉普拉斯变换可建立与其相应的传递函数；令传递函数中 $s = j\omega$，可建立与其相应的频率响应函数；对传递函数进行拉氏逆变换，可获得相应的脉冲响应函数。当然，通过实验的方法亦可获得频率响应函数和脉冲响应函数。测量装置（或系统）的几种描述方法及其相互之间的变换如图 6-14 所示。

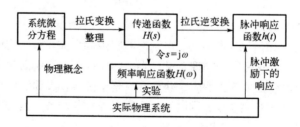

图 6-14 各种系统数学描述之间的关系

（6）环节的串联和并联

图 6-15 所示为由两个环节串联组成的系统，若串联的两个环节器传递函数分别为 $H_1(s)$

和 $H_2(s)$，且它们之间没有能量交换，则串联后所组成的系统在初始条件为零时，传递函数 $H(s)$ 为：

$$H(s) = \frac{Y(s)}{X(s)} = \frac{Z(s)Y(s)}{X(s)Z(s)} = \frac{Z(s)}{X(s)} \times \frac{Y(s)}{Z(s)} = H_1(s)H_2(s) \tag{6-12}$$

类似地，对 n 个环节串联组成的系统，有：

$$H(s) = \prod_{i=1}^{n} H_i(s) \tag{6-13}$$

从传递函数和频率响应函数的关系，可得到 n 个环节串联频率响应函数为：

$$H(\omega) = \prod_{i=1}^{n} H_i(\omega) \tag{6-14}$$

其幅频、相频特性分别为：

$$A(\omega) = \prod_{i=1}^{n} A_i(\omega) \tag{6-15}$$

$$\varphi(\omega) = \sum_{i=0}^{n} \varphi_i(\omega) \tag{6-16}$$

若两个环节并联（图 6-16），则因：

$$Y(s) = Y_1(s) + Y_2(s)$$

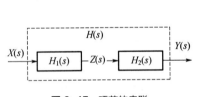

图 6-15　环节的串联

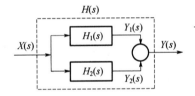

图 6-16　两个环节并联

而有：

$$H(s) = \frac{Y(s)}{X(s)} = \frac{Y_1(s) + Y_2(s)}{X(s)} = H_1(s) + H_2(s) \tag{6-17}$$

由 n 个环节并联组成的系统，也有类似的公式：

$$H(s) = \sum_{i=1}^{n} H_i(s) \tag{6-18}$$

而 n 环节并联系统的频率响应函数为：

$$H(\omega) = \sum_{i=1}^{n} H_i(\omega) \tag{6-19}$$

6.4.2　典型系统的动态特性

（1）传递函数的分解

传递函数可表示为分子、分母多项式的分数形式：

$$H(s) = \frac{q(s)}{p(s)}$$

其中，分子、分母多项式分别为：

$$q(s) = b_m s^m + b_{m-1} s^{m-1} + \cdots + b_1 s + b_0$$

$$p(s) = a_n s^n + a_{n-1} s^{n-1} + \cdots + a_1 s + a_0$$

根据代数理论，分母多项式 $p(s)$ 有 n 个根，设其中有 k_1 个实数根，$2k_2$ 个共轭复根，则分母多项式 $p(s)$ 可因式分解为：

$$p(s) = \prod_{i=1}^{k_1}(s - p_i)\prod_{i=1}^{k_2}(s^2 + 2\zeta_i\omega_{ni}s + \omega_{ni}^2)$$

而原分式多项式可转化为低阶（不超过二阶）多项式和的形式：

$$H(s) = \sum_{i=1}^{k_1}\frac{r_i}{s - p_i} + \sum_{i=1}^{k_2}\frac{a_i s + b_i}{s^2 + 2\zeta_i\omega_{ni}s + \omega_{ni}^2}$$

即任意高阶系统可表示为低阶系统的并联。因此，分析零、一、二阶环节的传输特性是分析高阶、复杂系统传输特性的基础。

（2）比例环节——零阶系统

零阶系统的输入、输出关系用微分方程来描述。最一般形式的微分方程为：

$$a_0 y = b_0 x \tag{6-20}$$

其标准式为：

$$y = \frac{b_0}{a_0} x = K_s x \tag{6-21}$$

式中，$K_s = \dfrac{b_0}{a_0}$ 是常数，为系统的静态灵敏度。因此，零阶系统也称为比例环节。

比例环节具有不失真、不延迟按比例传递信息的特性。

对于由多个比例环节串联而成的系统而言，其系统灵敏度为：

$$K_s = \prod_{i=1}^{n} K_{si} \tag{6-22}$$

（3）一阶系统

一阶系统的输入、输出关系用一阶微分方程来描述。最一般形式的一阶微分方程为：

$$a_1\frac{dy(t)}{dt} + a_0 y(t) = b_0 x(t)$$

上式中有三个参数，通过对上式化简可改写为只有两个参数的形式：

$$\tau\frac{dy(t)}{dt} + y(t) = K_s x(t)$$

式中，$\tau = \dfrac{a_1}{a_0}$ 为时间常数；$K_s = \dfrac{b_0}{a_0}$ 为系统静态灵敏度，此式为一阶系统的标准式。τ 为一阶系统的动态特征参数，其量纲为秒（s），而 K_s 为静态参数。为了分析方便，可令 $K_s = 1$，并以这种归一化系统作为研究对象，即：

$$\tau \frac{\mathrm{d}y(t)}{\mathrm{d}t} + y(t) = x(t)$$

图 6-17 所示的三种装置分属于力学、电学、热学范畴的装置，但它们均属于一阶系统，均可用一阶微分方程来描述。

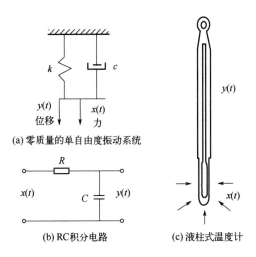

(a) 零质量的单自由度振动系统

(b) RC积分电路   (c) 液柱式温度计

图 6-17 一阶系统

以最常见的 RC 电路为例，令 $y(t)$ 为输出电压，$x(t)$ 为输入电压，则有：

$$RC \frac{\mathrm{d}y}{\mathrm{d}t} + y(t) = x(t)$$

通常令 $RC = \tau$ ，并称之为时间常数，其量纲为秒（s）。

由式（6-18）可得一阶系统的传递函数为：

$$H(s) = \frac{Y(s)}{X(s)} = \frac{1}{\tau s + 1} \tag{6-23}$$

令 $s = \mathrm{j}\omega$，得一阶系统的频响函数：

$$H(\omega) = \frac{1}{\mathrm{j}\tau\omega + 1}$$

分离实部、虚部：

$$H(\omega) = \frac{1 - \mathrm{j}\tau\omega}{1 + (\tau\omega)^2} = P(\omega) + \mathrm{j}Q(\omega) = A(\omega)\mathrm{e}^{\mathrm{i}\varphi(\omega)}$$

整理后的幅频、相频特性表达式为：

$$A(\omega) = \sqrt{P^2(\omega) + Q^2(\omega)} = \frac{1}{\sqrt{1 + (\tau\omega)^2}} \tag{6-24}$$

$$\varphi(\omega) = \arctan \frac{Q(\omega)}{P(\omega)} = -\arctan(\tau\omega) \tag{6-25}$$

式中，负号表示输出信号滞后于输入信号。

例 6.4 若例 6.1 中的系统为一阶系统，其传递函数为 $H(s) = \dfrac{1}{0.005s + 1}$ ，求系统输出 $y(t)$ 。

解：由例 6.1 可知，输入信号为：$x(t) = 0.5\cos(10t) + 0.2\cos(100t - 45°)$

根据系统的频率保持特性，输出为：

$$y(t) = Y_1\cos(10t + \varphi_1) + Y_2\cos(100t - 45° + \varphi_2)$$

只要求出 Y_1、φ_1、Y_2、φ_2 即可。

由一阶系统的传递函数可知，$\tau = 0.005$，则其幅频、相频特性为：

$$A(\omega) = \frac{1}{\sqrt{1 + (\tau\omega)^2}} = \frac{1}{\sqrt{1 + (0.005\omega)^2}}$$

$$\varphi(\omega) = -\arctan(0.005\omega)$$

$$Y_1 = A(\omega_1)X_1, \quad \varphi_1 = \varphi(\omega_1)$$

$$Y_2 = A(\omega_2)X_2, \quad \varphi_2 = \varphi(\omega_2)$$

对应于 $x_1(t)$：

$$A(\omega_1) = \frac{1}{\sqrt{1 + (0.005 \times 10)^2}} = 0.9988$$

$$\varphi(\omega_1) = -\arctan(0.005 \times 10) = -2.8624°$$

对应于 $x_2(t)$：

$$A(\omega_2) = \frac{1}{\sqrt{1 + (0.005 \times 100)^2}} = 0.8944$$

$$\varphi(\omega_2) = -\arctan(0.005 \times 100) = -26.5651°$$

则输出

$$y(t) = 0.9988 \times 0.5\cos(10t - 2.8624°) + 0.8944 \times 0.2\cos(100t - 45° - 26.5651°)$$
$$= 0.4994\cos(10t - 2.86°) + 0.1789\cos(100t - 71.56°)$$

因此，系统输出为

$$y(t) = 0.4994\cos(10t - 2.86°) + 0.1789\cos(100t - 71.56°)$$

一阶系统的伯德图和奈奎斯特图如图 6-18 所示。

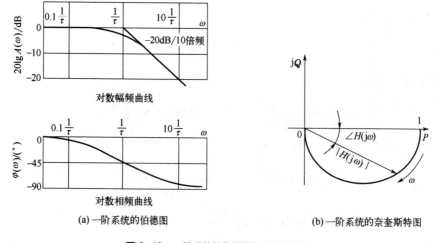

(a) 一阶系统的伯德图　　　　　　(b) 一阶系统的奈奎斯特图

图 6-18　一阶系统的伯德图和奈奎斯特图

而以无量纲系数 $\tau\omega$ 为横坐标所绘制的幅、相频率特性曲线则示于图 6-19。

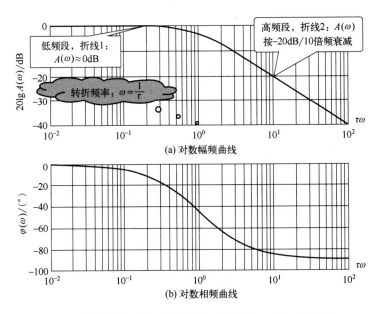

图 6-19 以无量纲系数 $\tau\omega$ 为横坐标所绘制的幅、相频率特性曲线

在一阶系统频率特性中，有几点应特别注意：

1）系统的低频与高频特性

当激励频率 ω 远小于 $\frac{1}{\tau}$ 时（约 $\omega < \frac{1}{5\tau}$），其 $A(\omega)$ 值接近于 1（误差不超过 2%），即输出、输入幅值几乎相等。当 $\omega > \frac{2 \sim 3}{\tau}$ 时，即 $\tau\omega \gg 1$ 时，$H(\omega) \approx \frac{1}{\mathrm{j}\tau\omega}$，与之相应的传递函数为 $H(s) = \frac{1}{\tau s}$，微分方程式为：

$$y(t) = \frac{1}{\tau} \int_0^t x(t)\mathrm{d}t$$

即输出和输入的积分成正比，系统相当于一个积分器。而 $A(\omega) \approx \frac{1}{\tau\omega}$，几乎与激励频率成反比，即输出衰减很大，相位滞后近 90°。故一阶测量装置适用于测量缓变或低频的被测量。

2）幅频曲线的近似折线

一阶系统的伯德图可以用一条折线来近似描述。在幅频特性曲线中，幅值的标尺取分贝（dB）数，幅频曲线的纵坐标计算式：

$$20\lg[A(\omega)] = 20\lg \frac{1}{\sqrt{1 + (\tau\omega)^2}} = -10\lg[1 + (\tau\omega)^2]$$

在 $\omega < \frac{1}{\tau}$ 段，忽略计算式中的 $(\tau\omega)$ 部分，则有 $20\lg A(\omega) \approx -10\lg(1) = 0$，这条折线为 0dB（$A(\omega) = 1$）的水平线。这段称为系统频率特性的低频段，对于低频信号，系统近似按比例不衰减传递。

在 $\omega > \frac{1}{\tau}$ 段，则有 $20\lg A(\omega) \approx -10\lg[(\tau\omega)^2] = -20\lg(\tau\omega)$，为 −20dB/10 倍频斜率的直线。这段称为系统频率特性的高频段，对于高频信号随频率增加输出信号幅值衰减很快。所谓的

"-20dB/10 倍频"是指频率每增加 10 倍，$A(\omega)$ 下降 20dB。如在图 6-19（a）中，在 $\omega \in \left(\dfrac{1}{\tau}, \dfrac{10}{\tau}\right)$ 之间，斜直线通过纵坐标相差 20dB 的两点。

从图 6-19（a）可以看出，伯德图描述幅频特性的曲线，是以转折频率为视觉中心，将系统通频带 $\omega < \dfrac{1}{\tau}$ 部分放大，而将 $\omega > \dfrac{1}{\tau}$ 部分压缩，同时对数坐标使得幅频曲线可以以一条折线近似描述实际曲线，大大方便了作图与分析。

3）系统的时间常数与转折频率

时间常数 τ 是反映一阶系统特性的重要参数，实际上决定了该装置适用的频率范围。在 $\omega = \dfrac{1}{\tau}$ 处，$A(\omega)$ 为 0.707（-3dB），相角滞后 45°。在幅频图中，"$\dfrac{1}{\tau}$"点称为转折频率，在该点近似折线偏离实际曲线的误差最大（为-3dB）。

从频率传输特性看，一阶系统的作用类似低通滤波器。对于低频输入信号，系统几乎按比例传递；而对于高频输入信号，则输出相对输入衰减很大，即高频信号不能通过一阶系统传递；而转折频率就是划分高低频的参考点。有时伯德图以 $\tau\omega$ 为横坐标，转折频率对应坐标 $\tau\omega = 1$。

一阶装置的脉冲响应函数为：

$$h(t) = \frac{1}{\tau} \mathrm{e}^{-t/\tau} \tag{6-26}$$

其图形如图 6-20 所示。

从脉冲响应看，当时间经过 1 个 τ 后，输出响应衰减到 36.8%，当经过 4 个 τ 后衰减到不足 2%。表明系统在受到扰动后恢复镇定的时间可用 τ 的倍数来衡量。

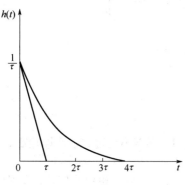

图 6-20 一阶系统脉冲响应函数

综上所述，一阶系统的时间常数 τ 是衡量系统动态的参数。从频率特性角度，转折频率 $\dfrac{1}{\tau}$ 反映了系统对于动态信号的传递能力；从脉冲响应看，反映了系统在受到扰动后恢复镇定所需时间；从阶跃响应看，反映了系统输出跟随输入的快慢程度。

（4）二阶系统

如图 6-21 所示为二阶系统的三个实例。二阶系统可用二阶微分方程式描述。二阶系统的微分方程一般式为：

$$a_2 \frac{\mathrm{d}^2 y(t)}{\mathrm{d}t^2} + a_1 \frac{\mathrm{d}y(t)}{\mathrm{d}t} + a_0 y(t) = b_0 x(t) \tag{6-27}$$

式（6-27）两端除以 a_2，经整理合并参数得：

$$\frac{\mathrm{d}^2 y(t)}{\mathrm{d}t^2} + 2\frac{a_1}{2\sqrt{a_0 a_2}}\sqrt{\frac{a_0}{a_2}} \times \frac{\mathrm{d}y(t)}{\mathrm{d}t} + \frac{a_0}{a_2} y(t) = \frac{b_0}{a_0} \times \frac{a_0}{a_2} x(t) \tag{6-28}$$

令 $\omega_{\mathrm{n}} = \sqrt{\dfrac{a_0}{a_2}}$，$\zeta = \dfrac{a_1}{2\sqrt{a_0 a_2}}$，$K_{\mathrm{s}} = \dfrac{b_0}{a_0}$。得二阶系统的标准式：

$$\frac{\mathrm{d}^2 y(t)}{\mathrm{d}t^2} + 2\zeta\omega_{\mathrm{n}} \frac{\mathrm{d}y(t)}{\mathrm{d}t} + \omega_{\mathrm{n}}^2 y(t) = K_{\mathrm{s}}\omega_{\mathrm{n}}^2 x(t) \tag{6-29}$$

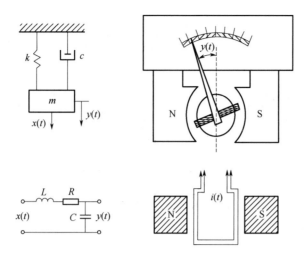

图 6-21 二阶系统实例

二阶系统的特性参数：

ω_n ——二阶系统的无阻尼固有频率；

ζ ——二阶系统的阻尼比；

K_s ——系统的静态灵敏度，反映系统在静态条件下，输出量与输入量之比，即系统在单位力作用下的静位移。

例 6.5 以质量-弹簧-阻尼系统为例解释二阶系统的特性参数。

解：从例 6.2 中可知，系统的微分方程为：$M\dfrac{\mathrm{d}^2 y(t)}{\mathrm{d}t^2} + C\dfrac{\mathrm{d}y(t)}{\mathrm{d}t} + Ky(t) = f(t)$。

对应于二阶系统标准式，则：

$\omega_n = \sqrt{\dfrac{a_0}{a_2}} = \sqrt{\dfrac{K}{M}}$，称为二阶系统无阻尼固有频率；

$\zeta = \dfrac{a_1}{2\sqrt{a_0 a_2}} = \dfrac{C}{2\sqrt{KM}}$，称为系统的阻尼比，其中 $2\sqrt{KM}$ 为二阶系统的临界阻尼；

$K_s = \dfrac{b_0}{a_0} = \dfrac{1}{K}$，为系统的静态灵敏度。

以图 6-21 中第三种实例——动圈式电表为例来讨论其基本特性。

$$J\frac{\mathrm{d}^2 y(t)}{\mathrm{d}t^2} + c\frac{\mathrm{d}y(t)}{\mathrm{d}t} + Gy(t) = K_i x(t)$$

或

$$\frac{\mathrm{d}^2 y(t)}{\mathrm{d}t^2} + 2\zeta\omega_n\frac{\mathrm{d}y(t)}{\mathrm{d}t} + \omega_n^2 y(t) = K_s\omega_n^2 x(t)$$

其中，$\omega_n = \sqrt{\dfrac{G}{J}}$，$\zeta = \dfrac{c}{\sqrt{GJ}}$，$K_s = \dfrac{K_i}{G}$，$G$ 为扭转刚度。

对微分方程做拉氏变换：

$$[s^2 + 2\zeta\omega_n s + \omega_n^2]Y(s) = K_s\omega_n^2 X(s)$$

整理并令 $K_s = 1$，得到归一化的二阶系统传递函数：

$$H(s) = \frac{Y(s)}{X(s)} = \frac{\omega_n^2}{s^2 + 2\zeta\omega_n s + \omega_n^2} \tag{6-30}$$

令 $s = j\omega$：

$$H(\omega) = \frac{\omega_n^2}{s^2 + 2\zeta\omega_n s + \omega_n^2}\bigg|_{s=j\omega} = \frac{\omega_n^2}{(j\omega)^2 + 2\zeta\omega_n(j\omega) + \omega_n^2} = \frac{\omega_n^2}{\omega_n^2 - \omega^2 + 2j\zeta\omega_n\omega}$$

得二阶系统频率响应函数：

$$H(\omega) = \frac{1}{\left(1 - \dfrac{\omega^2}{\omega_n^2}\right) + 2j\zeta\dfrac{\omega}{\omega_n}} = \frac{1}{(1 - r^2) + 2j\zeta r}$$

式中，$r = \dfrac{\omega}{\omega_n}$ 为频率比。

相应的幅、相频传输特性分别为：

$$A(\omega) = \frac{1}{\sqrt{\left(1 - \dfrac{\omega^2}{\omega_n^2}\right)^2 + 4\zeta^2\left(\dfrac{\omega}{\omega_n}\right)^2}} = \frac{1}{\sqrt{(1 - r^2)^2 + 4\zeta^2 r^2}} \tag{6-31}$$

$$\varphi(\omega) = -\arctan\frac{2\zeta\dfrac{\omega}{\omega_n}}{1 - \left(\dfrac{\omega}{\omega_n}\right)^2} = -\arctan\frac{2\zeta r}{1 - r^2} \tag{6-32}$$

对于不同的 ζ 取值，相应的幅频、相频特性曲线如图 6-22 所示。

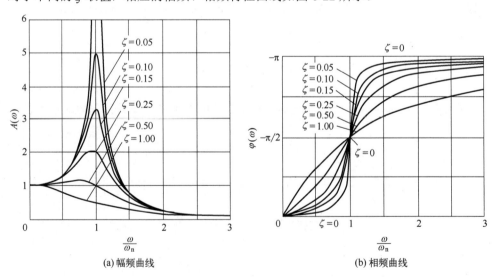

(a) 幅频曲线　　　　　　　(b) 相频曲线

图 6-22　二阶系统的幅频、相频特性曲线

图 6-23 为相应的伯德图和奈奎斯特图。

二阶系统大致有如下的特点：

① 当 $\omega \ll \omega_n$ 时，$H(\omega) \approx 1$；当 $\omega \gg \omega_n$ 时，$H(\omega) \to 0$。

② 影响二阶系统动态特性的参数是固有频率和阻尼比。然而在通常使用的频率范围中，

又以固有频率的影响最为重要。所以二阶系统固有频率 ω_n 的选择就以其工作频率范围为依据。在 $\omega = \omega_n$ 附近，系统幅频特性受阻尼比影响极大。当 $\omega \approx \omega_n$ 时，系统将发生共振，因此，作为实用装置，应该避开这种情况。然而，在测定系统本身的参数时，这种情况却是很重要。这时 $A(\omega) = \dfrac{1}{2\zeta}$，$\varphi(\omega) = -90°$，且不因阻尼比不同而改变。

③ 二阶系统的伯德图可用折线来近似。在 $\omega < 0.5\omega_n$ 段，$A(\omega)$ 可用 0dB 水平线近似表示。在 $\omega > 2\omega_n$ 段，可用斜率为 -40dB/10 倍频的直线来近似。在 $\omega \approx (0.5 \sim 2)\omega_n$ 区间，因共振现象，近似折线偏离实际曲线较大。在共振区共振峰的高低主要受阻尼比 ζ 的影响，阻尼比越小共振峰越高，受共振的区间越大。

④ 在 $\omega < \omega_n$ 段，$\varphi(\omega)$ 很小，且和频率近似成正比增加。在 $\omega > \omega_n$ 段，$\varphi(\omega)$ 趋近于 180°，即输出信号几乎和输入反相。在 ω 靠近 ω_n 区间，$\varphi(\omega)$ 随频率的变化而剧烈变化，而且 ζ 越小，这种变化越剧烈。

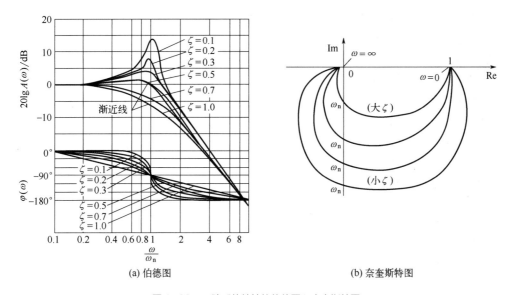

(a) 伯德图　　　　　　　　　(b) 奈奎斯特图

图 6-23　二阶系统特性的伯德图和奈奎斯特图

⑤ 二阶系统是一个振荡环节，如图 6-24 所示。

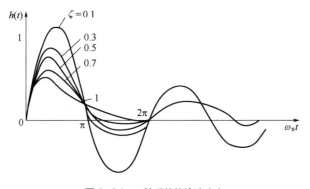

图 6-24　二阶系统的脉冲响应

二阶系统的脉冲响应函数为：

$$h(t) = \frac{\omega_n}{\sqrt{1-\zeta^2}} e^{-\zeta\omega_n t} \sin\left(\sqrt{1-\zeta^2}\,\omega_n t\right), \quad 0 < \zeta < 1 \tag{6-33}$$

从测量工作的角度来看，总是希望测量装置在宽广的频带内由频率特性不理想所引起的误差尽可能小。为此，要选择恰当的固有频率和阻尼比的组合，以获得较小的误差。

6.4.3　测试装置对典型输入的响应

工程中常通过研究系统的激励与响应之间的关系来把握系统的动态特性，即通过输入输出获得系统的动态特性。工程测试中常用的激励信号主要有：简谐激励、脉冲激励、阶跃激励等。对于上一节介绍的一、二阶系统对典型激励的响应有确定对应的形式，因此可以通过研究系统对典型激励的响应，了解系统属于哪种类型，并进一步确定系统的特性参数，如一阶系统的时间常数、二阶系统的固有频率和阻尼比。

（1）系统对简谐激励的响应

根据线性系统的频率保持特性，可知系统对简谐激励的响应是与激励同频率的简谐信号，注意简谐响应是在系统达到稳态后进行测量的，是稳态响应。根据频率响应函数的定义，我们知道简谐激励实验是获得系统频率响应函数的实验途径，系统对简谐激励的响应称为频率响应。

（2）系统对单位脉冲输入的响应

根据定义知道，系统对单位脉冲激励的响应即系统的脉冲响应函数。在实验中一般可通过锤击被测对象来实现脉冲激励，简便易行。

一阶装置的脉冲响应函数为：

$$h(t) = \frac{1}{\tau} e^{-\frac{t}{\tau}} \tag{6-34}$$

一阶系统为惯性环节，其脉冲响应为指数衰减信号。其图形如图 6-25（a）所示。

二阶系统为振荡环节，其脉冲响应为衰减振荡信号。图 6-25（b）表示不同阻尼比下的二阶系统的脉冲响应，其脉冲响应函数为：

$$h(t) = \frac{\omega_n}{\sqrt{1-\zeta^2}} e^{-\zeta\omega_n t} \sin\left(\sqrt{1-\zeta^2}\,\omega_n t\right), \quad 0 < \zeta < 1 \tag{6-35}$$

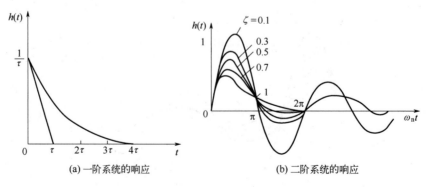

(a) 一阶系统的响应　　　　(b) 二阶系统的响应

图 6-25　系统的脉冲响应函数

通过对比两种脉冲响应曲线，可以很容易识别系统的类别。

在系统类型确定后，可通过脉冲响应确定系统的特性参数。一阶系统动态特性参数只有 1 个，为时间常数 τ，二阶系统的动态特性参数为无阻尼固有频率 ω_n 和阻尼比 ζ。

由于二阶系统的脉冲响应为衰减振荡信号，脉冲激励常用于含有振荡环节的系统实验来获得固有频率。虽然振荡频率为有阻尼固有频率 $\omega_r = \omega_n\sqrt{1-\zeta^2}$，实际应用中经常以有阻尼固有频率近似系统的固有频率。对于具有多个固有频率的复杂结构，经常将脉冲响应信号转为频域信号，在脉冲响应曲线上可以获得系统的时间常数，如图 6-25（b）所示。

（3）系统对单位阶跃输入的响应

单位阶跃输入（图 6-26）的定义为：

$$x(t) = \begin{cases} 0, & t<0 \\ 1, & t>0 \end{cases}$$

其拉氏变换为：

$$X(s) = \frac{1}{s}$$

系统的单位阶跃响应（图 6-27）分别为：

一阶系统

$$y(t) = 1 - e^{-\frac{t}{\tau}} \tag{6-36}$$

图 6-26　单位阶跃输入

二阶系统

$$y(t) = 1 - \frac{e^{-\zeta\omega_n t}}{\sqrt{1-\zeta^2}}\sin(\omega_d t - \varphi_2), \quad \zeta<1 \tag{6-37}$$

其中，　$\omega_d = \omega_n\sqrt{1-\zeta^2}$，$\varphi_2 = \arctan\dfrac{\sqrt{1-\zeta^2}}{\zeta}$

对系统的突然加载或者突然卸载可视为施加阶跃输入。施加这种输入既简单易行，又能充分揭示测量装置的动态特性，故常被采用。

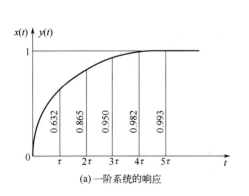

(a) 一阶系统的响应

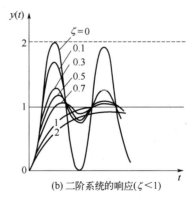

(b) 二阶系统的响应（$\zeta<1$）

图 6-27　系统的单位阶跃响应

理论上看，一阶系统在单位阶跃激励下的稳态输出误差为零。系统的初始上升斜率为 $\dfrac{1}{\tau}$。

在 $t = \tau$ 时，$y(t) = 0.632$；$t = 4\tau$ 时，$y(t) = 0.982$；$t = 5\tau$ 时，$y(t) = 0.993$。理论上，系统的响应当 t 趋向于无穷大时达到稳态。毫无疑义，一阶装置的时间常数 τ 越小越好。

二阶系统在单位阶跃激励下的稳态输出误差也为零。但是系统的影响在很大程度上取决于阻尼比 ζ 和固有频率 ω_n。系统固有频率为系统的主要结构参数所决定。ω_n 越高，系统的响应越快。阻尼比直接影响超调量和振荡次数。$\zeta = 0$ 时超调最大，为 100%，且持续振荡，达不到稳态。$\zeta \geq 1$，则系统等同于两个一阶环节的串联。此时虽然不发生振荡（即不发生超调），但也需经超长的时间才能达到稳态。如果阻尼比 ζ 选在 $0.6 \sim 0.8$ 之间，则系统以较短时间（大约 $(5\sim7)/\omega_n$）进入稳态值 ±（2%～5%）的范围内。这也是很多测量装置的阻尼比取在这区间内的理由之一。

（4）系统对任意输入的响应

工程控制学指出：输出 $y(t)$ 等于输入 $x(t)$ 和系统的脉冲响应函数 $h(t)$ 的卷积，即：

$$y(t) = x(t) * h(t) \tag{6-38}$$

它是系统输入-输出关系的最基本表达式，其形式简单，含义明确。但是，卷积计算却是一件麻烦事。利用 $h(t)$ 同 $H(s)$、$H(\omega)$ 的关系，以及拉普拉斯变换、傅里叶变换的卷积定理，可以将卷积运算变换成复数域、频率域的乘法运算，从而大大简化了计算工作。

依据式（6-38）可以证明，定常线性系统在平稳随机信号的作用下，系统的输出也是平稳随机过程。

6.4.4　实现不失真测量的条件

设有一个测量装置，其输出 $y(t)$ 和输入 $x(t)$ 满足下列关系：

$$y(t) = A_0 x(t - t_0) \tag{6-39}$$

其中，A_0 和 t_0 都是常数。

此式表明这个装置输出的波形和输入波形精确地一致，只是幅值（或者说每个瞬时值）放大了 A_0 倍，在时间上延迟了 t_0 倍，如图 6-28 所示。这种情况下，可认为测量装置具有不失真测量的特性。

现根据式（6-39）来考察测量装置实现测量不失真的频率特性。对该式做傅里叶变换，则：

$$Y(\omega) = A_0 e^{-j\omega t_0} X(\omega)$$

若考虑当 $t < 0$ 时，$x(t) = 0$，$y(t) = 0$，于是有：

$$H(\omega) = A(\omega) e^{j\varphi(\omega)} = \frac{Y(\omega)}{X(\omega)} = A_0 e^{-j\omega t_0}$$

可见，若要求装置的输出波形不失真，则其幅频和相频特性应分别满足：

$$A(\omega) = A_0 = 常数 \tag{6-40}$$

$$\varphi(\omega) = -t_0 \omega \tag{6-41}$$

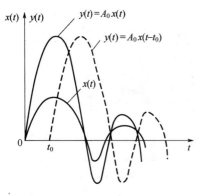

图 6-28　波形不失真

$A(\omega)$ 不等于常数时所引起的失真称为幅值失真，$\varphi(\omega)$ 与 ω 之间的非线性关系所引起的失真称为相位失真。

应当指出，满足式（6-40）和式（6-41）所示的条件后，装置的输出仍滞后于输入一定时间。如果测量的目的只是精确地测量出输入波形，那么上述条件完全满足不失真测量的要求。如果测量的结果要用来作为反馈控制信号，那么还应当注意到输出对输入的时间滞后有可能破坏系统的稳定性。这时应根据具体要求，力求减小时间滞后。

实际测量装置不可能在非常宽广的频率范围内都满足式（6-40）和式（6-41）的要求，所以通常测量装置既会产生幅度失真，也会产生相位失真。图 6-29 表示 4 个不同频率的信号通过一个具有图中 $A(\omega)$ 和 $\varphi(\omega)$ 特性的装置后的输出信号。4 个输入信号都是正弦信号（包括直流信号），在某参考时刻 $t = 0$，初始相角均为零。图中形象地显示出输出信号相对输入信号有不同的幅值增益和相角滞后。对于单一频率成分的信号，因为通常线性系统具有频率保持性，只要其幅值未进入非线性区，输出信号的频率也是单一的，也就无所谓的失真问题。对于含有多种频率成分的，显然既引起幅度失真，又引起相位失真，特别是频率成分跨越 ω_n 前、后的信号失真尤为严重。

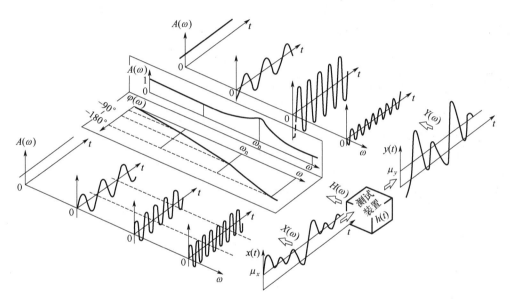

图 6-29 信号中不同频率成分通过测量装置后的输出

对实际测量装置，即使在某一频率范围内工作，也难以完全理想地实现不失真测量。人们只能努力把波形失真限制在一定的误差范围内。为此，首先要选用合适的测量装置，在测量频率范围内，其幅、相频率特性接近不失真测试条件；其次，对输入信号做必要的前置处理，及时滤去非信号频带内的噪声，尤其要防止某些频率位于测量装置共振区，引起噪声的进入。

在装置特性的选择时也应分析并权衡幅值失真、相位失真对测试的影响。例如，在振动测量中，有时只要求了解振动中的频率成分及其强度，并不关心其确切的波形变化，只要求了解其幅值谱而对相位谱无要求。这时首先要注意的应是测量装置的幅频特性。又如某些测量要求测得特定波形的延迟时间，这对测量装置的相频特性就应有严格的要求，以减小相位失真引起的测试误差。

从实现测量不失真条件和其他工作性能综合来看，对一阶装置而言，如果时间常数 τ 越小，则装置的响应越快，近于满足测试不失真条件的频带也越宽。所以一阶装置的时间常数 τ

原则上越小越好。

对于二阶装置，其特性曲线上有两个频段值得注意。在 $\omega < 0.3\omega_n$ 范围内，$\varphi(\omega)$ 的数值较小，且 $\varphi(\omega)$ - ω 特性曲线接近直线。$A(\omega)$ 在该频率范围内的变化不超过 10%，若用于测量，则波形输出失真很小。在 $\omega > (2.5 \sim 3)\omega_n$ 范围内，$\varphi(\omega)$ 接近 180°，且随 ω 变化很小。此时如果在实际测量电路或数据处理中减去固定相位差或者把测量信号反相 180°，则其相频特性基本上满足不失真测量条件。但是此时幅频特性 $A(\omega)$ 太小，输出幅值也太小。

若二阶装置输入信号的频率 ω 在 $\omega > (2.5 \sim 3)\omega_n$ 区间内，装置的频率特性受 ζ 的影响很大，需作具体分析。

一般来说，在 $\zeta \in [0.6, 0.8]$ 时，可以获得较为合适的综合特性。计算表明，对二阶系统，当 $\zeta = 0.7$ 时，在 $(0 \sim 0.58)\omega_n$ 的频率范围内，幅频特性 $A(\omega)$ 的变化不超过 5%，同时相频特性 $\varphi(\omega)$ 也接近于直线，因而所产生的相位失真也很小。

测量系统中，任何一个环节产生的波形失真，必然会引起整个系统最终输出波形失真。虽然各环节失真对最后波形的失真影响程度不一样，但是在原则上信号频带内都应使每个环节基本上满足不失真测量的要求。

6.5　测量系统特性参数的测定

要使测量装置精确可靠，不仅测量装置的定度应精确，而且需要定期校准。定度和校准就其内容来说，就是对测量装置本身特性参数的测量。

6.5.1　测试系统静态特性参数的测定

测量装置的静态特性是通过某种意义的静态标定过程确定的，因此对静态标定必须有一个明确定义。静态标定是一个实验过程，这一过程如图 6-30 所示，是在只改变测量装置的一

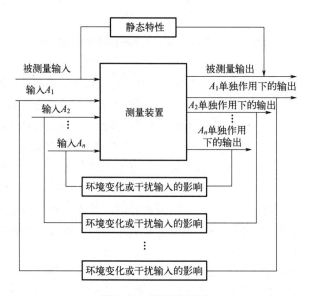

图 6-30　静态标定过程

个输入量，而其他所有可能的输入严格保持不变的情况下，测量对应的输出量，由此得到测量装置输入与输出间的关系。通常以测量装置所要测量的量为输入，得到输入与输出间的关系作为静态特性。为了研究测量装置的原理和结构细节，还要确定其他各种可能输入与输出间的关系，从而得到所有感兴趣的输入与输出的关系。除被测量外，其他所有输入与输出的关系可以用来估计环境条件的变化与干扰输入对测量过程的影响或估计由此产生的测量误差。

在静态标定的过程中只改变一个被标定的量，而其他量只能近似保持不变，严格保持不变实际上是不可能的。因此，实际标定过程中除用精密仪器测量输入量（被测量）和被标定测量装置的输出量外，还要用精密仪器测量若干环境变量或干扰变量的输入和输出，如图 6-31 所示。一个设计、制造良好的测量装置对环境变化与干扰的响应（输出）应该很小。

对装置的静态参数进行测量时，一般以经过校准的"标准"静态量作为输入，求出输入-输出特性曲线。根据这条曲线确定其回程误差，整理和确定其校准曲线、线性误差和灵敏度。所采用的输入量误差应当是不大于所要求测量结果误差的 $\frac{1}{5} \sim \frac{1}{3}$，或更小些。

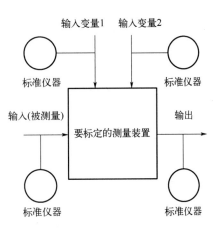

图 6-31　测量装置的标定过程

6.5.2　测试系统动态特性参数的测定

（1）频率响应法

通过稳态正弦激励试验可以求得装置的动态特性。对装置施以正弦激励，即输入 $x(t) = X_0 \sin(2\pi f t)$，在输出达到稳态后测量输出和输入的幅值比和相位差。这样可得该激励频率 f 下装置的传输特性。测试时，对测量装置施加"峰-峰"值为其量程 20% 的正弦输入信号，其频率自接近零频、足够低的频率开始，以增量方式逐点增加到较高频率，直到输出量减少到初始输出幅值的一半为止，即可得到幅频和相频特性曲线 $A(f)$ 和 $\varphi(f)$。

一般来说，在动态测量装置的性能技术文件中应附有该装置的幅频和相频特性曲线。

对于一阶装置，主要的动态特性参数是时间常数 τ。可以通过幅频和相频特性——式（6-24）和式（6-25）直接确定 τ 值。

对于二阶装置，可以从相频特性曲线直接估计其动态特性参数：固有频率 ω_n 和阻尼比 ζ。$\omega = \omega_n$ 处，输出对输入的相角滞后为 90°，该点斜率直接反映了阻尼比的大小。但是一般来说，相角测量比较困难。所以，通常通过幅频曲线估计其动态特性参数。对于欠阻尼系统（$\zeta < 1$），幅频特性曲线的峰值在稍偏离 ω_n 的 ω_d 处 [图 6-23（a）]，且：

$$\omega_d = \omega_n \sqrt{1 - \zeta^2} \tag{6-42}$$

或：

$$\omega_n = \frac{\omega_r}{\sqrt{1 - \zeta^2}}$$

当 ζ 很小时，峰值频率 $\omega_d \approx \omega_n$。从式（6-31）可得，当 $\omega = \omega_n$ 时，$A(\omega) = \frac{1}{2\zeta}$。当 ζ 很

小时，$A(\omega_n)$ 非常接近峰值。令 $\omega_1 = (1-\zeta)\omega_n$，$\omega_2 = (1+\zeta)\omega_n$，分别代入式（6-31），可得：

$$A(\omega_1) \approx \frac{1}{2\sqrt{2}\zeta} \approx A(\omega_2)$$

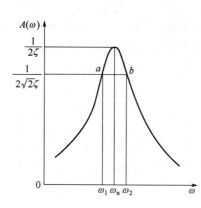

这样，幅频特性曲线上，在峰值的 $\frac{1}{\sqrt{2}}$ 处，作一条水平线和幅频曲线（图 6-32）交于 a、b 两点，它们对应的频率将是 ω_1、ω_2，而阻尼比的估计值可取为：

$$\zeta = \frac{\omega_2 - \omega_1}{2\omega_n} \tag{6-43}$$

图 6-32 二阶系统阻尼比的估计

有时，也可由 $A(\omega_d)$ 和实验中最低频的幅频特性值 $A(0)$，利用下式来求得 ζ：

$$\frac{A(\omega_d)}{A(0)} = \frac{1}{2\zeta\sqrt{1-\zeta^2}} \tag{6-44}$$

（2）阶跃响应法

用阶跃响应法求测量装置的动态特性是一种时域测试的易行方法。实践中无法获得理想的单位脉冲输入，从而无法获得装置的精确的脉冲响应函数。但是，实践中却能获得足够精确的单位脉冲函数的积分——单位阶跃函数及阶跃响应函数。

在测试时，应根据系统可能存在的最大超调量来选择阶跃输入的幅值，超调量大时，应适当选用较小的输入幅值。

1）由一阶装置的阶跃响应求其动态特性参数

简单说来，若测得一阶装置的阶跃响应，可取该输出值达到最终稳态值的 63%，所经过的时间作为时间常数 τ。但这样求得的 τ 值仅取决于某些个别的瞬时值，未涉及响应的全过程，测量结果的可靠性较差。如改用下述方法确定时间常数，可获得较可靠的结果。式（6-36）是一阶装置的阶跃响应表达式，可改写为：

$$1 - y_u(t) = \mathrm{e}^{-\frac{t}{\tau}}$$

两边取对数，有：

$$-\frac{t}{\tau} = \ln[1 - y_u(t)] \tag{6-45}$$

上式表明，$\ln[1 - y_u(t)]$ 和 t 成线性关系。因此可根据测得 $1 - y_u(t)$ 值作出 $\ln[1 - y_u(t)]$ 和 t 的关系曲线，并根据其斜率值确定时间常数 τ。显然，这种方法，运用了全部测量数据，即考虑了瞬态响应的全过程。

2）由二阶装置的阶跃响应求其动态特性参数

式（6-37）为典型欠阻尼二阶装置的阶跃响应函数表达式。它表明其瞬态响应是以角频率 $\omega_n\sqrt{1-\zeta^2}$。（称之为有阻尼固有频率 ω_d）做衰减振荡的。按照求极值的通用方法，可求得各振荡峰值所对应的时间 $t_p = 0, \dfrac{\pi}{\omega_d}, \dfrac{2\pi}{\omega_d}\cdots$。将 $t = \dfrac{\pi}{\omega_d}$ 代入式（6-37）求得最大超调量 M（图 6-33）和阻尼比 ζ 的关系式：

$$M = e^{-\left(\frac{\zeta\pi}{\sqrt{1-\zeta^2}}\right)} \tag{6-46}$$

$$\zeta = \sqrt{\frac{1}{\left(\frac{\pi}{\ln M}\right)^2 + 1}} \tag{6-47}$$

因此，在测得 M 之后，便可按上式求取阻尼比 ζ；或根据上式作出 M-ζ 图（图 6-34）再求取阻尼比 ζ。

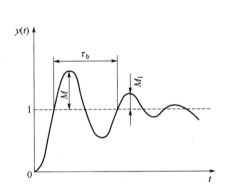

图 6-33　欠阻尼比二阶系统的阶跃响应

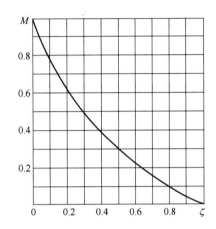

图 6-34　欠阻尼比二阶系统的 M-ζ 图

如果测得响应为较长瞬变过程，则可利用任意两个超调量 M_i 和 M_{i+n}，来求取其阻尼比，其中 n 是该两峰值相隔的整周期数。设 M_i 和 M_{i+n} 所对应的时间分别为 t_i 和 t_{i+n}，显然有：

$$t_{i+n} = t_i + \frac{2n\tau}{\omega_n\sqrt{1-\omega^2}}$$

将其代入二阶装置的阶跃响应 $y_u(t)$ 的表达式——式（6-37），经整理后可得：

$$\zeta = \sqrt{\frac{\delta_n^2}{\delta_n^2 + 4\pi^2 n^2}} \tag{6-48}$$

其中：

$$\delta_n = \ln\frac{M_i}{M_{i+n}} \tag{6-49}$$

根据上两式，即可按实测得到的 M_i 和 M_{i+n}，经 δ_n 而求取 ζ。考虑到 $\zeta < 0.3$ 时，以 1 代替 $\sqrt{1-\zeta^2}$ 进行近似计算不会产生过大的误差，则式（6-48）可简化为：

$$\zeta \approx \frac{\ln\dfrac{M_i}{M_{i+n}}}{2\pi n} \tag{6-50}$$

6.6　负载效应

测量装置或测量系统是由传感器、测量电路、前置放大、信号调理、……，直到数据存储或显示等环节组成。若是数字系统,则信号要通过 A/D 转换环节传输到数字环节或计算机,实现结果显示、存储或 D/A 转换等。当传感器安装到被测物体上或进入被测介质后,要从物体与介质中吸收能量或产生干扰,使被测物理量偏离原有的量值,从而不可能实现理想的测量,这种现象称为负载效应。这种效应不仅发生在传感器与被测物体之间,而且存在于测量装置的上述各环节之间。对于电路间的级连来说,负载效应的程度决定于前级的输出阻抗和后级的输入阻抗。将其推广到机械或其他非电系统,就是本章要讨论的广义负载效应和广义阻抗的概念。测量装置的负载特性是其固有特性,在进行测量或组成测量系统时,要考虑这种特性并将其影响降到最小。

在实际测量工作中,测量系统和被测对象之间、测量系统内部各环节之间互相连接必然产生相互作用。接入的测量装置,构成被测对象的负载。后接环节总是成为前面环节的负载,并对前面环节的工作状况产生影响。两者总是存在着能量交换和相互影响,以致系统的传递函数不再是各组成环节传递函数的叠加(如并联时)或连乘(如串联时)。

6.6.1 负载效应

前面曾在假设相连接环节之间没有能量交换,因而在环节互联前后各环节仍保持原有的传递函数的基础上导出了环节串、并联后所形成的系统的传递函数表达式(6-13)、式(6-18)。然而这种只有信息传递而没有能量交换的连接,在实际系统中甚少遇到。只有不接触的辐射源信息探测器,如可见光和红外探测器或其他射线探测器,才可算是这类连接。

当一个装置连接到另一个装置上,并发生能量交换时,就会发生两种现象:

① 前装置的连接处甚至整个装置的状态和输出都将发生变化。

② 两个装置共同形成一个新的整体,该整体虽然保留其两组成装置的某些主要特征,但其传递函数已不能用式(6-13)和式(6-18)来表达。某装置由于后接另一装置而产生的种种现象,称为负载效应。

负载效应产生的后果,有的可以忽略,有的却是很严重的,不能对其掉以轻心。下面用一些例子来说明负载效应的严重后果。

集成电路芯片温度虽高但功耗很小,一般为几十毫瓦,相当于一个小功率的热源。若用一个带探针的温度计去测其结点的工作温度,显然温度计会从芯片吸收可观的热量而成为芯片的散热元件,这样不仅不能测出正确的结点工作温度,而且整个电路的工作温度都会下降。又如,在一个单自由度振动系统的质量块 m 上连接一个质量为 m_f 的传感器,致使参与振动的质量成为 $m+m_f$,从而导致系统固有频率的下降。

现以简单的直流电路(图 6-35)为例来看看负载效应的影响。

不难算出电阻器 R_2 电压降 $U_0 = \dfrac{R_2}{R_2 + R_1} E$。为了测量该量,

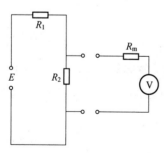

图 6-35 直流电流中的负载效应

可在 R_2 两端并联一个内阻为 R_m 的电压表。这时,由于 R_m 的接入,R_2 和 R_m 两端的电压降 U 变为:

$$U = \frac{R_L}{R_1 + R_L} E = \frac{R_m R_2}{R_1(R_m + R_2) + R_m R_2} E$$

式中，由于 $\dfrac{1}{R_{\mathrm{L}}}=\dfrac{1}{R_2}+\dfrac{1}{R_{\mathrm{m}}}$，则有 $R_{\mathrm{L}}=\dfrac{R_2 R_{\mathrm{m}}}{R_{\mathrm{m}}+R_2}$。显然，由于接入测量电表，被测系统（原电路）状态及被测量（R_2 的电压降）都发生了变化。原来的电压降为 U_0，接入电表后，变为 U，$U \neq U_0$，两者的差值随 R_{m} 的增大而减小。为了定量说明这种负载效应的影响程度，令 $R_1 = 100\mathrm{k}\Omega$，$R_2 = R_{\mathrm{m}} = 150\mathrm{k}\Omega$，$E = 150\mathrm{V}$，代入上式，可以得到 $U_0 = 90\mathrm{V}$，而 $U = 64.3\mathrm{V}$，误差竟然达到 28.6%。若 R_{m} 改为 $1\mathrm{M}\Omega$，其余不变，则 $U = 84.9\mathrm{V}$，误差为 5.7%。此例充分说明了负载效应对测量结果的影响有时会很大。

6.6.2 减轻负载效应的措施

减轻负载效应所造成的影响，需要根据具体的环节、装置来具体分析，而后采取措施。对于电压输出的环节，减轻负载效应的办法有：

① 提高后续环节（负载）的输入阻抗；

② 在原来两个相连接的环节之中，插入高输入阻抗、低输出阻抗的放大器，以便一方面减小从前面环节吸取的能量，另一方面在承受后一环节（负载）后又能减小电压输出的变化，从而减轻总的负载效应；

③ 使用反馈或零点测量原理，使后面环节几乎不从前环节吸取能量，如用电位差计测量电压等。

如果将电阻抗的概念推广为广义阻抗，那么就可以比较简洁地研究各种物理环节之间的负载效应。

总之，在测试工作中，应当建立系统整体的概念，充分考虑各种装置、环节连接时可能产生的影响。接入的测量装置就成为被测对象的负载，将会引起测量误差。两环节的连接，后环节将成为前环节的负载，产生相应的负载效应。在选择成品传感器时，必须仔细考虑传感器对被测对象的负载效应。在组成测试系统时，要考虑各组成环节之间连接时的负载效应，尽可能减小负载效应的影响。对于成套仪器系统来说，各组成部分之间相互影响，仪器生产的厂家应该对此具有充分的考虑，使用者只需考虑传感器对被测对象所产生的负载效应。

6.7 测量装置的抗干扰

测量装置在测量过程中要受到各种干扰，包括电源干扰、环境干扰（电磁场、声、光、温度、振动等干扰）和信道干扰。这些干扰的影响决定于测量装置的抗干扰性能，并且与所采取的抗干扰措施有关。本节讨论这些干扰与测量装置的耦合机理与叠加到被测信号上形成的污染，同时讨论有效的抗干扰技术（如合理接地等）。

对于多通道测量装置，理想的情况应该是各通道完全独立或完全隔离，即通道间不发生耦合与相互影响。实际上通道间存在一定程度的相互影响，即存在通道间的干扰。因此，多通道测量装置应该考虑通道间的隔离性能。

在测试过程中，除了待测信号以外，各种不可见的、随机的信号可能出现在测量系统中。这些信号与有用信号叠加在一起，会严重歪曲测量结果。轻则测量结果偏离正常值，重则淹没了有用信号，无法获得测量结果。测量系统中的无用信号就是干扰。显然，一个测试系统抗干扰能力的大小在很大程度上决定了该系统的可靠性，是测量系统重要特性之一。因此，认识干扰信号，重视抗干扰设计是测试工作中不可忽视的问题。

6.7.1 测量装置的干扰源

测量装置的干扰来自多方面：机械振动或冲击会对测量装置（尤其传感器）产生严重的

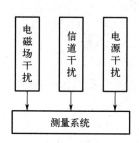

图 6-36 测量装置的主要
干扰源

干扰；光线对测量装置中的半导体器件会产生干扰；温度的变化会导致电路参数的变动，产生干扰；电磁的干扰；等等。

干扰窜入测量装置有三条主要途径（图 6-36）：

① 电磁场干扰。干扰以电磁波辐射的方式经空间窜入测量装置。

② 信道干扰。信号在传输过程中，通道中各元器件产生的噪声或非线性畸变所造成的干扰。

③ 电源干扰。这是由电源波动、市电电网干扰信号的窜入以及装置供电电源电路内阻引起各单元电路相互耦合造成的干扰。

一般说来，良好的屏蔽及正确的接地可除去大部分的电磁波干扰。而绝大部分测量装置都需要供电，所以外部电网对装置的干扰以及装置内部通过电源内阻相互耦合造成的干扰对装置的影响最大。因此，如何克服通过电源造成的干扰应重点注意。

6.7.2 供电系统的干扰及其抗干扰

由于供电电网面对各种用户，电网上并联着各种各样的用电器。用电器（特别是感应性用电器，如大功率电动机）在开、关机时都会给电网带来强度不一的电压跳变。这种跳变的持续时间很短，人们称之为尖峰电压。在有大功率耗电设备的电网中，经常可以检测到在供电的 50Hz 正弦波上叠加着有害的 1000V 以上的尖峰电压。它会影响测量装置的正常工作。

（1）电网电源噪声

把供电电压跳变的持续时间 $\Delta t > 1s$ 的情况，称为过压和欠压噪声。供电电网内阻过大或网内用电器过多会造成欠压噪声。三相供电零线开路可能造成某相过压。把供电电压跳变的持续时间 $1ms < \Delta t < 1s$ 的情况，称为浪涌和下陷噪声。它主要产生于感应性用电器（如大功率电动机）在开、关机时产生的感应电动势。

　　把供电电压跳变的持续时间$\Delta t < 1\text{ms}$ 的情况，被称为尖峰噪声。这类噪声产生的原因较复杂，用电器间断的通断产生的高频分量、汽车点火器所产生的高频干扰耦合到电网都可能产生尖峰噪声。

　　（2）供电系统的抗干扰

　　供电系统常采用下列几种抗干扰措施：

　　① 交流稳压器。它可消除过压、欠压造成的影响，保证供电的稳定。

　　② 隔离稳压器。由于浪涌和尖峰噪声主要成分是高频分量，它们不通过变压器级圈之间互感耦合，而是通过线圈间寄生电容进行耦合。隔离稳压器一次侧和二次侧之间采用屏蔽层隔离，可以减少级间耦合电容，从而减少高频噪声的窜入。

　　③ 低通滤波器。它可滤去大于 50Hz 市电基波的高频干扰。对于 50Hz 市电基波，则通过整流滤波后也可完全滤除。

　　④ 独立功能块单独供电。电路设计时，有意识地把各种功能的电路（如前置、放大、A/D 等电路）单独设置供电系统电源。这样做可以基本消除各单元因共用电源而引起相互耦合所造成的干扰。图 6-37 是合理的供电配置的示例。

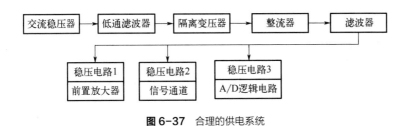

图 6-37　合理的供电系统

6.7.3　信道通道的干扰及其抗干扰

　　（1）信道干扰的种类

　　信道干扰有下列几种：

　　① 信道通道元器件噪声干扰。它是由测量通道中各种电子元器件所产生的热噪声（如电阻器的热噪声、半导体元器件的散粒噪声等）造成的。

　　② 信号通道中信号的窜扰。元器件排放位置和线路板信号走向不合理会造成这种干扰。

　　③ 长线传输干扰。对于高频信号来说，当传输距离与信号波长可比时，应该考虑此种干扰的影响。

　　（2）信道通道的抗干扰措施

　　信道通道通常采用下列抗干扰措施：

　　① 合理选用元器件和设计方案，如尽量采用低噪声材料，放大器采用低噪声设计，根据测量信号频谱合理选择滤波器等。

　　② 印制电路板设计时元器件排放合理，小信号区与大信号区要明确分开，并尽可能地远离；输出线与输出线间避免靠近或平行；有可能产生电磁辐射的元器件（如大电感元器件、变压器等）尽可能地远离输入端；合理的接地和屏蔽。

　　③ 在有一定传输长度的信号输出中，尤其是数字信号的传输可采用光耦合隔离技术、双绞线传输方式。双绞线可最大可能地降低电磁干扰的影响。对于远距离的数据传送，可采用

平衡输出驱动器和平衡输入的接收器。

6.7.4 接地设计

测量装置中的地线是所有电路公共的零电平参考点。理论上，地线上所有位置的电平应该相同。然而，由于各个地点之间必须用具有一定电阻的导线连接，一旦有地电流流过时，就有可能使各个地点的电位产生差异。同时，地线是所有信号的公共点，所有信号电流都要经过地线。这就可能产生公共地电阻的耦合干扰。地线的多点相连也会产生环路电流。环路电流会与其他电路产生耦合。所以，严格设计地线和接地点对于系统的稳定是十分重要的。

常用的接地方式有下列几种，可供选择。

（1）单点接地

各单元电路的地点接在一点上，称为单点接地，如图 6-38 所示。其优点是不存在环形回路，因而不存在环路地电流。各单元电路地点电位只与本电路的地电流及接地电阻有关，相互干扰较小。

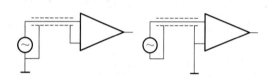

图 6-38 单点接地

（2）串联接地

各单元电路的地点顺序连接在一条公共的地线上，如图 6-39（a）所示，称为串联接地。显然，电路 1 与电路 2 之间的地线流着电路 1 的地电流，电路 2 与电路 3 之间流着电路 1 和电路 2 的地电流之和，依此类推。因此，每个电路的地电位都受到其他电路的影响，干扰通过公共地线相互耦合。但因接法简便，虽然接法不合理，还是常被采用。采用时应注意：

① 信号电路应尽可能靠近电源，即靠近真正的地点。

② 所有地线应尽可能粗些，以降低地线电阻。

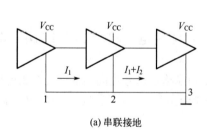

(a) 串联接地

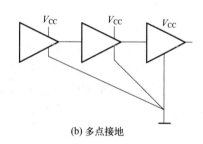

(b) 多点接地

图 6-39 多点接地

（3）多点接地

做电路板时应把尽可能多的地方做成地，或者说，把地做成一片。这样就有尽可能宽的接地母线及尽可能低的接地电阻。各单元电路就近接到接地母线，如图 6-39（b）所示。接地母线的一端接到供电电源的地线上，形成工作接地。

（4）模拟地和数字地

现代测量系统都同时具有模拟电路和数字电路。由于数字电路在开关状态下工作，电流起伏波动大，很有可能通过地线干扰模拟电路。如有可能应采用两套整流电路分别供电给模拟电路和数字电路，它们之间采用光耦合器耦合，如图 6-40 所示。

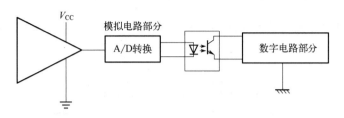

图 6-40 模拟地和数字地

本章小结

本章主要内容包括：测试装置的基本要求、线性系统及其主要特性、测试系统的静态性能、测试系统的动态性能、测试系统特性参数的测定、测试系统的负载效应及抗干扰。

本章学习的要点是：掌握测试装置的基本要求，线性系统微分方程及其主要特性，测试系统静态性能的基本概念及评定指标，测试系统动态性能的数学描述，典型系统的动态特性，测试装置对典型输入的响应，实现不失真测量的条件等相关的概念、理论和方法；了解测量系统特性参数的测定方法、测试系统的负载效应及减轻负载效应的措施；了解测试系统的干扰源类型及抗干扰措施。

 思考题与习题

6-1 测试系统的基本要求有哪些？

6-2 什么叫线性度、校准曲线和理想直线？如何表示？获得理想直线的方法有哪些？

6-3 描述测试系统的静态特性指标有哪些？并解释其各自概念。

6-4 一阶和二阶测试系统的动态特性参数有哪些？这些参数的取值对系统性能有何影响？一般采用什么取值原则？

6-5 进行某动态压力测量时，所采用的压电式力传感器的灵敏度为 90.9nC/MPa，将它与增益为 0.005V/nC 的电荷放大器相连，而电荷放大器的输出接到一台笔式记录仪上，记录仪的灵敏度为 20mm/V。计算这个测量系统的总灵敏度。当压力变化为 3.5MPa 时，记录笔在记录纸上的偏移量是多少？

6-6 用一个时间常数为 0.35s 的一阶装置去测量周期分别为 1s、2s 和 5s 的正弦信号，问幅值误差是多少？

6-7 求周期信号 $x(t) = 0.5\cos(10t) + 0.2\cos(100t - 45°)$ 通过传递函数为 $H(s) = \dfrac{1}{0.005s + 1}$ 的装置后得到的稳态响应。

6-8 气象气球携带一种时间常数为 15s 的一阶温度计，以 5m/s 的上升速度通过大气层。设温度按每升高 30m 下降 0.15℃的规律而变化，气球将温度和高度的数据用无线电送回地面。在 3000m 处所记录的温度为-1℃，试问实际出现-1℃的真实高度是多少？

6-9 想用一个一阶系统做 100Hz 正弦信号的测量，如要求限制振幅误差在 5%以内，那么时间常数应取多少?若用该系统测量 50Hz 正弦信号，问此时的振幅误差和相角差是多少?

6-10 试说明二阶装置阻尼比 ζ 取值范围多为 0.6～0.7 的原因。

6-11 将信号 $\cos(\omega t)$ 输入一个传递函数为 $H(s) = \dfrac{1}{\tau s + 1}$ 的一阶装置后，试求其稳态输出 $y(t)$ 的表达式。

6-12 求频率响应函数为 $\dfrac{3155072}{(1+0.01\mathrm{j}\omega)(1577536+1776\mathrm{j}\omega - \omega^2)}$ 的系统对正弦输入 $x(t) = 10\sin(62.8t)$ 的稳态响应。

6-13 求传递函数分别为 $\dfrac{1.5}{3.5s+0.5}$ 和 $\dfrac{41\omega_n^2}{s^2+1.4\omega_n s+\omega_n^2}$ 的两环节串联后组成的系统的总灵敏度（不考虑负载效应）。

6-14 设某力传感器可作为二阶振荡系统处理。已知传感器的固有频率为 800Hz，阻尼比 $\zeta = 0.14$，问使用该传感器做频率为 400Hz 的正弦测试时，其幅值比 $A(\omega)$ 和相角差 $\varphi(\omega)$ 各为多少？若该装置的阻尼比改为 $\zeta = 0.7$，$A(\omega)$ 和 $\varphi(\omega)$ 又将如何变化？

6-15 对一个可视为二阶系统的装置输入一单位阶跃函数后，测得其响应的第一个超调量峰值为 1.5，振荡周期为 6.23s，已知该装置的静态增益为 3，求该装置的传递函数和该装置在无阻尼固有频率处的频率响应。

6-16 对一个典型二阶系统输入一脉冲信号，从响应的记录上看，其振荡周期为 4ms，第 3 个和第 11 个振荡的单峰值分别为 12mm 和 4mm。试求该系统的固有频率和阻尼比。

第 **7** 章

常用传感器与敏感元件

传感器的概念来自"感觉"一词，为了研究自然现象，仅仅靠人的五官获取外界信息是远远不够的，于是人们发明了能代替或补充人体五官功能的传感器，工程上也将传感器称为"变换器"。由于传感器总是处于测试系统的最前端，用于获取检测信息，其性能将直接影响整个测试工作的质量，因此传感器已经成为现代测试系统中的关键组成。

7.1 概述

7.1.1 传感器的定义与组成

（1）传感器定义

工程测量中通常把直接作用于被测量，并能按一定方式将其转换成同种或别种量值输出的器件，称为传感器。

传感器是测试系统的一部分，其作用类似于人类的感觉器官。它把被测量，如力、位移、温度等物理量转换为易测信号或易传输信号。因而也可以把传感器理解为能将被测量转换为与之对应的，易检测、易传输或易处理信号的装置。

传感器也可认为是人类感官的延伸，因为借助传感器可以去探测那些人们无法用或不便用感官直接感知的事物。例如，用热电偶可以测得炽热物体的温度；用超声波换能器可以测得海水深度及水下地貌形态；用红外遥感器可从高空探测地面形貌、河流状态及植被的分布等。因此，可以说传感器是人们认识自然界事物的有力工具，是测量仪器与被测事物之间的接口。

在工程上也把提供与输入量有特定关系的输出量的器件称为测量变换器。传感器就是输入量为被测量的测量变换器。

传感器处于测试装置的输入端，是测试系统的第一个环节，其性能直接影响整个测试系统，对测试精度至关重要。

（2）传感器的构成

传感器可以是一个元件也可以是一个装置。作为装置的传感器根据功能一般可由三个部分构成：敏感元件、传感元件和辅助器件。直接受被测量作用的元件称为传感器的敏感元件；传感元件可感受敏感元件的输出再输出电量；若传感元件的电量为电参数，则需要辅助器件（电路）将电参数转变为电压、电流等易于传输的形式（图 7-1）。

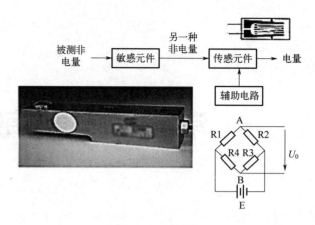

图 7-1   传感器的构成

7.1.2   常用传感器分类

工程中常用传感器的种类繁多，往往一种物理量可用多种类型的传感器来测量，而同一种传感器也可用于多种物理量的测量。

传感器有多种分类方法，如表 7-1 所示。按被测物理量的不同，可分为位移传感器、力传感器、温度传感器等；按传感器工作原理的不同，可分为机械式传感器、电气式传感器、光学式传感器、流体式传感器等；按信号变换特征，也可概括分为物性型传感器与结构型传感器；根据敏感元件与被测对象之间的能量关系，也可分为能量转换型传感器与能量控制型传感器；按输出信号分类，可分为模拟式传感器和数字式传感器等。

表 7-1   传感器分类

按被测物理量	按工作原理	按信号变换特征	根据能量关系	按输出信号分类
位移传感器 力传感器 温度传感器 等	机械式传感器 电气式传感器 光学式传感器 流体式传感器 等	物性型传感器 结构型传感器	能量转换型传感器 能量控制型传感器	模拟式传感器 数字式传感器

物性型传感器依靠敏感元件材料本身物理性质的变化来实现信号变换。例如，水银温度计是利用了水银的热胀冷缩性质；压力测力计利用的是石英晶体的压电效应等。

结构型传感器则是依靠传感器结构参数的变化来实现信号转变。例如，电容式传感器依靠极板间距离变化引起电容量的变化；电感式传感器依靠衔铁位移引起自感或互感的变化。

能量转换型传感器，也称无源传感器，是直接由被测对象输入能量使其工作的。例如，热电偶温度计、弹性压力计等。在这种情况下，由于被测对象与传感器之间存在能量交换，必然会导致被测对象状态的变化和测量误差。

能量控制型传感器，也称有源传感器，是从外部供给能量使传感器工作的（图 7-2），并且由被测量来控制外部供给能量的变化。例如，电阻应变计中电阻接于电桥上，电桥工作能源由外部供给，而由被测量变化所引起电阻变化来控制电桥输出。电阻温度计、电容式测振仪等均属此种类型。

图 7-2　能量控制型传感器的
　　　　　工作原理

另一种传感器是以外信号（由辅助能源产生）激励被测对象，传感器获取的信号是被测对象对激励信号的响应，它反映了被测对象的性质或状态。例如，超声波探伤仪、γ 射线测厚仪、X 射线衍射仪等。

需要指出的是，不同情况下，传感器可能只有一个，也可能有几个换能元件，也可能是一个小型装置。例如，电容式位移传感器是位移-电容变化的能量控制型传感器，可以直接测量位移；而电容式压力传感器，则经过压力—膜片弹性变形（位移）—电容变化的转换过程。此时，膜片是一个由机械量—机械量的换能件，由它实现第一次变换；同时它又与另一极板构成电容器，用来完成第二次转换。再如电容型伺服式加速度计（也称力反馈式加速度计），实际上是一个具有闭环回路的小型测量系统，如图 7-3 所示。这种传感器较一般开环式传感器具有更高的精确度和稳定性。

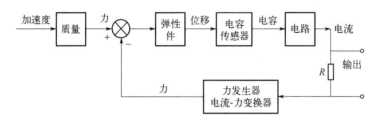

图 7-3　伺服加速度计传感器

表 7-2 汇总了机械工程中常用传感器的基本类型及其名称、被测量、性能指标等。

表 7-2　机械工程中常用传感器

类型	名称	变换量	被测量	应用举例	性能指标（一般参考）
机械式	测力环	力-位移	力	三等标准测力仪	测量范围 $10 \sim 10^5$N 示值误差 ±(0.3~0.5)%
	弹簧	力-位移	力	弹簧秤	—
	波纹管	压力-位移	压力	压力表	测量范围 500Pa～0.5MPa
	波登管	压力-位移	压力	压力表	测量范围 0.5Pa～1000MPa
	波纹膜片	压力-位移	压力	压力表	测量范围小于 500Pa
	双金属片	温度-位移	温度	温度计	测量范围 0～300℃
	微型开关	力-位移	物体尺寸、位置、有无		
电磁及光电子式	电位计	位移-电阻	位移	直线电位计	分辨力 0.025～0.05mm 线性误差 0.05%～0.1%
	电阻丝应变片	形变-电阻	力、位移、应变	应变仪	最小应变 1～2με
	半导体应变片	形变-电阻	力、加速度		最小测力 0.1～1N
	电容	位移-电容	位移、力、声	电容测微仪	分辨力 0.025μm
	电涡流	位移-自感	位移、测厚、硬度	涡流式测振仪	测量范围 0～15mm 分辨力 1μm

类型	名称	变换量	被测量	应用举例	性能指标（一般参考）
电磁及光电子式	磁电	速度-电势	速度	磁电式速度计	频率 2～500kHz 振幅±1mm
	电感	位移-自感	位移、力	电感测微移	分辨力 0.5μm
	差动变压器	位移-互感	位移、力	电感比较仪	分辨力 0.5μm
	压电元件	力-载荷	力、加速度	测力计	分辨力 0.01N
	压电元件	力-载荷	力、加速度	加速度计	频率 0.1～20kHz 测量范围 10^{-2}～10^5m/s^2
	压磁元件	力-磁导率	力、扭矩	测力计	—
	热电偶	温度-电势	温度	热电温度计 （铂锗-铂）	测量范围 0～1600℃
	霍尔元件	位移-电势	位移、探伤	位移传感器	测量范围 0～2mm 直线性 1%
	热敏电阻	温度-电阻	温度	半导体温度计	测量范围-10～200℃
	气敏电阻	气体浓度-电阻	可燃气体	气敏检测仪	
	光敏电阻	光-电阻	开、关量		
	光电池	光-电压		硒光电池	灵敏度 500μA/lm
	光敏晶体管	光-电流	转速、位移	光电转速仪	最大截止频率 50kHz
	光纤	声-光相位调制传光型	声压 温度	水听器 光纤辐射温度计	检测最小声压 1μPa 测量范围 700～1100℃ 测量误差小于 5℃
	光电管	光电、数显	长度、角度	光学测长仪	测量范围 0～500mm 最小划分值 0.1μm
	光栅	光-电	长度	长光栅	测程 3m 分辨力 0.05μm
			角度	圆光栅	分辨力 0.1″
辐射型	红外	热-电	温度、物体有无	红外测温仪	测量范围-10～1300℃ 分辨力 0.1℃
	X 射线	散射、干涉、穿透	测厚、探伤、应力、成分分析	X 射线应力仪	
	γ射线	对物质穿透	测厚、探伤	γ 射线测厚仪	
	激光	光波干涉	长度、位移转角 加速度	激光测长仪 激光干涉测振仪	测距 2m 分辨力 0.2μm 振幅 ±(3～5)×10^{-4}mm 频率 3～5kHz
	超声	超声波反射、穿透	厚度、探伤	超声波测厚仪	测量范围 4～40m 测量精密度±0.25mm
	β射线	穿透	厚度		
流体式	气动	尺寸-压力	尺寸、物体大小	气动量仪	可测最小直径 0.05～0.076mm
		间隙-压力	距离	气动量仪	测量间隙 6mm 分辨力 0.025mm
		压力-尺寸	尺寸、间隙	浮标式气动量仪	放大倍率 1000～10000 测量间隙 0.05～0.2mm
	液体	压力平衡	压力	活塞压力计	测量精密度 0.02%～0.2%
		液体静压变化	流量	节流式流量计	
		液体阻力变化	流量	转子式流量计	

7.2　机械式传感器及仪器

机械式传感器应用很广。在测试技术中，常常以弹性体作为传感器的敏感元件。它的输入量可以是力、压力、温度等物理量，而输出则为弹性元件本身的弹性变形（或应变）。这种变形可转变成其他形式的变量，如被测量可放大而成为仪表指针的偏转，借助刻度指示出被测量的大小。图 7-4 便是这种传感器的典型应用实例。

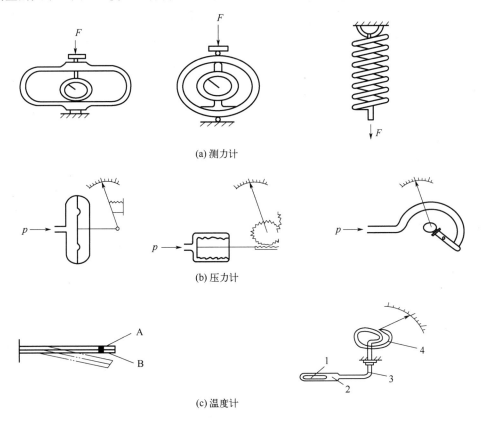

(a) 测力计

(b) 压力计

(c) 温度计

图 7-4　典型机械式传感器

1—酒精；2—感温桶；3—毛细管；4—波登管；A、B—双金属片

机械式传感器做成的机械式指示仪表具有结构简单、可靠、使用方便、价格低廉、读数直观等优点。但弹性变形不宜过大，以减小线性误差。此外，由于放大和指示环节多为机械传动，不仅受间隙影响，而且惯性大，固有频率低，只宜用于检测缓变或静态被测量。

为了提高测量的频率范围，可先用弹性元件将被测量转换成位移量，然后用其他形式的传感器（如电阻、电容、电涡流式等）将位移量转换成电信号输出。

弹性元件具有蠕变、弹性后效等现象。材料的蠕变与承载时间、载荷大小、环境温度等因素有关。而弹性后效则与材料应力松弛和内阻尼等因素有关。这些现象最终都会影响到输出与输入的线性关系。因此，应用弹性元件时，应从结构设计、材料选择和处理工艺等方面采取有效措施来改善上述诸现象产生的影响。

　　近年来，在自动检测、自动控制技术中广泛应用的微型探测开关亦被看作机械式传感器。这种开关能把物体的运动、位置或尺寸变化转换为接通、断开信号。图 7-5 为这种开关中的一种。它由两个簧片组成，在常态下处于断开状态。当它与磁性块接近时，簧片被磁化而接合，成为接通状态。只有当钢制工件通过簧片和电磁铁之间时，簧片才会被磁化而接合，从而可测出工件通过。这类开关，可用于探测物体有无、位置、尺寸、运动状态等。

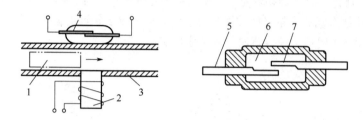

图 7-5　微型探测开关

1—工件；2—电磁铁；3—导槽；4—簧片开关；5—电极；6—惰性气体；7—簧片

7.3　常用传感器及应用

7.3.1　电阻式传感器

　　电阻式传感器是一种把被测量转换为电阻变化的传感器。按其工作原理可分为变阻器式和电阻应变式两类。

　　（1）变阻器式传感器

　　1）变阻器式传感器的工作原理

　　变阻器式传感器亦称为电位计式传感器，它通过改变电位器触头位置，将位移转换为电阻 R 的变化。已知电阻表达式为：

$$R = \rho \frac{l}{A} \tag{7-1}$$

　　式中，ρ 为电阻率，$\Omega \cdot m$；l 为电阻丝长度，m；A 为电阻丝截面积，m^2。

　　如果电阻丝直径和材质一定时，则电阻值随导线长度而变化。

　　常用变阻器式传感器有直线位移型、角位移型和非线性型等，如图 7-6 所示。图 7-6（a）为直线位移型，触点 C 沿变阻器移动，若移动 x，则 C 点与 A 点之间的电阻值为 $R = k_1 x$。传感器灵敏度为：

$$s = \frac{\mathrm{d}R}{\mathrm{d}x} = k_1 \tag{7-2}$$

　　式中，k_1 为单位长度的电阻值。

　　当导线分布均匀时，k_1 为一常数。这时传感器的输出（电阻）R 与输入（位移）x 成线性关系。

　　图 7-6（b）为回转型变阻式传感器，其电阻值随电刷转角而变化。其灵敏度为：

$$s = \frac{\mathrm{d}R}{\mathrm{d}\alpha} = k_{\alpha} \qquad (7\text{-}3)$$

式中，α 为电刷转角，rad；k_{α} 为单位弧度所对应的电阻值。

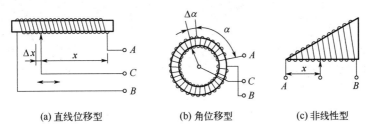

(a) 直线位移型　　　　(b) 角位移型　　　　(c) 非线性型

图 7-6　变阻器式传感器

图 7-6（c）是一种非线性变阻器式传感器，或称为函数电位器。其骨架形状根据所要求的输出 $f(x)$ 来决定。例如，输出 $f(x) = kx^2$，其中 x 为输入位移。为要使输出电阻值 $R(x)$ 与 $f(x)$ 呈线性关系，变阻器骨架应做成直角三角形。如果输出要求为 $f(x) = kx^3$，则应采用抛物线形骨架。

2）测量电路

变阻器式传感器的后接电路，一般采用电阻分压电路，如图 7-7 所示。在直流激励电压 U_{e} 的作用下，传感器将位移变成输出电压的变化。当电刷移动 x 距离后，传感器的输出电压 U_{o} 可用下式计算：

$$U_{\mathrm{o}} = \frac{U_{\mathrm{e}}}{\dfrac{x_{\mathrm{p}}}{x} + \left(\dfrac{R_{\mathrm{p}}}{R_{\mathrm{L}}}\right)\left(1 - \dfrac{x}{x_{\mathrm{p}}}\right)} \qquad (7\text{-}4)$$

式中，R_{p} 为变阻器的总电阻，Ω；x_{p} 为变阻器的总长度，m；R_{L} 为后接电路的输入电阻，Ω。

上式表明，只有当 $R_{\mathrm{p}}/R_{\mathrm{L}}$ 趋于零时，输出电压 U_{o} 才与位移成线性关系。计算表明，当 $R_{\mathrm{p}}/R_{\mathrm{L}} < 0.1$ 时，线性误差小于满刻度输出的 1.5%。由负载效应引起的位移与输出电压关系曲线如图 7-8 所示。

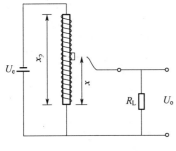

图 7-7　电阻分压电路

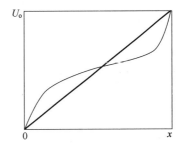

图 7-8　位移与输出电压的关系曲线

3）变阻器式传感器的应用举例

变阻器式传感器被用于线位移、角位移测量，在测量仪器中用于伺服记录仪器或电子电位差计等。图 7-9 列举了几种典型的变阻器式传感器。

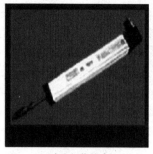
(a) 直线位移传感器

(b) 弹性绳盘

(c) 角度传感器

图 7-9 应用变阻器式的各种传感器

例 7.1 配料设备重量自动检测。

工作原理如图 7-10 所示，系统采用如图 7-9（a）所示的直线位移传感器。原材料的重量导致弹簧的变形和传感器的位移，从而变位器阻值发生变化。在后续的测量电路中，输出相应的电压，与标准的设定值进行比较，完成配料过程。

例 7.2 煤气包储量检测——煤气液位检测。

工作原理如图 7-11 所示，系统采用如图 7-9（b）所示的弹性绳盘。煤气液位的变化，导致弹性绳盘端部浮子的升降，使弹性绳盘旋转，引起电阻的变化，从而计算出煤气包中煤气液位及煤气的储量。

例 7.3 机械手关节位置控制。

机械手如图 7-12 所示，采用如图 7-9（c）所示的角度位移传感器，其位置控制工作原理是：电机带动手臂旋转，安装在关节轴上的角度传感

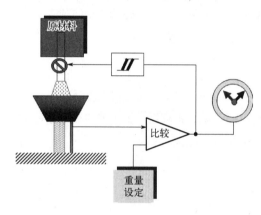

图 7-10 应用变阻器式传感器的自动配料设备

器旋转，引起传感器电阻的变化，从而测出手臂的旋转角度。

图 7-11 煤气包容量检测

图 7-12 采用角位移传感器的机械手

4）变阻器式传感器特点

变阻器式传感器的优点是结构简单、性能稳定、使用方便。

其缺点主要有以下几点：

① 由于受到电阻丝直径的限制，这种传感器分辨力不高。提高分辨力需使用更细的电阻丝，其绕制较困难。所以变阻器式传感器的分辨力很难小于 20μm。

② 由于结构上的特点，这种传感器还有较大的噪声，电刷和电阻元件之间接触面存在的变动和磨损、尘埃附着等，都会使电刷在滑动中的接触电阻发生不规则的变化，从而产生噪声。

（2）电阻应变式传感器

电阻应变式传感器可以用于测量应变、力、位移、加速度、扭矩等参数，具有体积小、动态响应快、测量精确度高、使用简便等优点，在航空、船舶、机械、建筑等行业里获得了广泛应用。电阻应变式传感器可分为金属电阻应变片式与半导体应变片式两类。

1）金属电阻应变片

常用的金属电阻应变片有丝式、箔式两种。其工作原理是利用应变片发生机械变形时，电阻值发生变化的特性。

金属丝电阻应变片（又称电阻丝应变片）出现较早，现仍在广泛使用。其典型结构如图 7-13 所示。把一根具有高电阻率的金属丝（康铜或镍铬合金，直径约 0.025mm）绕成栅形，粘贴在绝缘的基片和覆盖层之间，由引出线接于后续电路。

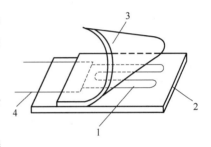

图 7-13　电阻丝应变片
1—电阻丝；2—基片（纸基、胶基）；
3—覆盖片；4—引出线

金属箔式应变片则是用栅状金属箔片代替栅状金属丝。金属箔栅采用光刻技术成形，适用于大批量生产。其线条均匀，尺寸准确，阻值一致性好。箔片厚度为 1～10μm，散热好，黏接情况好，传递试件应变性能好。因此，目前使用的多为金属箔式应变片。箔式应变片还可以根据需要制造成多种不同形式。多栅组合片又称为应变花，图 7-14 表示几种常用的箔式应变片。

(a) 单轴　　　(b) 测扭矩　　　(c) 多轴　　　(d) 平行轴多栅　　　(e) 同轴多栅

图 7-14　箔式应变片

把应变片用特制胶水黏固在弹性元件或需要测量变形的物体表面上。在外力作用下，电阻丝即随同物体一起变形，其电阻值发生相应变化，由此，将被测量的变化转换为电阻变化。由于电阻值 $R = \dfrac{\rho l}{A}$，其长度 l、截面积 A、电阻率 ρ 均将随电阻丝的变形而变化。而 l、A、ρ 的变化将导致电阻 R 的变化。当每一可变因素分别有一增量 $\mathrm{d}l$、$\mathrm{d}A$ 和 $\mathrm{d}\rho$ 时，所引起的电阻增量为：

$$dR = \frac{\partial R}{\partial l}dl + \frac{\partial R}{\partial A}dA + \frac{\partial R}{\partial \rho}d\rho \qquad (7-5)$$

式中，$A = \pi r^2$，r 为电阻丝半径。所以电阻的相对变化为：

$$\frac{dR}{R} = \frac{dl}{l} - \frac{2dr}{r} + \frac{d\rho}{\rho} \qquad (7-6)$$

式中，$\frac{dl}{l} = \varepsilon$ 为电阻丝轴向相对变形，或称纵向应变；$\frac{dr}{r}$ 为电阻丝径向相对变形，或称横向应变。当电阻丝沿轴向伸长时，必沿径向缩小，两者之间的关系为：

$$\frac{dr}{r} = -\mu\varepsilon \qquad (7-7)$$

式中，μ 为电阻丝材料的泊松比；$\frac{d\rho}{\rho}$ 为电阻丝电阻率的相对变化，与电阻丝轴向所受正应力 σ 有关：

$$\frac{d\rho}{\rho} = \lambda\sigma = \lambda E\varepsilon \qquad (7-8)$$

式中，E 为电阻丝材料的弹性模量；λ 为压阻系数，与材质有关。

将式（7-7）、式（7-8）代入式（7-6），则有：

$$\frac{dR}{R} = \varepsilon + 2\mu\varepsilon + \lambda E\varepsilon = (1 + 2\mu + \lambda E)\varepsilon \qquad (7-9)$$

分析式（7-9），$(1+2\mu)\varepsilon$ 项是由电阻丝几何尺寸改变所引起的，对于同一种材料，$(1+2\mu)$ 项是常数；$\lambda E\varepsilon$ 项则是由于电阻丝的电阻率随应变的改变而引起的。

对于金属丝来说，形变引起的电阻率变化很小，即 λE 相对 $(1+2\mu)$ 很小，可忽略。这样式（7-9）可简化为：

$$\frac{dR}{R} \approx (1 + 2\mu)\varepsilon \qquad (7-10)$$

式（7-10）表明，电阻相对变化率 $\frac{dR}{R}$ 与应变 ε 成正比。将电阻应变片作为传感器系统，以应变 ε 为输入，以电阻变化率 $\frac{dR}{R}$ 为输出，则比值 S_g 表征电阻应变片的灵敏度：

$$S_g = \frac{d(dR/R)}{d\varepsilon} = 1 + 2\mu = 常数 \qquad (7-11)$$

用于制造电阻应变片的电阻丝的灵敏度 S_g 多在 1.7～3.6 之间。几种常用电阻丝应变片材料物理性能见表 7-3。

表 7-3 常用电阻丝应变片材料物理性能

材料名称	成分质量分数		灵敏度 S_g	电阻率 /（Ω·mm²/m）	电阻温度系数 /（10^{-6}/℃）	线胀系数 /（10^{-6}/℃）
	元素	%				
康铜	Cu Ni	57 43	1.7～2.1	0.49	−20～20	14.9
镍铬合金	Ni Cr	80 20	2.1～2.5	0.9-1.1	110～150	14.0

续表

材料名称	成分质量分数		灵敏度 S_g	电阻率 / ($\Omega \cdot mm^2/m$)	电阻温度系数 / ($10^{-6}/℃$)	线胀系数 / ($10^{-6}/℃$)
	元素	%				
镍铬铝合金	Ni Cr Al Fe	73 20 3～4 余量	2.4	1.33	−10～10	13.3

一般市售电阻应变片的标准阻值有 60Ω、120Ω、350Ω、600Ω 和 1000Ω 等，其中以 120Ω 最为常用。应变片的尺寸可根据使用要求来选定。

2）半导体应变片

半导体应变片最简单的典型结构如图 7-15 所示。半导体应变片的使用方法与金属电阻应变片相同，即粘贴在被测物体上，随被测试件的应变其电阻发生相应变化。

半导体应变片的工作原理是基于半导体材料的压阻效应。所谓压阻效应是指单晶半导体材料在沿某一轴向受到外力作用时，其电阻率 ρ 发生变化的现象。

从半导体物理可知，半导体在压力、温度及光辐射作用下，能使其电阻率 ρ 发生很大变化。

分析表明，单晶半导体在外力作用下，原子点阵排列规律发生变化，导致载流子迁移率及载流子浓度的变化，从而引起电阻率的变化。

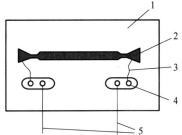

图 7-15 半导体应变片结构
1—胶膜衬底；2—P-Si；3—内引线；
4—焊接板；5—外接线

根据式（7-9），$(1+2\mu)\varepsilon$ 项是由几何尺寸变化引起的，$\lambda E\varepsilon$ 是由于电阻率变化而引起的。对半导体而言，$\lambda E\varepsilon$ 项远远大于 $(1+2\mu)\varepsilon$ 项，它是半导体应变片的主要部分，故式（7-9）可简化为：

$$\frac{dR}{R} \approx \lambda E\varepsilon \qquad (7\text{-}12)$$

这样，半导体应变片灵敏度：

$$S_g = \frac{d(dR/R)}{d\varepsilon} \approx \lambda E \qquad (7\text{-}13)$$

这一数值比金属丝电阻应变片大 50～70 倍。

以上分析表明，金属丝电阻应变片与半导体应变片的主要区别在于：前者利用导体形变引起电阻的变化，后者利用半导体电阻率变化引起电阻的变化。

几种常用半导体材料特性见表 7-4，从表中可以看出，不同材料、不同的载荷施加方向，压阻效应不同，灵敏度也不同。

表 7-4 几种常用半导体材料特性

材料	电阻率 $\rho /\times10^2$ ($\Omega \cdot m$)	弹性模量 $E/\times10^7$ (N/cm^2)	灵敏度	晶向
P 型硅	7.8	1.87	175	[111]
N 型硅	11.7	1.23	−132	[100]

续表

材料	电阻率 $\rho/\times10^2$（$\Omega\cdot m$）	弹性模量 $E/\times10^7$（N/cm^2）	灵敏度	晶向
P 型锗	15.0	1.55	102	[111]
N 型锗	16.6	1.55	-157	[111]
N 型锗	1.5	1.55	-147	[111]
P 型锑化铟	0.54	—	-45	[100]
P 型锑化铟	0.01	0.745	30	[111]
N 型锑化铟	0.013	—	-74.5	[100]

半导体应变片最突出的优点是灵敏度高，这为它的应用提供了有利条件。另外，由于机械滞后小、横向效应小以及它本身体积小等特点，扩大了半导体应变片的使用范围。其缺点主要是温度稳定性能差、灵敏度离散度大（受到晶向、杂质等因素的影响）以及在较大应变作用下非线性误差大等，这些缺点也给使用带来一定困难。

目前国产的半导体应变片大都采用 P 型硅单晶制作。随着集成电路技术和薄膜技术的发展，出现了扩散型、外延型、薄膜型半导体应变片。它们在实现小型化、集成化以及改善应变片的特性等方面有积极的促进作用。

近年来，已出现在同一硅片上制作扩散型应变片和集成电路放大器等技术，即集成应变组件，这对于在自动控制与检测中采用微处理技术将会有一定推动作用。

3）测量电路

应变片的测量电路为直流电桥，直流电桥的详细内容见 8.1.1 节。

4）电阻应变式传感器的应用实例

电阻应变式传感器有以下两种应用方式。

① 直接用来测定结构的应变或应力。例如，为了研究机械结构、桥梁、建筑等的某些构件在工作状态下的受力、变形情况，可利用不同形状的应变片，粘贴在构件的预定部位，测得构件的拉、压应力，扭矩及弯矩等，为结构设计、应力校核或构件破坏的预测等提供可靠的测试数据。几种实用例子如图 7-16 所示。

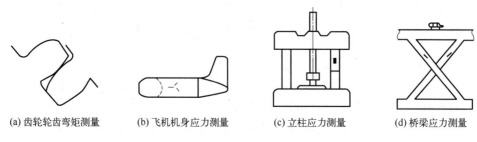

(a) 齿轮轮齿弯矩测量　　(b) 飞机机身应力测量　　(c) 立柱应力测量　　(d) 桥梁应力测量

图 7-16 构件应力测定的应用实例

② 将应变片粘贴于弹性元件上，作为测量力、位移、压力、加速度等物理参数的传感器。在这种情况下，弹性元件得到与被测量成正比的应变，再由应变片转换为电阻的变化。其中，加速度传感器由悬臂梁、质量块、基座组成。测量时，基座固定在振动体上。悬臂梁相当于系统的"弹簧"。工作时，梁的应变与质量块相对于基座的位移成正比。在一定的频率范围内，

其应变与振动体加速度成正比。贴在梁上的应变片把应变转换为电阻的变化，再通过电桥转换为电压输出。

必须指出，电阻应变片测出的是构件或弹性元件上某处的应变，而不是该处的应力、力或位移。只有通过换算或标定，才能得到相应的应力、力或位移量。有关应力—应变换算关系可参考相关专业书籍。

电阻应变片必须粘在试件或弹性元件上才能工作。黏合剂和黏合技术对测量结果有直接影响。因此，黏合剂的选择，黏合前试件表面加工与清理，黏合的方法，黏合后的固化处理、防潮处理都必须认真做好。

电阻应变片用于动态测量时，应当考虑应变片本身的动态响应特性。其中，限制应变片上限测量频率的是所使用的电桥激励电源的频率和应变片的基长。一般上限测量频率应在电桥激励电源频率的 $\frac{1}{10} \sim \frac{1}{5}$。基长愈短，上限测量频率可以愈高。一般基长为 10mm 时，上限测量频率可达 25kHz。

应当注意到，温度的变化会引起电阻值的变化，从而造成应变测量结果的误差。由温度变化所引起的电阻变化与由应变引起的电阻变化往往具有相同的数量级，绝对不能掉以轻心。因此，通常要采取相应的温度补偿措施，以消除温度变化所造成的误差。

电阻应变式传感器是一种使用方便、适应性强、比较完备的器件。近年来，半导体应变片技术日臻完善，使应变片电测技术更具广阔的应用前景。

（3）固态压阻式传感器

固态压阻式传感器的工作原理与前述半导体应变片相同，都是利用半导体材料的电阻效应。区别在于，半导体应变片是由单晶半导体材料构成，是利用半导体电阻做成的粘贴式敏感元件。固态压阻式传感器中的敏感元件则是在半导体材料的基片上用集成电路工艺制成的扩散电阻，所以亦可称为扩散型半导体应变片。这种元件是以单晶硅为基底材料，按一定晶向将 P 型杂质扩散到 N 型硅底层上，形成一层极薄的导电 P 型层。此 P 型层就相当于半导体应变片中的电阻条，连接引线后就构成了扩散型半导体应变片。由于基底（硅片）与敏感元件（导电层）互相渗透，结合紧密，所以基本上为一体。在生产时可以根据传感器结构制成各种形状，如圆形杯或长方形梁等。这时基底就是弹性元件，导电层就是敏感元件。当有机械力作用时，硅片产生应变，使导电层发生电阻变化。一般这种元件做成按一定晶向扩散、由四个电阻组成的全桥形式，在外力作用下，电桥产生相应的不平衡输出。

固态压阻式传感器主要用于测量压力与加速度。

由于固态压阻式传感器是用集成电路工艺制成的，测量压力时，有效面积可以做得很小，可达零点几毫米，因此这种传感器频响高，可用来测量几十千赫兹的脉动压力。测量加速度的压阻式传感器，如恰当地选择尺寸与阻尼系数，可用来测量低频加速度与直线加速度。由于半导体材料对温度较为敏感，因此，压阻式传感器的温度误差较大，使用时应有温度补偿措施。

（4）典型动态电阻应变仪

图 7-17 所示为动态电阻应变仪框图。图中贴于试件上并接于电桥的电阻应变片在外力 $x(t)$ 的作用下产生相应的电阻变化。振荡器产生高频正弦信号 $z(t)$，作为电桥的工作电压。根据电桥的工作原理可知，它相当于一乘法器，其输出应是信号 $x(t)$ 与载波信号 $z(t)$ 的乘积，所以电桥的输出即为调制信号 $x_{\mathrm{m}}(t)$。经过交流放大以后，为了得到力信号的原来波形，需

要相敏检波，即同步解调。此时由振荡器将电压信号供给相敏检波器。$z(t)$ 与电桥工作电压同频、同相位。经过相敏检波和低通滤波以后，可以得到与原来极性相同，但经过放大处理的信号 $x(t)$。该信号可以推动仪表或接入后续仪器。

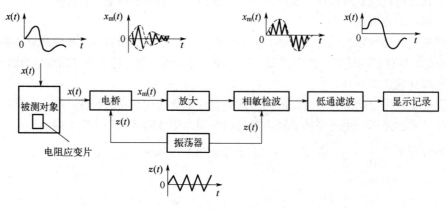

图 7-17 动态电阻应变仪框图

7.3.2 电容式传感器

（1）工作原理及分类

电容式传感器是将被测物理量的变化转换为电容量变化的装置，它实质上是一个具有可变参数的电容器。

从物理学可知，由两个平行极板组成的电容器其电容量 C 为：

$$C = \frac{\varepsilon_0 \varepsilon A}{\delta} \tag{7-14}$$

式中，ε 为极板间介质的相对介电系数，在空气中 $\varepsilon=1$；ε_0 为真空中介电常数，$\varepsilon_0 = 8.85 \times 10^{-12} \text{F/m}$；$\delta$ 为极板间距离，m；A 为极板相对面积，m^2。

式（7-14）表明，当被测量使 δ、A 或 ε 发生变化时，都会引起电容 C 的变化。如果保持其中的两个参数不变，仅改变第三个参数，就可把该参数的变化变换成电容量的变化。根据电容器变化的参数，电容式传感器可分为极距变化型、面积变化型和介质变化型三类。在实际应用中，极距变化型与面积变化型的应用较为广泛。

1）极距变化型

根据式（7-14），如果电容器的两极板相互覆盖面积 A 及极间介质 ε 不变，则电容量 C 与极距 δ 成非线性关系，如图 7-18 所示。当极距有一微小变化量 $d\delta$ 时，引起电容的变化量 dC 为：

$$dC = -\varepsilon_0 \varepsilon A \frac{1}{\delta^2} d\delta$$

由此可以得到传感器的灵敏度：

$$S = \frac{dC}{d\delta} = -\varepsilon_0 \varepsilon A \frac{1}{\delta^2} = -\frac{C}{\delta} \tag{7-15}$$

可以看出，灵敏度 S 与极距平方成反比，极距越小，灵敏度越高。显然，由于灵敏度随极距变化而非常数，这将引起非线性误差。为了减小此误差，通常规定在较小的间隙变化范围内工作，以便获得近似线性关系。一般取极距变化范围为 $\dfrac{\Delta\delta}{\delta_0}\approx 0.1$。

在实际应用中，为了提高传感器的灵敏度、线性度以及克服某些外界条件（如电源电压、环境温度等）的变化对测量精确度的影响，常常采用差动式。

极距变化型电容传感器的优点是可进行动态非接触式测量，对被测系统的影响小，灵敏度高，适用于较小位移（0.01μm～数百微米）的测量。但这种传感器有非线性特性，传感器的杂散电容也对灵敏度和测量精确度有影响，与传感器配合使用的电子线路也比较复杂，由于这些缺点，其使用范围受到一定限制。

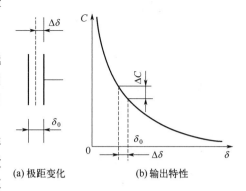

(a) 极距变化　　　(b) 输出特性

图 7-18　极距变化型电容传感器及输出特性

2）面积变化型

在变换极板面积的电容传感器中，一般常用的有角位移型与线位移型两种。

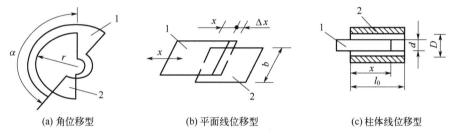

(a) 角位移型　　　　　(b) 平面线位移型　　　　　(c) 柱体线位移型

图 7-19　面积变化型电容传感器

1—动板；2—定板

图 7-19（a）为角位移型，当动板有一转角时，与定板之间相互覆盖面积就发生变化，因而导致电容量变化。由于覆盖面积为 $A=\dfrac{\alpha r^2}{2}$，其中，α 为覆盖面积对应的中心角，r 为极板半径。所以电容量：

$$C=\frac{\varepsilon\varepsilon_0\alpha r^2}{2\delta} \tag{7-16}$$

灵敏度：

$$S=\frac{\mathrm{d}C}{\mathrm{d}\alpha}=\frac{\varepsilon\varepsilon_0 r^2}{2\delta}=常数 \tag{7-17}$$

此种传感器的输出与输入成线性关系。

图 7-19（b）为平面线位移型电容传感器。当动板沿 x 方向移动时，覆盖面积变化，电容量也随之变化。其电容量：

$$C=\frac{\varepsilon\varepsilon_0 bx}{\delta} \tag{7-18}$$

式中，b 为极板宽度。

灵敏度为：

$$S = \frac{\mathrm{d}C}{\mathrm{d}x} = \frac{\varepsilon\varepsilon_0 b}{\delta} = 常数 \tag{7-19}$$

图 7-19（c）为圆柱体线位移型电容传感器，动板（圆柱）与定板（圆筒）相互覆盖，其电容量为：

$$C = \frac{2\pi\varepsilon\varepsilon_0 x}{\ln(D/d)} \tag{7-20}$$

式中，D 为圆筒孔径；d 为圆柱外径。

当覆盖长度 x 变化时，电容量 C 发生变化，其灵敏度为：

$$S = \frac{\mathrm{d}C}{\mathrm{d}x} = \frac{2\pi\varepsilon\varepsilon_0}{\ln(D/d)} = 常数 \tag{7-21}$$

面积变化型电容传感器的优点是输出与输入成线性关系，但与极距变化型相比，灵敏度较低，适用于较大直线位移及角位移测量。

3）介质变化型

这是利用介质介电常数变化将被测量转换为电量的一种传感器，可用来测量电介质的液位或某些材料的温度、湿度和厚度等。图 7-20 是这种传感器的典型应用实例。图 7-20（a）是在两固定极板间有一个介质层（如纸张、电影胶片等）通过。当介质层的厚度、温度或湿度发生变化时，其介电常数发生变化，引起电极之间的电容量变化。图 7-20（b）是一种电容式液位计，当被测液面位置发生变化时，两电极浸入高度也发生变化，引起电容量的变化。

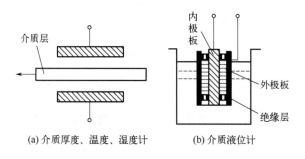

(a) 介质厚度、温度、湿度计　　　　(b) 介质液位计

图 7-20　介质变化型电容传感器应用例

（2）测量电路

电容传感器将被测物理量转换为电容量的变化以后，由后续电路转换为电压、电流或频率信号。常用的电路有下列几种。

1）电桥型电路

将电容传感器作为桥路的一部分，由电容变化转换为电桥的电压输出，通常采用电阻、电容或电感、电容组成的交流电桥。图 7-21 是一种电感、电容组成的桥路，电桥的输出为一调幅波，经放大、相敏解调、滤波后获得输出，再推动显示仪表。

2）直流极化电路

直流极化电路又称为静压电容传感器电路，多用于电容传声器或压力传感器。

如图 7-22 所示，弹性膜片在外力（气压、液压等）作用下发生位移，使电容量发生变化。

电容器接于具有直流极化电压 E_0 的电路中，电容的变化由高阻值电阻 R 转换为电压变化。由图可知，电压输出为：

$$u_y = RE_0 \frac{\mathrm{d}C}{\mathrm{d}t} = -RE_0 \frac{\varepsilon_0 \varepsilon A}{\delta^2} \times \frac{\mathrm{d}\delta}{\mathrm{d}t} \tag{7-22}$$

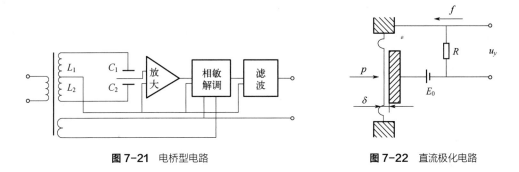

图 7-21　电桥型电路　　　　　图 7-22　直流极化电路

显然，输出电压与膜片位移速度成正比，因此这种传感器可以测量气流（或液流）的振动速度，进而得到压力。

3）谐振电路

图 7-23 为谐振电路原理及其工作特性。

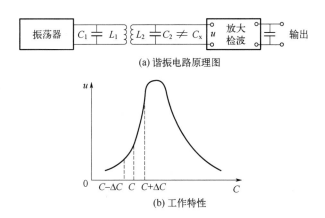

(a) 谐振电路原理图

(b) 工作特性

图 7-23　谐振电路原理及其工作特性

电容传感器的电容 C_x 作为谐振电路（L_2，$\dfrac{C_2}{C_x}$ 或 $C_2 + C_x$）调谐电容的一部分。此谐振回路通过电压耦合，从稳定的高频振荡器获得振荡电压。当传感器电容量 C_x 发生变化时，谐振回路的阻抗发生相应变化，并被转换成电压或电流输出，经放大、检波，即可得到输出。为了获得较好的线性，一般工作点应选择在谐振曲线一边的线性区域内。这种电路比较灵敏，但缺点是工作点不易选好，变化范围也较窄，传感器连接电缆的分布电容影响也较大。

4）调频电路

如图 7-24 所示传感器电容是振荡器谐振回路的一部分，当输入量使传感器电容量发生变化时，振荡器的振荡频率发生变化，频率的变化经过鉴频器变为电压变化，再经过放大后由记录器或显示仪表指示。这种电路具有抗干扰性强、灵敏度高等优点，可测 0.01μm 的位移变化量。但缺点是电缆分布电容的影响较大，使用中有一些麻烦。

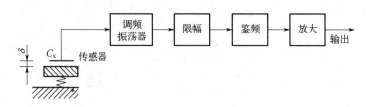

图 7-24 调频电路工作原理

5）运算放大器电路

由前述已知，极距变化型电容传感器的极距变化与电容变化量成非线性关系，这一缺点使电容传感器的应用受到一定限制。为此采用比例运算放大器电路可以得到输出电压 u_g 与位移量的线性关系，如图 7-25 所示。

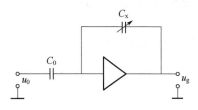

图 7-25 运算放大器电路

输入阻抗采用固定电容 C_0，反馈阻抗采用电容传感器 C_x，根据比例器的运算关系，当激励电压为 u_0 时，有：

$$u_g = -u_0 \frac{C_0}{C_x}$$

$$u_g = -u_0 \frac{C_0 \delta}{\varepsilon_0 \varepsilon A} \tag{7-23}$$

式中， u_0 为激励电压。

由式（7-23）可知，输出电压 u_g 与电容传感器间隙 δ 成线性关系。这种电路用于位移测量传感器。

（3）电容式传感器的应用实例

例 7.4 料仓——料位/液位计。

如图 7-26 所示为一料仓，应用介质变化型电容式传感器来测量料仓内的料位（或液位）。

工作原理：图中中心的杆为电容的一个极板，料仓壁为电容的另一极板，二者构成一个电容。当料仓内添加或减少物料时，相当于位于电容二极板间的介质发生变化，从而引起电容量的变化。通过检测电路可以反映此变化，并转换和显示料位（或液位）。

例 7.5 接近开关——开关量检测。

如图 7-27（a）为电容式接近开关。其工作原理如图 7-27（b）所示，电容式接近开关的感应面由两个同轴金属电极构成，很像"打开的"电容器的电极。电极 A 和电极 B 连接在高频振子的反馈回路中。该高频振子无测试目标时不感应。当测试物体接近传感器表面时，它就进入了由这个电极构成的电场，引起 A、B 极之间的耦合电容增加，电路开始振荡。每一振荡的振幅均由一数据分析电路测得，并形成开关信号，如图 7-27（c）所示。

图 7-26 应用电容式料位计的料仓

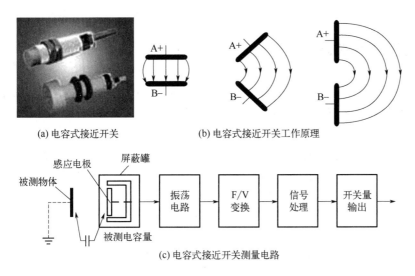

(a) 电容式接近开关　　　　(b) 电容式接近开关工作原理

(c) 电容式接近开关测量电路

图 7-27　电容式接近开关工作原理及测量电路

（4）电容集成压力传感器

运用集成电路工艺可以把电容敏感元件与测量电路制作在一起，构成电容集成压力传感器，它的核心部件是一个对压力敏感的电容器，如图 7-28（a）所示。电容器的两个铝电极，一个在玻璃上，另一个在硅片的薄膜上。硅薄膜是由腐蚀硅片的正面（几微米）和反面（约 200μm）形成的，在硅片和玻璃键合在一起之后，就形成了具有一定间隙的电容器。当硅膜的两侧有压力差存在时，硅膜发生形变使电容器两极的间距发生变化，从而引起电容量的变化。

这一工作方式与机械的压力敏感电容没有差别，但是集成工艺可以把间距和尺寸做得很小。例如，间隙可达数微米，硅模片半径可达数百微米，把这种微小电容与电路集成在一起，工艺上是很复杂的，现在已能采用硅腐蚀技术、硅和玻璃的静电键合以及常规的集成电路工艺技术，制造出这种压力传感器。图 7-28（b）是一个检出电容变化并把它转换成为电压输出的集成压力传感器的电路原理图。图中 C_x 为压力敏感电容，C_0 是一个参考电容，交流激励电压 U_e 通过耦合电容 C_c 进入由 $VD_1 \sim VD_4$ 构成的二极管桥路。在无压力的初始状态下，使 $C_x=C_0$，电路平衡；在工作状态下，C_x 与 C_0 不等，其输出端将有一个表达压力变化的电压信号 E_p，这种电容集成压力传感器的灵敏度很高，约为 1μV/Pa。

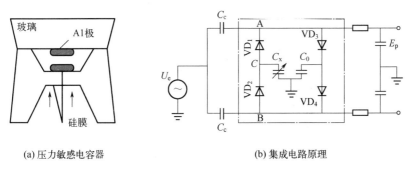

(a) 压力敏感电容器　　　　　　(b) 集成电路原理

图 7-28　电容集成压力传感器工作原理

7.3.3　压电式传感器

压电式传感器是一种可逆型换能器，既可以将机械能转换为电能，又可以将电能转换为机械能。这种性能使它被广泛用于压力、应力、加速度测量，也被用于超声波发射与接收装置。在用作加速度传感器时，可测频率范围从 0.1Hz～20kHz，可测振动加速度按其不同结构可达 $10^{-2}～10^{5}\,\mathrm{m/s^2}$。用于测力传感器时，其灵敏度可达 $10^{-3}\,\mathrm{N}$。这种传感器具有体积小、质量小、精确度及灵敏度高等优点。现在与其配套的后续仪器，如电荷放大器等的技术与性能日益提高，使这种传感器的应用愈来愈广泛。

压电式传感器的工作原理是利用某些物质的压电效应。

（1）压电效应

某些物质，如石英、钛酸钡、锆钛酸铅（PZT）等晶体，当受到外力作用时，不仅几何尺寸发生变化，而且内部极化，某些表面上出现电荷，形成电场。晶体的这一性质称为压电性，具有压电效应的晶体称为压电晶体。

压电效应是可逆的，即将压电晶体置于外电场中，其几何尺寸也会发生变化。这种效应称之为逆压电效应。

许多天然晶体都具有压电性，如石英、电气石、闪锌矿等。由于天然晶体不易获得且价格昂贵，故研制了多种人造晶体，如酒石酸钾钠（罗谢耳盐）、磷酸二氢铵（ADP）、磷酸二氢钾（KDP）、酒石酸乙二胺（KDT）、酒石酸乙二钾（DKT）、硫酸锂等。这些人造晶体中除硫酸锂外，其他的都还具有铁电性。

所谓铁电性是指某些晶体存在自发极化特点，即晶体正负电重心不重合，并且这种自发极化可以在人为电场作用下转向。与铁磁物质相似，铁电晶体是由许多几微米至几十微米的电畴组成，而每个电畴具有自发极化和自发应变。电畴的极化方向各不相同。在电场作用下，电畴的边界可以移动并能够转向。铁电晶体最典型的特征是它具有电滞回线特性。铁电性是1921 年首先在罗谢耳盐上发现的。

下面以α-石英（SiO_2）晶体为例，介绍其压电效应。

天然石英结晶形状为六角形晶柱，如图 7-29（a）所示，两端为一对称的棱锥，六棱柱是它的基本结构。z 轴与石英晶体的上、下顶连线重合，x 轴与石英晶体横截面的对角线重合，y 轴依据右手坐标系规则确定。

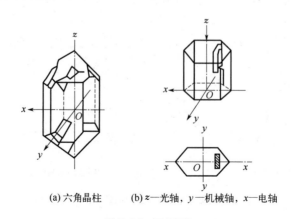

(a) 六角晶柱　　(b) z—光轴，y—机械轴，x—电轴

图 7-29　石英晶体

　　晶体中，在应力作用下，其两端能产生最强电荷的方向称为电轴。α-石英中的 x 轴为电轴。z 轴称为光轴，当光沿 z 轴入射时不产生双折射。通常 y 轴称作机械轴，如图 7-29（b）所示。

　　如果从晶体上沿轴线切下一个平行六面体切片，使其晶面分别平行于 z、y、x 轴，这个晶片在正常状态下不呈现电性。切片在受到沿不同方向的作用力时会产生不同的极化作用，如图 7-30 所示。沿 x 轴方向加力产生纵向压电效应，沿 y 轴加力产生横向压电效应，沿相对两平面加力产生剪切压电效应。

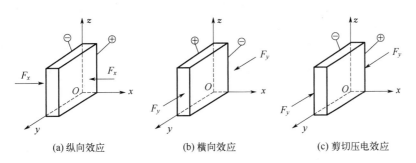

(a) 纵向效应　　　　　(b) 横向效应　　　　　(c) 剪切压电效应

图 7-30　压电效应模型

　　实验证明，压电效应和逆压电效应都是线性的。即晶体表面出现的电荷的多少和形变的大小成正比，当形变改变符号时，电荷也改变符号。在外电场作用下，晶体形变的大小与电场强度成正比，当电场反向时，形变改变符号。以石英晶体为例，当晶片在电轴 x 方向受到压应力 σ_{xx} 作用时，切片在厚度方向产生变形并极化，极化强度 P_{xx} 与应力 σ_{xx} 成正比

$$P_{xx} = d_{11}\sigma_{xx} = d_{11}\frac{F_x}{l_y l_z} \tag{7-24}$$

　　式中，F_x 为沿晶轴 O_x 方向施加的压力；d_{11} 为石英晶体在 x 方向力作用下的压电常数，石英晶体的 $d_{11} = 2.3\times10^{-23}\mathrm{C\cdot N^{-1}}$；$l_y$ 为切片的长；l_z 为切片的宽。

　　当石英晶体切片受 x 向压力时，所产生的电荷量 q_{xx} 与作用力 F_x 成正比，而与切片的几何尺寸无关。当沿着机械轴 y 方向施加压力时，产生的电荷量与切片的几何尺寸有关，且电荷的极性与沿电轴 x 方向施加压力时产生的电荷极性相反，如图 7-30（b）所示。

　　若压电体受到多方向的作用力，晶体内部将产生一个复杂的应力场，会同时出现纵向效应和横向效应。压电体各表面都会积聚电荷。

　　（2）压电材料

　　常用的压电材料大致可分为三类：压电单晶、压电陶瓷和有机压电薄膜。压电单晶为单晶体，常用的有α-石英（SiO_2）、铌酸锂（$LiNbO_3$）、钽酸锂（$LiTaO_3$）等。压电陶瓷多为多晶体，常用的有钛酸钡（$BaTiO_3$）、锆钛酸铅（PZT）等。

　　石英是最具有代表性的压电单晶，应用广泛。除天然石英外，还大量应用人造石英。石英的压电常数不高，但具有较好的机械强度和时间、温度稳定性。其他压电单晶的压电常数为石英的 2.5～3.5 倍，但价格较贵。水溶性压电晶体，如酒石酸钾钠（$NaKC_4H_4O_6\text{-}4H_2O$）压电常数较高，但易受潮、机械强度低、电阻率低、性能不稳定。

　　现代声学技术和传感技术中最普遍应用的是压电陶瓷。压电陶瓷制作方便，成本低。

　　压电陶瓷由许多铁电体的微晶组成，微晶再细分为电畴，因而压电陶瓷是许多畴形成的多畴晶体。当加上机械应力时，它的每一个电畴的自发极化会产生变化，但由于电畴的无规

则排列，因而在总体上不现电性，没有压电效应。为了获得材料形变与电场呈线性关系的压电效应，在一定温度下对其进行极化处理，即利用强电场（1～4kV/mm）使其电畴规则排列，呈现压电性。极化电场去除后，电畴取向保持不变，在常温下可呈压电性。压电陶瓷的压电常数比单晶体高得多，一般比石英高数百倍。现在的压电元件大多数采用压电陶瓷。

钛酸钡是使用最早的压电陶瓷。其居里温度（材料温度达到该点电畴将被破坏，失去压电特性）低，约为 120℃。现在使用最多的是锆钛酸铅（PZT）系列压电陶瓷。PZT 是一材料系列，随配方和掺杂材料的变化可获得不同的材料性能。它具有较高的居里温度（350℃）和很高的压电常数（70～590pC/N）。

高分子压电薄膜的分子特性并不好，但它易于大批量生产，且具有面积大、柔软不易破碎等优点，可用于微压测量和机器人的触觉。其中，以聚偏二氟乙烯（PVDF）最为著名。

近年来，压电半导体也开发成功。它具有压电和半导体两种特性，很容易发展成为集成传感器。

（3）压电式传感器及其等效电路

在压电晶片的两个工作面上进行金属蒸镀，形成金属膜，构成两个电极，如图 7-31 所示。当晶片受到外力作用时，在两个极板上将积聚数量相等、极性相反的电荷，形成电场。因此，压电传感器可以看作一个电荷发生器，又是一个电容器，其电容量 C 满足：

$$C = \frac{\varepsilon_0 \varepsilon A}{\delta} \tag{7-25}$$

式中，ε 为压电材料的相对介电常数，石英晶体 ε=4.5F/m，钛酸钡 ε=1200F/m；δ 为极板间距，即晶片厚度，m；A 为压电晶片工作面的面积，m^2。

如果施加于晶片的外力不变，积聚在极板上的电荷无内部泄漏，外电路负载无穷大，那么在外力作用期间，电荷量将始终保持不变，直到外力的作用终止时，电荷才随之消失。如果负载不是无穷大，电路将会按指数规律放电，极板上的电荷无法保持不变，从而造成测量误差。因此，利用压电式传感器测量静态或准静态量时，必须采用极高阻抗的负载。在动态测量时，变化快、漏电量相对比较小，故压电式传感器适宜做动态测量。

实际压电传感器中，往往用两个和两个以上进行串联或并联。并联时［图 7-31（b）］，两晶片负极集中在中间极板上，正电极在两侧的电极上。并联时，电容量大、输出电荷量大、时间常数大，适于测量缓变信号，适用于以电荷量输出的场合。串联时［图 7-31（c）］，正电荷集中在上极板，负电荷集中在下极板。串联法传感器本身电容小、输出电压大，适用于以电压作为输出信号的场合。

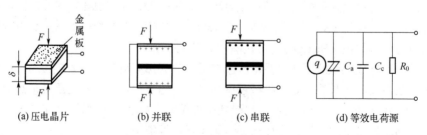

(a) 压电晶片　　(b) 并联　　(c) 串联　　(d) 等效电荷源

图 7-31 压电晶片及其等效电路

压电式传感器是一个具有一定电容的电荷源。电容器上的开路电压 u_0 与电荷 q 传感器电

容 C_a 存在下列关系：

$$u_0 = \frac{q}{C_a} \qquad (7-26)$$

当压电式传感器接入测量电路，连接电缆的寄生电容就形成传感器的并联寄生电容 C_c，后续电路的输入阻抗和传感器中的漏电阻就形成泄漏电阻 R_0，如图 7-31（d）所示。为了防止漏电造成电荷损失，通常要求 $R_0 > 10^{11} \Omega$，因此传感器可近似视为开路。电容上的电压值：

$$u = R_0 i = \frac{q_0}{C} \times \frac{1}{\sqrt{1 + \left(\dfrac{1}{\omega C R_0}\right)^2}} \sin(\omega t + \varphi) \qquad (7-27)$$

式（7-27）表明，压电元件的电压输出还受回路的时间常数 $R_0 C$ 的影响。在测试动态量时，为了建立一定的输出电压并实现不失真测量，压电式传感器的测量电路必须有高输入阻抗并在输入端并联一定的电容 C_i 以加大时间常数 $R_0 C$。但并联电容过大也会使输出电压降低过多，降低了测量装置的灵敏度。

（4）测量电路

由于压电式传感器的输出电信号是很微弱的电荷，而且传感器本身有很大内阻，故输出能量甚微，这给后接电路带来一定困难。为此，通常把传感器信号先输到高输入阻抗的前置放大器，经过阻抗变换以后，方可用一般的放大、检波电路将信号输给指示仪表或记录器。

前置放大器电路的主要用途有两点：一是将传感器的高阻抗输出变换为低阻抗输出；二是放大传感器输出的微弱电信号。

前置放大器电路有两种形式：一种是用电阻反馈的电压放大器，其输出电压与输入电压（即传感器的输出）成正比；另一种是带电容反馈的电荷放大器，其输出电压与输入电荷成正比。

使用电压放大器时，放大器的输入电压如式（7-27）所表达。由于电容 C 包括了 C_a、C_i 和 C_c，其中，电缆对地电容 C_c 比 C_a 和 C_i 都大，故整个测量系统对电缆对地电容 C_c 的变化非常敏感。连接电缆的长度和形态变化会引起 C_c 的变化，导致传感器输出电压 u 的变化，从而使仪器的灵敏度也发生变化。

电荷放大器是一个高增益带电容反馈的运算放大器，当略去传感器漏电阻及电荷放大器输入电阻时，它的等效电路如图 7-32 所示。由于忽略漏电阻，故：

$$q \approx u_i(C_a + C_c + C_i) + (u_i - u_y)C_f = u_i C + (u_i - u_y)C_f$$

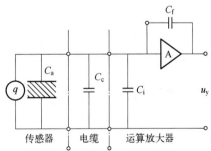

图 7-32　电荷放大器等效电路

式中，u_i 为放大器输入端电压，V；u_y 为放大器输出电压，$u_y = Au_i$，V；C_f 为电荷放大器反馈电容，F；A 为电荷放大器开环放大倍数。

故有：

$$u_y = \frac{-Aq}{(C + C_f) + AC_f}$$

如果放大器开环增益足够大，则 $AC_f \gg (C + C_f)$，上式可简化为：

$$u_y \approx \frac{-q}{C_f} \qquad (7-28)$$

式（7-28）表明，在一定条件下，电荷放大器的输出电压与传感器的电荷量成正比，并且与电缆分布电容无关。因此，采用电荷放大器时，即使连接电缆长度达百米以上时，其灵敏度也无明显变化，这是电荷放大器突出的优点。但与电压放大器相比，其电路复杂，价格昂贵。

（5）压电式传感器的应用

压电式传感器常用来测量应力、压力、振动的加速度，也用于声、超声和声发射等测量。

压电效应是一种力—电荷的变换，可直接用作力的测量。现在已形成系列的压电式力传感器，测量范围从微小力值 $10^{-3}\sim10^{4}$kN，动态范围一般为 60dB；测量方向有单方向的，也有多方向的。

压电式力传感器有两种形式。一种是利用膜片式弹性元件，通过膜片承压面积将压力转换为力。膜片中间有凸台，凸台背面放置压电片。力通过凸台作用于压电片上，使之产生相应的电荷量。另一种是利用活塞的承压面承受压力，并使活塞所受的力通过在活塞另一端的顶杆作用在压电片上。测得此作用力便可推算出活塞所受的压力。

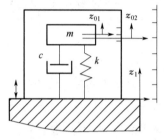

图 7-33 惯性式拾振器的力学模型

现在广泛采用压电式传感器来测量加速度。如图 7-33 所示，此种传感器的压电片处于其壳体和一质量块之间，用强弹簧（或预紧螺栓）将质量块、压电片紧压在壳体上。运动时，传感器壳体推动压电片和质量块一起运动。在加速时，压电片承受由质量块加速而产生的惯性力。

压电式传感器如图 7-34、图 7-35 所示，按不同需要做成不同灵敏度、不同量程和不同大小，形成系列产品。大型高灵敏度加速度计灵敏阈可达 $10^{-6}g_{n}$（g_{n} 为标准重力加速度，作为一个加速度单位，其值为 $g_{n}=9.80665\text{m}/\text{s}^{2}$），但其测量上限也很小，只能测量微弱振动。而小型的加速度计仅重 0.14g，灵敏度虽低，但可测量上千克的强振动。

图 7-34 压电式加速度计系列产品

图 7-35 压电式力传感器——力锤等

压电式传感器的工作频率范围广，理论上其低端从直流开始，高端截止频率取决于结构的连接刚度，一般为数十赫兹到兆赫兹的量级，这使它广泛用于各领域的测量。压电式传感器内阻很高，产生的电荷量很小，易受传输电缆分布电容的影响，必须采用前面已提到的阻抗变换器或电荷放大器。已有将阻抗变换器和传感器集成在一起的集成传感器，其输出阻抗很低。

电荷的泄漏使压电式传感器实际上无法测量直流，因此难以精确测量常值力。在低频振动时，压电式加速度计振动角频率小，受灵敏度限制，其输出信号很弱，信噪比差。尤其在需要通过积分网络来获取振动的速度和加速度值的情况下，网络中运算放大器的漂移及低频噪声的影响，使得难以在小于 1Hz 的低频段中应用压电式加速度计。

压电式传感器一般用来测量沿其轴向的作用力，该力对压电片产生纵向效应并产生相应的电荷，形成传感器通常的输出。然而，垂直于轴向的作用力，也会使压电片产生横向效应和相应的输出，称为横向输出。与此相应的灵敏度，称为横向灵敏度。对于传感器而言，横向输出是一种干扰和产生测量误差的原因。使用时，应该选用横向灵敏度小的传感器。一个压电式传感器各方向的横向灵敏度是不同的。为了减少横向输出的影响，在安装使用时，应力求使最小横向灵敏度方向与最大横向干扰力方向重合。显然，关于横向干扰的讨论，同样适用于压电式加速度计。

环境温度、湿度的变化和压电材料本身的时效，都会引起压电常数的变化，导致传感器灵敏度的变化。因此，经常校准压电式传感器是十分必要的。

压电式传感器的工作原理是可逆的，施加电压于压电晶片，压电片便产生伸缩。所以压电片可以反过来做驱动器。例如，对压电晶片施加交变电压，则压电片可作为振动源，可用于高频振动台、超声发生器、扬声器以及精密的微动装置。

7.3.4 半导体磁敏传感器

半导体材料的一个重要特性是对光、热、力、磁、气体、湿度等理化量的敏感性。利用半导体材料的这些特性使其成为非电量电测的转换元件，是半导体技术应用的一个重要方面。

与前面讨论的传感器比较，半导体传感器具有许多明显的特点：它们是一些物性型传感器，通常可以做成结构简单、体积小、重量轻的器件；它们的功耗低、安全可靠、寿命长；它们对被测量敏感、响应快；易于实现集成化。但它们的输出特性一般是非线性的，常常需要采用线性化电路；受温度影响大，往往需要采用温度补偿措施；其性能参数分散性较大。以上特点使得发展和应用半导体传感器已成为测试技术的重要发展方向。事实上，半导体传感器的使用量极大，增长率很快。

利用半导体材料的磁敏特性来工作的传感器有霍尔元件、磁阻元件和磁敏管等。

（1）霍尔元件

1）霍尔效应及材料

霍尔元件是一种半导体磁电转换元件。一般由锗（Ge）、锑化铟（InSb）、砷化铟（InAs）等半导体材料制成。它们利用霍尔效应进行工作。如图 7-36 所示，将霍尔元件置于磁场 B 中，如果在 a、b 端通以电流 i，在 c、d 端就会出现电位差，称为霍尔电势 V_H，这种现象称为霍尔效应。

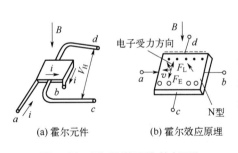

图 7-36 霍尔元件及霍尔效应原理

霍尔效应的产生是由于运动电荷受到磁场中洛伦兹力的作用结果。若把 N 型半导体片放在磁场中，通以固定方向的电流 I，那么半导体中的载流子（电子）将沿着与电流方向相反的方向运动。从物理学已知，任何带电质点在磁场中沿着和磁力线垂直的方向运动时，都要受到磁场力 F_L 的作用，这个力称为洛伦兹力。由于 F_L 的作用，电子向一边偏移，并形成电子积累，与其相对的一边则积累正电荷，于是形成电场。该电场将阻止运动电子的继续偏移，当电场作用在运动电子上的力 F_E 的作用与洛伦兹力 F_L 相等时，电子的积累便达到动态平衡。这时在元件 c、d 端之间建立的电场称为霍尔电场，相应的电势称为霍尔电势 V_H，其大小：

$$V_H = K_B iB\sin\alpha \qquad (7-29)$$

式中，K_B 为霍尔常数，取决于材质、温度和元件尺寸；B 为磁感应强度，T；α 为电流与磁场方向的夹角，rad。

根据此式，如果改变 B 或 i，或者两者同时改变，就可以改变 V_H 值。运用这一特性，就可以把被测参数转换成电压量的变化。

近来生产的锑化铟薄膜霍尔元件是用镀膜法制造的，其厚度约为 0.2mm，被用于极窄缝隙中的磁场测量。而集成霍尔元件是利用硅集成电路工艺制造，它的敏感部分与变换电路制作在同一基片上。乃至于包括敏感、放大、整形、输出等部分。整个集成电路可制作在约 1mm^2 的硅片上，如图 7-37 所示。外部由陶瓷片封装，体积约为 6mm×5.2mm×2mm。

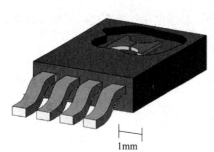

图 7-37 霍尔元件

集成元件与分立元件相比，不仅体积大大缩小，而且灵敏度提高了。例如，在工作电流为 20mA，磁感应强度 B=0.1T 的情况下，集成霍尔元件的输出达 25mV，而分立元件仅为 1.2mV。

另一种 MOS 型霍尔元件是利用硅平面工艺把 MOS 霍尔元件和差分放大器集成在一个芯片上，其灵敏度可达 20000mV/（mA·T）以上。

2）霍尔传感器的应用

霍尔元件在工程测量中有着广泛的应用。图 7-38 介绍了霍尔元件用于测量的各种实例。可以看出，将霍尔元件置于磁场中，当被测物理量以某种方式改变了霍尔元件的磁感应强度时，就会导致霍尔电势的变化。例如，图 7-38（f）是一种霍尔压力传感器，液体压力 p 使波纹管的膜片变形，通过杠杆使霍尔片在磁场中位移，其输出电势将随压力 p 而变化。

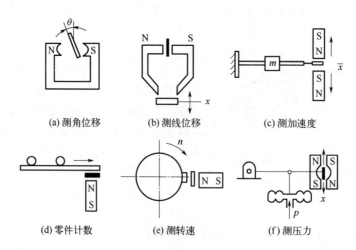

（a）测角位移　　　　　　（b）测线位移　　　　　　（c）测加速度

（d）零件计数　　　　　　（e）测转速　　　　　　（f）测压力

图 7-38 霍尔传感器的应用

以微小位移测量为基础，霍尔元件还可以应用于微压、压差、高度、加速度和振动的测量。

图 7-39 表示一种利用霍尔元件探测 MTC 钢丝绳断丝的工作原理。这种探测仪的永久磁铁使钢丝绳磁化，当钢丝绳有断丝时，在断口处出现漏磁场，霍尔元件通过此漏磁场将获得

一个脉动电压信号。此信号经放大、滤波、A/D 转换后进入计算机分析,识别出断丝根数和断口位置。该项技术已成功应用于矿井提升钢丝绳、起重机械钢丝绳、载人索道钢丝绳等断丝检查,获得了良好的效益。

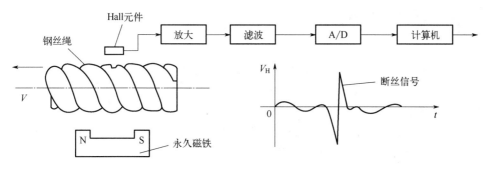

图 7-39　MTC 型钢丝绳断丝检测工作原理

图 7-40 为一种利用霍尔元件实现开关量测量的工作原理图。导磁性良好的转子遮挡器,使霍尔元件上的磁场周期性地通过和切断,在霍尔元件上感应出周期性电压信号,实现开关量的检测。该项技术也可用于测速。

（2）磁阻元件

磁阻元件是利用半导体材料的磁阻效应来工作的。霍尔元件处于外磁场中时,会产生载流子的偏移,故使其传导电流分布不均,表现为传导电流方向的电阻也不一致。改变磁场的强弱就会影响电流密度的分布,半导体片的电阻变化可反映这一状态。半导体片的电阻与外加磁场 B 和霍尔常数 K_B 有关,这种特性称为磁阻效应。磁阻效应与材料性质、几何形状有关,一般迁移率愈大的材料,磁阻效应愈显著,元件的长宽比愈小,磁阻效应愈大。

磁阻元件可用于位移、力、加速度等参数的测量。图 7-41 所示为一种测量位移的磁阻效应传感器。将磁阻元件置于磁场中,当它相对于磁场发生位移时,元件内阻 R_1、R_2 发生变化。如果将 R_1、R_2 接于电桥,则其输出电压与电阻的变化成比例。

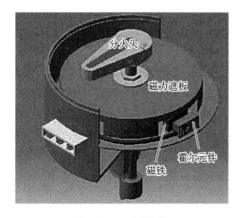

图 7-40　开关量测量

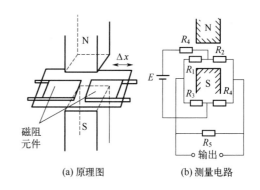

图 7-41　测量位移的磁阻效应传感器

（3）磁敏管

磁敏二极管和磁敏三极管是 20 世纪 70 年代发展出来的新型磁敏传感器。这种磁场变化的灵敏度很高 [高达 10V/（mA・T）],约为霍尔元件磁灵敏度的数百倍至数千倍,且能识别磁场方向，体积小、功耗低。但有较大的噪声、漂移和温度系数。它们很适合检测微弱磁场的变化，可用于磁力探伤仪和借助磁场触发的无触点开关，也用于非接触转速、位移量测量等。

7.4 传感器的选用原则

如何根据测试目的和实际工作条件，合理地选用传感器，是经常会遇到的问题。因此，本节在常用传感器的初步知识的基础上，就合理选用传感器的一些注意事项，做一概略介绍。

（1）灵敏度

一般来讲，传感器灵敏度越高越好，因为灵敏度越高，意味着传感器所能感知的变化量越小，被测量稍有微小变化时，传感器就有较大的输出。

当然也应考虑到，当灵敏度愈高时，与测量信号无关的外界干扰也愈容易混入，并被放大装置放大。这时必须考虑检测微小量值的同时干扰小。为保证此点，往往要求信噪比愈大愈好，即要求传感器本身噪声小，且不易从外界引入干扰。

当被测量是矢量时，要求传感器在该方向灵敏度愈高愈好，而横向灵敏度愈小愈好。在测量多维矢量时，还应要求传感器的交叉灵敏度愈小愈好。

此外，和灵敏度紧密相关的是测量范围。除非有专门的非线性校正措施，最大输入量不应使传感器进入非线性区域，更不能进入饱和区域。某些测试工作要在较强的噪声干扰下进行，这时对传感器来讲，其输入量不仅包括被测量，也包括干扰量，两者之和不能进入非线性区。过高的灵敏度会缩小其适用的范围。

（2）响应特性

在所测频率范围内，传感器的响应特性必须满足不失真测量条件。此外，实际传感器的响应总有一定延迟，但总希望延迟时间愈短愈好。

一般来讲，利用光电效应、压电效应等物性传感器，响应较快，可工作频率范围宽。而结构型，如电感、电容、磁电式传感器等，往往由于结构中机械系统惯性的限制，其固有频率低，可工作频率较低。

在动态测量中，传感器的响应特性对测试结果有直接影响，在选用时，应充分考虑到被测物理量的变化特点，如稳态、瞬变、随机等。

（3）线性范围

任何传感器都有一定的线性范围，在线性范围内输入与输出成比例关系。线性范围愈宽，则表明传感器的工作量程愈大。

传感器工作在线性区域内，是保证测量精度的基本条件。例如，机械式传感器中的测力弹性元件，其材料的弹性限是决定测力量程的基本因素。当超过弹性限时，将产生线性误差。

然而任何传感器都不容易保证其绝对线性，在许可限度内，可以在其近似线性区域内应用。例如，变间隙型电容、电感传感器，均采用在初始间隙附近的近似线性区内工作。选用时必须考虑被测物理量的变化范围，令其线性误差在允许范围以内。

（4）可靠性

可靠性是传感器和一切测量装置的生命。可靠性是指仪器、装置等产品在规定的条件下、在规定的时间内可完成规定功能的能力。只有产品的性能参数（特别是主要性能参数）均处在规定的误差范围内，方能视为可完成规定的功能。

为了保证传感器应用中具有高的可靠性，事前须选用设计、制造良好，使用条件适宜的传感器；使用过程中，应严格规定使用条件，尽量减轻使用条件的不良影响。

例如电阻应变式传感器，湿度会影响其绝缘性，温度会影响其零漂，长期使用会产生蠕变现象。又如，对于变间隙型电容传感器，环境的湿度或浸入间隙的油剂，会改变介质的介电常数。光电传感器的感光表面有尘埃或水汽时，会改变光通量、偏振性和光谱成分。对于磁电式传感器或霍尔效应元件等，当在电场、磁场中工作时，亦会带来测量误差。滑线电阻式传感器表面有尘埃时，将引入噪声等。

在机械工程中，有些机械系统或自动加工过程，往往要求传感器能长期使用而不需经常更换或校准。而其工作环境又比较恶劣，尘埃、油剂、温度、振动等干扰严重。例如，热轧机系统控制钢板厚度的γ射线检测装置，用于自适应磨削过程的测力系统或零件尺寸的自动检测装置等，在这种情况下应对传感器的可靠性有严格的要求。

（5）精确度

传感器的精确度表示传感器的输出与被测量真值一致的程度。传感器处于测试系统的输入端，因此，传感器能否真实地反映被测量值，对整个测试系统具有直接影响。

然而，也并非要求传感器的精确度愈高愈好，因为还应考虑到经济性。传感器精确度越高，价格越昂贵。因此，应从实际出发尤其应从测试目的出发来选择。

首先应了解测试目的，判断是定性分析还是定量分析。如果是属于相对比较的定性试验研究，只需获得相对比较值即可，无须要求绝对值，那么应要求传感器精密度高。如果是定量分析，必须获得精确量值，则要求传感器有足够高的精确度。例如，为研究超精密切削机床运动部件的定位精度，主轴回转运动误差、振动及热变形等，往往要求测量精度在 $0.01 \sim 0.1 \mu m$ 范围内，欲测得这样的量值，必须采用高精确度的传感器。

（6）测量方法

传感器在实际条件下的工作方式，例如，接触与非接触测量、在线与非在线测量等，也是选用传感器时应考虑的重要因素。工作方式不同对传感器的要求亦不同。

在机械系统中，运动部件的测量（如回转轴的运动误差、振动、扭力矩）往往需要非接触测量。因为对部件的接触式测量不仅造成对被测系统的影响，且有许多实际困难，诸如测量头的磨损、接触状态的变动、信号的采集都不易妥善解决，也易造成测量误差。采用电容式、涡电流式等非接触式传感器，会更加方便。若选用电阻应变片时，则需配遥测应变仪或其他装置。

在线测试是与实际情况更接近一致的测试方式。特别是自动化过程的控制与检测系统，必须在现场实时条件下进行检测。实现在线检测是比较困难的，对传感器及测试系统都有一定特殊要求。例如，在加工过程中，若要实现表面粗糙度的检测，以往的光切法、干涉法、触针式轮廓检测法都不能运用，取而代之的是激光检测法。在线检测的新型传感器的研制，也是当前测试技术发展的一个方面。

（7）其他

选用传感器时，除了以上应充分考虑的一些因素外，还应尽可能兼顾结构简单、体积小、重量轻、价格便宜、易于维修、易于更换等条件。

本章小结

本章主要内容包括：传感器的定义、分类，机械式传感器和常用传感器（电阻式传感器、电容式传感器、压电式传感器和半导体式传感器）的工作原理、测量电路、特性及应用，传感器的选用原则等。

本章学习的要点是：掌握传感器的定义、分类，常用传感器的工作原理、测量电路、特性、应用及传感器选用原则；了解机械式传感器及仪器。

📝 思考题与习题

7-1 在机械式传感器中，影响线性度的主要因素是什么？试举例说明。

7-2 试举出你所熟悉的 5 种传感器，并说明它们的变换原理。

7-3 电阻丝应变片与半导体应变片在工作原理上有何区别？各有何优缺点？应如何针对具体情况来选用？

7-4 有一电阻应变片（图 7-42），其灵敏度 $S_g=2$，$R=120\Omega$，设工作时其应变为 $1000\mu\varepsilon$，问 ΔR 为多少？设将此应变片接成图中所示的电路，试求：①无应变时电流表示值；②有应变时电流表示值；③电流表示值相对变化量；④试分析这个变量能否从表中读出。

7-5 一个电容测微仪，其传感器的圆形极板半径 $r=4mm$，工作初始间隙 $\delta=0.3mm$，试求：①工作时，如果传感器与工件的间隙变化量 $\Delta\delta=\pm1\mu m$ 时，电容变化量是多少？②如果测量电路的灵敏度 $S_1=100mV/pF$，读数仪表的灵敏度 $S_2=5$ 格/mV，在 $\Delta\delta=\pm1\mu m$ 时，读数仪表的指示值变化多少格？

7-6 把一个变阻器式传感器按图 7-43 接线，它的输入量是什么？输出量是什么？在什么样的条件下它的输出量与输入量之间有较好的线性关系？

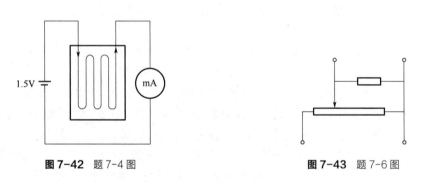

图 7-42 题 7-4 图   **图 7-43** 题 7-6 图

7-7 按接触式与非接触式区分传感器，列出它们的名称、变换原理以及应用场景。

7-8 欲测量液体压力，拟采用电容式、电阻应变式和压电式传感器，请绘出可行方案的原理图。

7-9 一压电式传感器的灵敏度 $S=90pC/mPa$，把它和一台灵敏度调到 $0.005V/pC$ 的电荷放大器连接，放大器的输出又接到一灵敏度已调到 $20mm/V$ 的光线示波器上记录，试绘出这个测试系统的框图，并计算其总的灵敏度。

7-10 什么是霍尔效应？其物理本质是什么？用霍尔元件可以测量哪些物理量？

7-11 有一批涡轮机叶片，需要检测是否有裂纹，请举出两种以上方法，并阐明所用传感器的工作原理。

7-12 选用传感器的基本原则是什么？试举一例说明。

第 8 章

电信号的调理与记录

信号的调理和转换是测试系统不可缺少的环节。被测物理量经传感器后的输出信号通常是很微弱的电压信号，或者可能是如电阻、电容、电感、电荷、电流等非电压信号。这些输出信号难以直接被显示或通过 A/D 转换器送入仪器或计算机进行数据采集，而且有些信号本身还携带有一些我们不期望有的信息或噪声。因此，经传感后的信号需经过调理（如放大、滤波等一系列的加工处理），将微弱电压信号放大或将非电压信号转换为电压信号并抑制干扰噪声和提高信噪比，以便于后续环节的处理。信号的调理和转换涉及的范围很广，本章主要讨论一些常用的环节，如电桥、调制与解调、滤波和放大等，并对常用的信号显示与记录仪器做简要介绍。

8.1 电桥

电桥是将电阻、感、电容等参量的变化转换为电压或电流输出的一种测量电路，由于桥式测量电路简单可靠，而且具有很高的精度和灵敏度，因此在测量装置中被广泛采用。电桥按其所采用的激励电源的类型可分为直流电桥与交流电桥。按其工作原理可分为偏值法和归零法两种，其中偏值法的应用更为广泛。本节只对偏值法电桥加以介绍。

8.1.1 直流电桥

图 8-1 是直流电桥的基本结构。以电阻 R_1、R_2、R_3、R_4 组成电桥的四个桥臂，在电桥的对角点 a、c 端接入直流电源 U_e 作为电桥的激励电源，从另一对角点 b、d 两端输出电压 U_o。使用时，电桥四个桥臂中的一个或多个是阻值随被测量变化的电阻传感器元件，如电阻应变片、电阻式温度计、热敏电阻等。

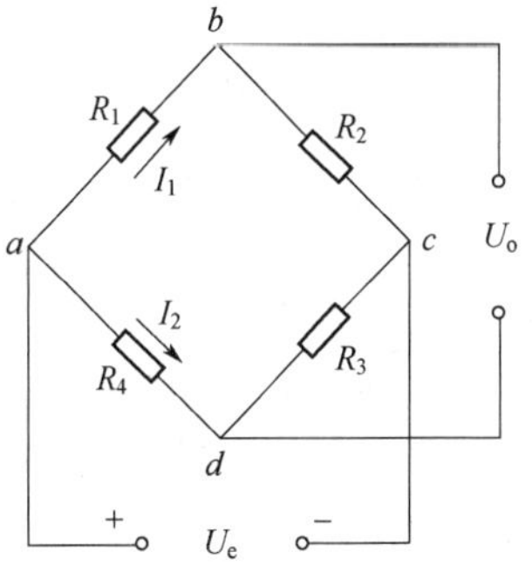

在图 8-1 中，电桥的输出电压 U_o 可通过下式确定：

$$U_o = U_{ab} - U_{ad} = I_1 R_1 - I_2 R_4$$

$$= \left(\frac{R_1}{R_1 + R_2} - \frac{R_4}{R_3 + R_4} \right) U_e \qquad (8\text{-}1)$$

$$= \frac{R_1 R_3 - R_2 R_4}{(R_1 + R_2)(R_3 + R_4)} U_e$$

图 8-1 直流电桥

由式（8-1）可知，若要使电桥输出为零，应满足：

$$R_1R_3 = R_2R_4 \tag{8-2}$$

式（8-2）即为直流电桥的平衡条件。由上述分析可知，若电桥的四个电阻中任何一个或数个阻值发生变化时，将打破式（8-2）的平衡条件，使电桥的输出电压 U_o 发生变化，电桥测量正是利用了这一特点。

如图 8-2 所示，在测试中常用的电桥连接形式有单臂电桥连接、半桥连接与全桥连接。

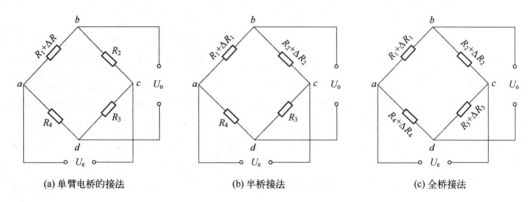

| (a) 单臂电桥的接法 | (b) 半桥接法 | (c) 全桥接法 |

图 8-2 直流电桥的连接方式

（1）单臂电桥

图 8-2（a）是单臂电桥连接形式。工作中只有一个桥臂电阻随被测量的变化而变化，设该电阻为 R_1，产生的电阻变化量为 ΔR，则根据式（8-1）可得输出电压：

$$U_o = \left(\frac{R_1 + \Delta R}{R_1 + \Delta R + R_2} - \frac{R_4}{R_3 + R_4} \right) U_e \tag{8-3}$$

为了简化桥路，设计时往往取相邻两桥臂电阻相等，即 $R_1=R_2=R_0$，$R_3=R_4=R_0'$。又若 $R_0=R_0'$，则上式变为：

$$U_o = \frac{\Delta R}{4R_0 + 2\Delta R} U_e \tag{8-4}$$

一般 $\Delta R \ll R_0$，所以上式可简化为：

$$U_o \approx \frac{\Delta R}{4R_0} U_e = \frac{U_e}{4} \times \frac{\Delta R}{R_0} \tag{8-5}$$

可见，电桥的输出电压 U_o 与激励电压 U_e 成正比；在 U_e 一定的条件下，与工作桥臂的阻值变化率 $\dfrac{\Delta R}{R_0}$ 成单调线性关系。

（2）半桥

图 8-2（b）为半桥接法。工作中有两个桥臂（一般为相邻桥臂）的阻值随被测量而变化，即 $R_1+\Delta R_1$、$R_2+\Delta R_2$。根据式（8-1）可知，当 $R_1=R_2=R_0$，$\Delta R_1=-\Delta R_2=\Delta R$ 和 $R_3=R_4=R_0$ 时，电桥输出为：

$$U_o \approx \frac{\Delta R}{2R_0} U_e = \frac{U_e}{2} \times \frac{\Delta R}{R_0} \tag{8-6}$$

（3）全桥

图 8-2（c）为全桥接法。工作中四个桥臂阻值都随被测量而变化，即 $R_1+\Delta R_1$、$R_2+\Delta R_2$、$R_3+\Delta R_3$、$R_4+\Delta R_4$。根据式（8-1）可知，当 $R_1=R_2=R_3=R_4=R_0$，$\Delta R_1=-\Delta R_2=\Delta R_3=-\Delta R_4$ 时，电桥输出为：

$$U_o \approx \frac{\Delta R}{R_0}U_e \tag{8-7}$$

（4）三种典型桥路的输出特性对比

从式（8-5）～式（8-7）可以看出，电桥的输出电压 U_o 与激励电压 U_e 成正比，只是比例系数不同。现定义电桥的灵敏度为：

$$S = \frac{U_0}{\Delta R / R} \tag{8-8}$$

根据式（8-8）可知，单臂电桥的灵敏度为 $\frac{U_e}{4}$，半桥的灵敏度为 $\frac{U_e}{2}$，全桥的灵敏度为 U_e。显然，电桥接法不同，灵敏度也不同，全桥接法可以获得最大的灵敏度。

事实上，对于图 8-2（c）所示的电桥，当 $R_1=R_2=R_3=R_4=R$，且 $\Delta R_1 \ll R_1$、$\Delta R_2 \ll R_2$、$\Delta R_3 \ll R_3$、$\Delta R_4 \ll R_4$ 时，由式（8-1）可得：

$$U_o = \left(\frac{R_1 + \Delta R_1}{R_1 + \Delta R_1 + R_2 + \Delta R_2} - \frac{R_4 + R_4}{R_3 + \Delta R_3 + R_4 + \Delta R_4} \right)U_e \approx \frac{1}{2}\left(\frac{\Delta R_1}{R} - \frac{\Delta R_4}{R} \right)U_e \tag{8-9}$$

或

$$U_o = \left(\frac{R_3 + \Delta R_3}{R_3 + \Delta R_3 + R_4 + \Delta R_4} - \frac{R_2 + R_2}{R_1 + \Delta R_1 + R_2 + 2} \right)U_e \approx \frac{1}{2}\left(\frac{\Delta R_3}{R} - \frac{\Delta R_2}{R} \right)U_e \tag{8-10}$$

综合式（8-9）和式（8-10），可以导出如下公式：

$$U_o = \frac{1}{4}\left(\frac{\Delta R_1}{R} - \frac{\Delta R_2}{R} + \frac{\Delta R_3}{R} - \frac{\Delta R_4}{R} \right)U_e \tag{8-11}$$

由式（8-11）可以看出：

① 若相邻两桥臂（如图 8-2（c）中的 R_1 和 R_2）电阻同向变化，即两电阻同时增大或同时减小，所产生的输出电压的变化将相互抵消；

② 若相邻两桥臂电阻反相变化，即两电阻一个增大一个减小，所产生的输出电压的变化将相互叠加。

上述性质即为电桥的和差特性，很好地掌握该特性对构成实际的电桥测量电路具有重要意义。

例 8.1　如用悬臂梁做敏感元件测力时（图 8-3），常在梁的上下表面各贴一个应变片，并将两个应变片接入电桥相邻的两个桥臂。当悬臂梁受压时，上应变片 R_1 产生正向 ΔR，下应变片 R_2 产生负向 ΔR，由电桥的和差特性可知，这时产生的电压输出相互叠加，电桥获得最大输出。

例 8.2　如用柱形梁做敏感元件测力时（图 8-4），常沿着圆周间隔 90° 纵向贴四个应变片 R_1、R_2、R_3、R_4 作为工作片，与纵向应变片相间，再横向贴四个应变片 R_5、R_6、R_7、R_8 用作温度补偿。当柱形梁受压时，四个纵向应变片 $R_1 \sim R_4$ 产生同向 ΔR，这时应将 $R_1 \sim R_4$ 先两两串联，然后再接入电桥的两个相对桥臂，这样它们产生的电压输出将相互叠加；反之，若将 $R_1 \sim R_4$ 分别接入电桥的四个相邻桥臂，它们产生的电压输出会相互抵消，这时无论施加的力 F 有多么大，输出电压均为零。电桥的温度补偿也正好利用了上述和差特性。

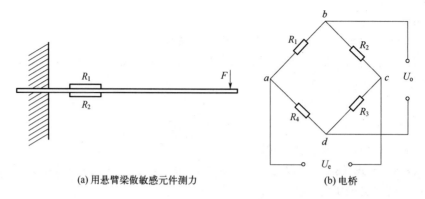

(a) 用悬臂梁做敏感元件测力   (b) 电桥

图8-3 悬臂梁测力的电桥接法

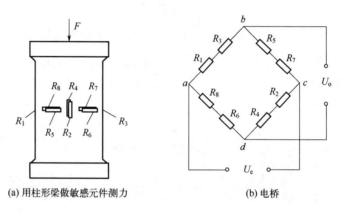

(a) 用柱形梁做敏感元件测力   (b) 电桥

图8-4 柱形梁测力的电桥接法

使用电桥电路时，还需要调节零位平衡，即当工作臂电阻变化为零时，使电桥的输出为零。图 8-5 给出了常用的差动串联平衡与差动并联平衡方法。在需要进行较大范围的电阻调节时，如工作臂为热敏电阻，应采用串联调零形式；若进行微小的电阻调节时，如工作臂为电阻应变片，应采用并联调节形式。

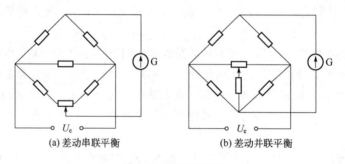

(a) 差动串联平衡   (b) 差动并联平衡

图8-5 零位平衡调节

8.1.2 交流电桥

交流电桥的电路结构与直流电桥完全一样（图 8-6），所不同的是交流电桥采用交流电源激励，电桥的四个臂可为电感、电容或电阻，如图 8-6 中 $Z_1 \sim Z_4$ 表示四个桥臂的交流阻抗。

如果交流电桥的阻抗、电流及电压都用复数表示，则关于直流电桥的平衡关系在交流电桥中也可适用，即电桥达到平衡时必须满足。

$$Z_1 Z_3 = Z_2 Z_4 \qquad (8\text{-}12)$$

把各阻抗用指数式表示为：

$$Z_1 = Z_{01}\mathrm{e}^{\mathrm{j}\varphi_1} \quad Z_2 = Z_{02}\mathrm{e}^{\mathrm{j}\varphi_2} \quad Z_3 = Z_{03}\mathrm{e}^{\mathrm{j}\varphi_3} \quad Z_4 = Z_{04}\mathrm{e}^{\mathrm{j}\varphi_4}$$

代入式（8-12），得：

$$Z_{01} Z_{03} \mathrm{e}^{\mathrm{j}(\varphi_1 + \varphi_3)} = Z_{02} Z_{04} \mathrm{e}^{\mathrm{j}(\varphi_2 + \varphi_4)} \qquad (8\text{-}13)$$

若此式成立，必须同时满足下列两等式

$$\begin{cases} Z_{01} Z_{03} = Z_{02} Z_{04} \\ \varphi_1 + \varphi_3 = \varphi_2 + \varphi_4 \end{cases} \qquad (8\text{-}14)$$

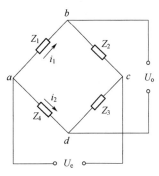

图 8-6　交流电桥

式中，Z_{01}、Z_{02}、Z_{03}、Z_{04} 为各阻抗的模；φ_1、φ_2、φ_3、φ_4 为阻抗角，是各桥臂电流与电压之间的相位差。纯电阻时电流与电压同相位，$\varphi = 0$；电感性阻抗，$\varphi > 0$；电容性阻抗，$\varphi < 0$。

式（8-14）表明，交流电桥平衡必须满足两个条件：相对两臂阻抗之模的乘积应相等，并且它们的阻抗角之和也必须相等。

为满足上述平衡条件，交流电桥各臂可有不同的组合。常用的电容、电感电桥，其相邻两臂可接入电阻（例如 $Z_{02} = R_2$，$Z_{03} = R_3$，$\varphi_2 = \varphi_3 = 0$），而另外两个桥臂接入相同性质的阻抗，例如都是电容或者都是电感，以满足 $\varphi_1 = \varphi_4$。

图 8-7 是一种常用电容电桥，两相邻桥臂为纯电阻 R_2、R_3，另外相邻两臂为电容 C_1、C_4。图中，R_1、R_4 可视为电容介质损耗的等效电阻。根据式（8-14）平衡条件，有：

$$\left(R_1 + \frac{1}{\mathrm{j}\omega C_1} \right) R_3 = \left(R_4 + \frac{1}{\mathrm{j}\omega C_4} \right) R_2 \qquad (8\text{-}15)$$

即 $R_1 R_3 + \dfrac{R_3}{\mathrm{j}\omega C_1} = R_4 R_2 + \dfrac{R_2}{\mathrm{j}\omega C_4}$。

令上式的实部和虚部分别相等，则得到下面的平衡条件：

$$\begin{cases} R_1 R_3 = R_2 R_4 \\ \dfrac{R_3}{C_1} = \dfrac{R_2}{C_4} \end{cases} \qquad (8\text{-}16)$$

由此可知，要使电桥达到平衡，必须同时调节电阻与电容两个参数，即调节电阻达到电阻平衡，调节电容达到电容平衡。

图 8-8 是一种常用的电感电桥，两相邻桥臂分别为电感 L_1、L_4 与电阻 R_2、R_3，根据式（8-14），电桥平衡条件应为：

$$\begin{cases} R_1 R_3 = R_2 R_4 \\ L_1 R_3 = L_4 R_2 \end{cases} \qquad (8\text{-}17)$$

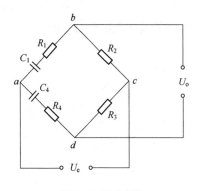

图 8-7 电容电桥

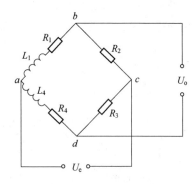

图 8-8 电感电桥

对于纯电阻交流电桥，即使各桥臂均为电阻，但由于导线间存在分布电容，相当于在各桥臂上并联了一个电容（如图 8-9 所示）。为此，除需有电阻平衡外，还需有电容平衡。图 8-10 所示为一种用于动态应变仪中的具有电阻、电容平衡调节环节的交流电阻电桥，其中，电阻 R_1、R_2 和电位器 R_3 组成电阻平衡调节部分。通过开关 S 实现电阻平衡粗调与微调的切换，电容 C 是一个差动可变电容器，当旋转电容平衡旋钮时，电容器左右两部分的电容一边增加，另一边减少，使并联到相邻两臂的电容值改变，以实现电容平衡。

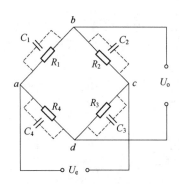

图 8-9 电阻交流电桥的分布电容

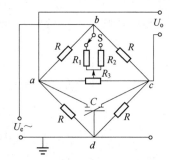

图 8-10 具有电阻电容平衡的交流电阻电桥

在一般情况下，交流电桥的供桥电源必须具有良好的电压波形与频率稳定度。如电源电压波形畸变（包含了高次谐波），对基波而言，电桥达到平衡；而对高次谐波，电桥不一定能平衡，因而将有高次谐波的电压输出。

一般采用 5～10kHz 音频交流电源作为交流电桥电源。这样，电桥输出将为调制波，外界工频干扰不易从线路中引入，并且后接交流放大电路简单而无零漂。

采用交流电桥时，必须注意到影响测量误差的一些因素，例如，电桥中元件之间的互感影响，无感电阻的残余电抗，邻近交流电路对电桥的感应作用，泄漏电阻以及元件之间、元件与地之间的分布电容等。

8.1.3 带感应耦合臂的电桥

带感应耦合臂的电桥是将感应耦合的两个绕组作为桥臂而组成的电桥，一般有下列两种形式。

　　一种形式如图 8-11（a）所示，是用于电感比较仪中的电桥，感应耦合的绕组 W_1、W_2 与阻抗 Z_3、Z_4 构成电桥的四个臂。绕组 W_1、W_2 相当于变压器的二次边绕组，这种桥路又称变压器电桥。平衡时，指零仪 G 指零。

　　另一种形式如图 8-11（b）所示，电桥平衡时，绕组 W_1、W_2 的励磁效应互相抵消，铁芯中无磁通，所以指零仪 G 指零。

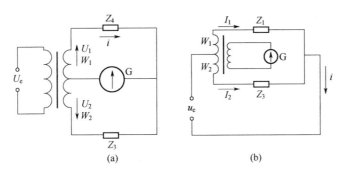

图 8-11　带电感耦合臂的电桥

　　以上两种电桥中的感应耦合臂可代以差动式三绕组电感传感器，通过它的敏感元件——铁芯，将被测位移量转换为绕组间互感变化，再通过电桥转换为电压或电流的输出。

　　带感应耦合臂的电桥与一般电桥比较，具有较高的精确度、灵敏度以及性能稳定等优点。

8.2　调制与解调

　　调制是指利用某种低频信号来控制或改变一高频振荡信号的某个参数（幅值、频率或相位）的过程。当被控制的量是高频振荡信号的幅值时，称为幅值调制或调幅；当被控制的量是高频振荡信号的频率时，称为频率调制或调频；当被控制的量是高频振荡信号的相位时，称为相位调制或调相。在这里，我们称高频振荡信号为载波，控制高频振荡的低频信号为调制信号，调制后的高频振荡信号为已调制信号。

　　解调是指从已调制信号中恢复出原低频调制信号的过程。调制与解调是一对相反的信号变换过程，在工程上经常结合在一起使用。

　　调制与解调在测试领域也有广泛的应用。在测量过程中我们常常会碰到诸如力、位移等一些变化缓慢的量，经传感器转换后得到的信号是低频的微弱信号，需进行放大处理。如果直接采取直流放大会带来零漂和级间耦合等问题，造成信号的失真。而交流放大器具有良好的抗零漂性能，所以我们经常设法先将这些低频信号通过调制的手段变为高频信号，然后采用交流放大器进行放大。最终再采用解调的手段获取放大后的被测信号。还有一些传感器在完成从被测物理量到电量的转换过程中应用了信号调制的原理，如差动变压器式位移传感器就是幅值调制的典型应用。交流电阻电桥实质上也是一个幅值调制器。一些电容、电感类传感器将被测物理量的变化转换成了频率的变化，即采取了频率调制。

　　另外，调制与解调技术还广泛应用于信号的远距离传输方面。

8.2.1 幅值调制与解调

（1）幅值调制

幅值调制将一个高频载波信号（此处采用余弦波）与被测信号（调制信号）相乘，使高频信号的幅值随被测信号的变化而变化。如图 8-12 所示，$x(t)$ 为被测信号，$y(t)$ 为高频载波信号，$y(t) = \cos(2\pi f_0 t)$，则调制器的输出已调制信号 $x_m(t)$ 为 $x(t)$ 与 $y(t)$ 的乘积：

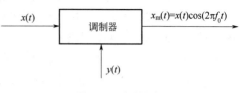

图 8-12 幅值调制

$$x_m(t) = x(t)\cos(2\pi f_0 t) \tag{8-18}$$

例 8.3 电阻应变片的调理电路——交流电桥为例，说明信号的调制。

图 8-13（a）所示为一单臂交流电桥，桥臂 R_1 为测量电阻，电桥激励为交流电压：

$$U_0 = U_m \sin(2\pi f_0 t)$$

其中，f_0 为激励频率，U_m 为信号幅值。根据交流电桥的工作原理可知，对应于电阻应变片的电阻变化 ΔR，单臂电桥的输出电压为：

$$U_y = \frac{1}{4} \times \frac{\Delta R}{R} U_m \sin(2\pi f_0 t)$$

由于电阻应变片的电阻变化 ΔR 与被测量（应变梁的应变、负载力等）成线性关系，设电阻变化率为缓变输入信号 $x(t)$，由图 8-13（b）可以看出，输出信号 $U_y(t)$ 由原来的等幅振荡（常量幅值 U_m）变成按照 $x(t)$ 规律变化的信号，但是仍保持原振荡频率 f_0。即实现了将信号 $x(t)$ 加载到了原高频信号 $\sin(2\pi f_0 t)$ 的幅值上，称为调幅信号。

根据信号调制的定义，电桥的激励电压 $U_0(t) = U_m \sin(2\pi f_0 t)$ 为载波，被测信号 $x(t)$ 为调制信号，交流电桥的输出 U_y 为已调制信号。其中载波频率为 f_0，调制信号 $x(t)$ 的最高频率为 f_m，要求 f_0 至少数倍或数十倍于 f_m。

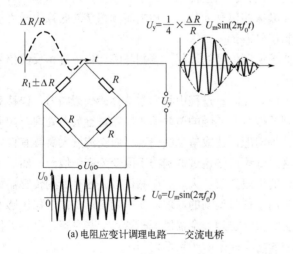

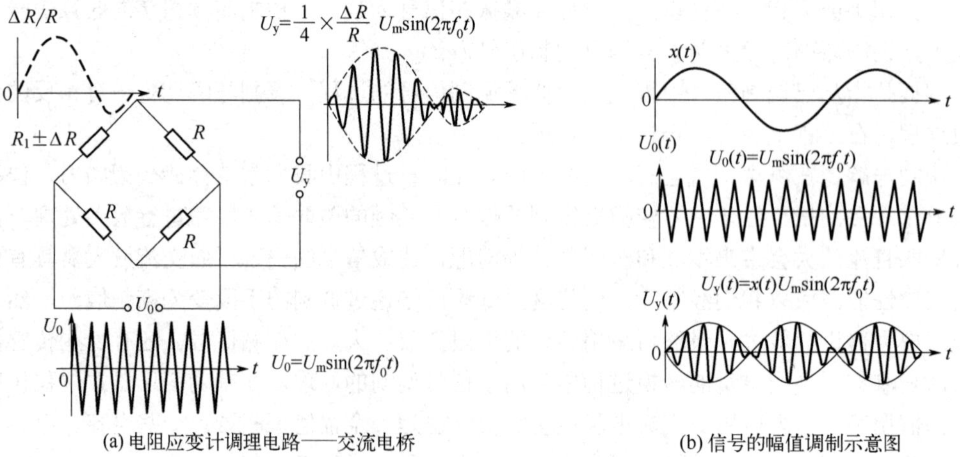

(a) 电阻应变计调理电路——交流电桥　　　　(b) 信号的幅值调制示意图

图 8-13 信号的调制过程

（2）调幅信号的频域分析

下面我们分析幅值调制信号的频域特点。由傅里叶变换的性质知：时域中两个信号相乘对应于频域中这两个信号的傅里叶变换的卷积，即：

$$x(t)y(t) \rightleftharpoons X(f) * Y(f) \tag{8-19}$$

余弦函数的频域波形是一对脉冲谱线，即：

$$\cos(2\pi f_0 t) \rightleftharpoons \frac{1}{2}\delta(f - f_0) + \frac{1}{2}\delta(f + f_0) \tag{8-20}$$

由式（8-18）～式（8-20）有：

$$x(t)\cos(2\pi f_0 t) \rightleftharpoons \frac{1}{2}X(f) * \delta(f - f_0) + \frac{1}{2}X(f) * \delta(f + f_0) \tag{8-21}$$

一个函数与单位脉冲函数卷积的结果是将这个函数的波形由坐标原点平移至该脉冲函数处。所以，把被测信号 $x(t)$ 和载波信号相乘，其频域特征就是把 $x(t)$ 的频谱由频率坐标原点平移至载波频率 $\pm f_0$ 处，其幅值减半，如图 8-14 所示。可以看出，所谓调幅过程相当于频谱"搬移"过程。

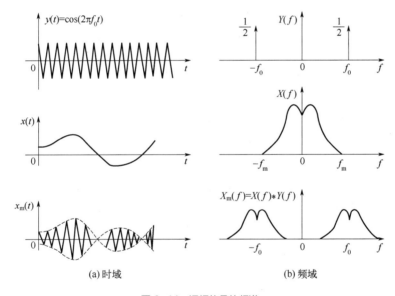

图 8-14　调幅信号的频谱

从图 8-14 可以看出，载波频率 f_0 必须高于信号中的最高频率 $f_{\max}$，这样才能使已调幅信号保持原信号的频谱图形而不产生混叠现象。为了减小电路可能引起的失真，信号的频宽 f_m 相对载波频率 f_0 应越小越好。在实际应用中，载波频率常常在调制信号上限频率 f_m 的 10 倍以上。

（3）调幅信号的解调方法

幅值调制的解调有多种方法，常用的有同步解调（图 8-15）、包络检波和相敏检波法。

1）同步解调

若把调幅波再次与原载波信号相乘，如图 8-15（b）所示，则频域的频谱图形将再一次进行"搬移"，其结果是使原信号的频谱图形平移到 0 和 $\pm f_0$ 的频率处，如图 8-15（c）所示。若用一个低通滤波器滤去中心频率为 $2f_0$ 的高频成分，便可以复现原信号的频谱（只是其幅值减小为一半，这可用放大处理来补偿），这一过程称为同步解调。"同步"是指在解调过程中所乘的载波信号与调制时的载波信号具有相同的频率与相位。在时域分析中也可以看到：

$$x(t)\cos(2\pi f_0 t)\cos(2\pi f_0 t)=\frac{x(t)}{2}+\frac{1}{2}x(t)\cos[2\pi(2f_0)t] \tag{8-22}$$

用低通滤波器将式（8-22）右端频率为 $2f_0$ 的后一项高频信号滤去，则可得到 $\dfrac{x(t)}{2}$。

但要注意，同步解调要求有性能良好的线性乘法器件，否则将引起信号失真。

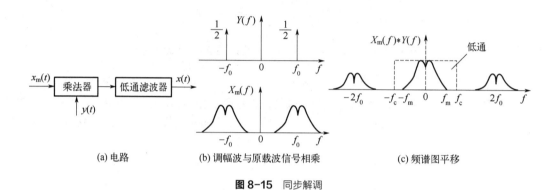

(a) 电路　　　　　　(b) 调幅波与原载波信号相乘　　　　　　(c) 频谱图平移

图 8-15　同步解调

2）包络检波

包络检波亦称整流检波，其原理是先对调制信号进行直流偏置，叠加一个直流分量 A，使偏置后的信号都具有正电压值，那么用该调制信号进行调幅后得到的调幅波 $x_m(t)$ 的包络线将具有原调制信号的形状，如图 8-16 所示。对该调幅波 $x_m(t)$ 进行简单的整流（半波或全波整流），滤波便可以恢复原调制信号，信号在整流滤波之后需再准确地减去所加的直流偏置电压。

上述方法的关键是准确地加、减偏置电压。若所加的偏置电压未能使信号电压都位于零位的同一侧，那么对调幅之后的波形只进行简单的整流滤波便不能恢复原调制信号，而会造成很大失真（图 8-17）。在这种情况下，采用相敏检波技术可以解决这一问题。

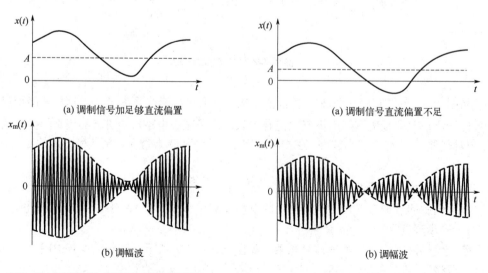

(a) 调制信号加足够直流偏置　　　　　　　　　　(a) 调制信号直流偏置不足

(b) 调幅波　　　　　　　　　　　　　　　　(b) 调幅波

图 8-16　调制信号加足够直流偏置的调幅波　　　　　　图 8-17　调制信号直流偏置不够时

3）相敏检波

相敏检波的特点是可以鉴别调制信号的极性，所以采用相敏检波时，对调制信号不必再加直流偏置。相敏检波利用交变信号在过零位时正、负极性发生突变，使调幅波的相位（与载波比较）也相应地产生 180°的相位跳变，这样便既能反映出原调制信号的幅值，又能反映其极性。

图 8-18 示出一种典型的二极管相敏检波电路，4 个特性相同的二极管 $VD_1 \sim VD_4$ 连接成电桥的形式，两对对角点分别接到变压器 T_1 和 T_2 的二次侧线圈上。调幅波 $x_m(t)$ 输入到变压器 T_1 的一次侧，变压器 T_2 接参考信号，该参考信号应与载波信号 $y(t)$ 的相位和频率相同，用作极性识别的标准。R_1 为负载电阻。电路设计时应使变压器 T_2 的二次侧输出电压大于变压器 T_1 的二次侧输出电压。

图 8-18 中还示出相敏检波器解调的波形转换过程。当调制信号 $x(t)$ 为正时（图 8-18 的 $0 \sim t_1$ 区间），调幅波 $x_m(t)$ 与载波 $y(t)$ 同相。这时，当载波电压为正时，VD_1 导通，电流的流向是 d—1—VD_1—2—5—R_1—地—d；当载波电压为负时，变压器 T_1 和 T_2 的极性同时改变，VD_3 导通，电流的流向是 d—3—VD_3—4—5—R_1—地—d。可见在 $0 \sim t_1$ 区间，流经负载 R_1 的电流方向始终是由上到下，输出电压 $U_0(t)$ 为正值。当调制信号 $x(t)$ 为负时（图 8-18 中的 $t_1 \sim t_2$ 区间），调幅波 $x_m(t)$ 相对于载波 $y(t)$ 的极性相差 180°。这时，当载波电压为正时，VD_2 导通，电流的流向是 5—2—VD_2—3—d—地—R_1—5；当载波电压为负时，VD_4 导通，电流的流向是 5—4—VD_4—1—d—地—R_1—5。可见在 $t_1 \sim t_2$ 区间，流经负载 R_1 的电流方向始终是由下向上，输出电压 $U_0(t)$ 为负值。

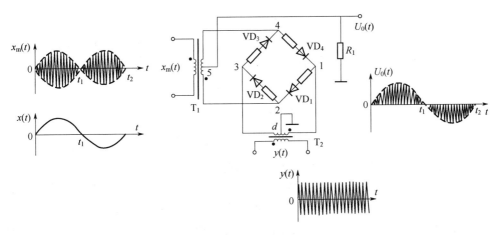

图 8-18　相敏检波

综上所述，相敏检波是利用二极管的单向导通作用将电路输出极性换向。简单地说，这种电路相当于在 $0 \sim t_1$ 段把 $x_m(t)$ 的负部翻上去，而在 $t_1 \sim t_2$ 段把 $x_m(t)$ 的正部翻下来。若将 $U_0(t)$ 经低通滤波器滤波，则所得到的信号就是 $x_m(t)$ 经过翻转后的包络。

由以上分析可知，通过相敏检波可得到一个幅值与极性均随调制信号的幅值与极性变化的信号，从而使被测信号得到重现。换言之，对于具有极性或方向性的被测量，经调制以后要想正确地恢复原有的信号波形，必须采用相敏检波的方法。

动态电阻应变仪（图 8-19）可作为电桥调幅与相敏检波的典型实例。电桥由振荡器供给等幅高频振荡电压（一般频率为 10kHz 或 15kHz）。被测量（应变）通过电阻应变片调制电桥输出，电桥输出为调幅波，经过放大，再经相敏检波与低通滤波即可取出所测信号。

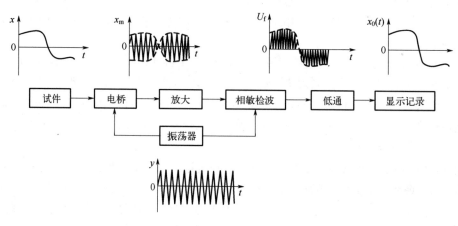

图 8-19 动态电阻应变仪框图

8.2.2 频率调制与解调

（1）频率调制的基本概念

频率调制是指利用调制信号控制高频载波信号频率变化的过程。在频率调制中载波幅值保持不变，仅载波的频率随调制信号的幅值成比例变化。

设载波 $y(t) = A\cos(\omega_0 t + \theta_0)$，这里角频率 ω_0 为一常量。如果保持振幅 A 为常数，让载波瞬时角频率 $\omega(t)$ 随调制信号 $x(t)$ 做线性变化，则有：

$$\omega(t) = \omega_0 + kx(t) \tag{8-23}$$

式中，k 为比例因子。此时调频信号可以表示为：

$$x_f(t) = A\cos\left[\omega_0 t + k\int x(t)\mathrm{d}t + \theta_0\right] \tag{8-24}$$

图 8-20 是调制信号为三角波时的调频信号波形。

由图可见，在 $0\sim t_1$ 区间，调制信号 $x(t) = 0$，调频信号的频率保持原始的中心频率 ω_0 不变；在 $t_1\sim t_2$ 区间，调频波 $x_f(t)$ 的瞬时频率随调制信号 $x(t)$ 的增大而逐渐增高；在 $t_2\sim t_3$ 区间，调频波 $x_f(t)$ 的瞬时频率随调制信号 $x(t)$ 的减小而逐渐降低；在 $t > t_3$ 后，调制信号 $x(t) = 0$，调频信号的频率又恢复了原始的中心频率 ω_0。

（2）频率调制方法

频率调制一般用振荡电路来实现，如 LC 振荡电路、变容二极管调制器、压控振荡器等。

以 LC 振荡回路为例，如图 8-21 所示，该电路常被用于电容、涡流、电感等传感器的测量电路，将电容（或电感）作为自激振荡器的谐振回路的一调谐参数，则电路的谐振频率为：

$$f_0 = \frac{1}{2\pi\sqrt{LC_0}} \tag{8-25}$$

若电容 C_0 的变化量为 ΔC，则式（8-25）变为：

$$f = \frac{1}{2\pi\sqrt{LC_0\left(1+\dfrac{\Delta C}{C_0}\right)}} = f_0 \frac{1}{\sqrt{1+\dfrac{\Delta C}{C_0}}} \tag{8-26}$$

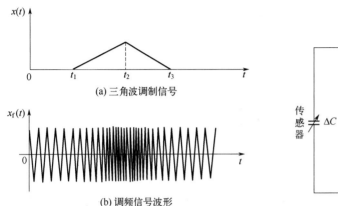

(a) 三角波调制信号

(b) 调频信号波形

图 8-20　三角波调制下的调频波

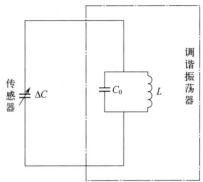

图 8-21　LC 振荡电路

上式按泰勒级数展开并忽略高阶项得：

$$f \approx f_0\left(1-\frac{\Delta C}{2C_0}\right) = f_0 - \Delta f \tag{8-27}$$

式中，$\Delta f = f_0 \dfrac{\Delta C}{2C_0}$。

由（8-27）可知，LC 振荡回路中振荡频率 f 与调谐参数的变化成线性关系，即振荡频率受控于被测物理量（这里是电容 C_0）。这种将被测参数的变化直接转换为振荡频率变化的过程称直接调频式测量。

（3）调频信号的解调

调频信号的解调亦称鉴频，一般采用鉴频器和锁相环解调器。前者结构简单，在测试技术中常被使用；而后者解调性能优良，但结构复杂，一般用于要求较高的场合，如通信机等。

图 8-22（a）为鉴频器示意图，该电路实际上是由一个高通滤波器（R_1、C_1）及一个包络检波器（VD、C_2）构成。从高通滤波器幅频特性的过渡带 [图 8-22（b）] 可以看到，随输入

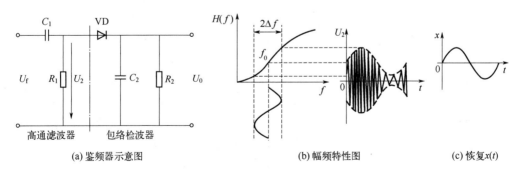

(a) 鉴频器示意图　　　　(b) 幅频特性图　　　　(c) 恢复 $x(t)$

图 8-22　鉴频器解调原理

信号频率的不同，输出信号的幅值便不同。通常在幅频特性的过渡带上选择一段线性好的区域来实现频率—电压的转换，并使调频信号的载频 f_0 位于这段线性区的中点。由于调频信号的瞬时频率正比于调制信号 $x(t)$，它经过高通滤波器后，使原来等幅的调频信号的幅值变为随调制信号 $x(t)$ 变化的调幅信号，即包络形状正比于调制信号 $x(t)$，但频率仍与调频信号保持一致。该信号经后续包络检波器检出包络，即可恢复出反映被测量变化的调制信号 $x(t)$，如图 8-22（c）所示。

8.3 滤波器

8.3.1 概述

通常被测信号是由多个频率分量组合而成的，而且在检测中得到的信号除包含有效信息外，还含有噪声和不希望得到的成分，从而导致真实信号的畸变和失真。所以希望采用适当的电路，选择性地过滤掉不希望的成分或噪声。滤波和滤波器便是实现上述功能的手段和装置。

滤波是指让被测信号中的有效成分通过而将其中不需要的成分抑制或衰减掉的一种过程。根据滤波器的选频方式，一般可将其分为：低通滤波器、高通滤波器、带通滤波器以及陷波或带阻滤波器四种类型，图 8-23 示出这四种滤波器的幅频特性。

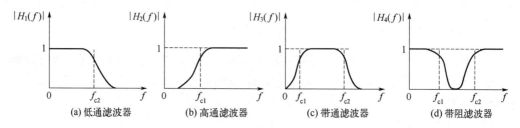

图 8-23 四类滤波器的幅频特性

由图 8-23 可知，低通滤波器允许在其截止频率以下的频率成分通过，而高于此频率的频率成分被衰减；高通滤波器只允许在其截止频率之上的频率成分通过；带通滤波器只允许在其中心频率附近一定范围内的频率分量通过；而带阻滤波器可将选定频带上的频率成分衰减掉。

从滤波器的构成形式可将其分为两类，即有源滤波器和无源滤波器。有源滤波器通常使用运算放大器结构；而无源滤波器由一定的 RLC 组合配置形式组成。

（1）理想滤波器

所谓理想滤波器就是将滤波器的一些特性理想化而定义的滤波器。我们以最常用的低通滤波器为例进行分析。理想低通滤波器特性如图 8-24 所示，它具有矩形幅频特性和线性相频特性。这种滤波器将低于某一频率 f_c 的所有信号予以传送而无任何失真，将频率高于 f_c 的信号全部衰减，f_c 称为截止频率。该滤波器的频率响应函数 $H(f)$ 具有以下形式：

$$H(f) = \begin{cases} A_0 \mathrm{e}^{-\mathrm{j}2\pi f t_0}, & -f_c \leqslant f \leqslant f_c \\ 0, & 其他 \end{cases} \tag{8-28}$$

但这种滤波器在工程实际中是不可能实现的。

（2）实际滤波器的特征参数

图 8-25 示出实际带通滤波器的幅频特性，为便于比较，理想带通滤波器的幅频特性也示于图中，从中可看出两者的差别。对于理想滤波器来说，在两截止频率 f_{c1} 和 f_{c2} 之间的幅频特性为常数 A_0，截止频率之外的幅频特性均为零。对于实际滤波器，其特性曲线无明显转折点，通带中幅频特性也并非常数，因此要用更多的参数来对它进行描述，如截止频率、带宽、纹波幅度、品质因子（Q 值）以及倍频程选择性等。

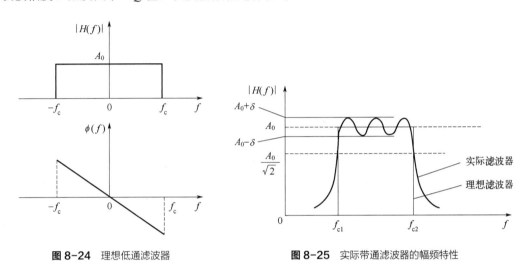

图 8-24 理想低通滤波器   **图 8-25** 实际带通滤波器的幅频特性

① 截止频率。截止频率指幅频特性值等于 $\dfrac{A_0}{\sqrt{2}}$（即-3dB）时所对应的频率点（图 8-25 中的 f_{c1} 和 f_{c2}）。若以信号的幅值平方表示信号功率，该频率对应的点为半功率点。

② 带宽 B。滤波器带宽定义为上下两截止频率之间的频率范围 $B = f_{c2} - f_{c1}$，又称-3dB 带宽，单位为 Hz。带宽表示滤波器的分辨能力，即滤波器分离信号中相邻频率成分的能力。

③ 纹波幅度 δ。通带中幅频特性值的起伏变化值称纹波幅度，图 8-25 中以 $\pm\delta$ 表示，δ 值应越小越好。

④ 品质因子（Q 值）。对于带通滤波器来说，品质因子 Q 定义为中心频率 f_0 与带宽 B 之比，即 $Q = \dfrac{f_0}{B}$。Q 越大，则相对带宽越小，滤波器的选择性越好。

⑤ 倍频程选择性。从阻带到通带或从通带到阻带，实际滤波器有一个过渡带，过渡带的曲线倾斜度代表着幅频特性衰减的快慢程度，通常用倍频程选择性来表征。倍频程选择性是指上截止频率 f_{c2} 与 $2f_{c2}$ 之间或下截止频率 f_{c1} 与 $\dfrac{f_{c1}}{2}$ 间幅频特性的衰减值，即频率变化一个倍频程的衰减量，以 dB 表示。显然，衰减越快，选择性越好。

⑥ 滤波器因数（矩形系数）λ。滤波器因数 λ 定义为滤波器幅频特性的-60dB 带宽与-3dB 带宽的比，即：

$$\lambda = \frac{B_{-60\text{dB}}}{B_{-3\text{dB}}} \tag{8-29}$$

对理想滤波器，有 $\lambda=1$；对普遍使用的滤波器，λ 一般为 1～5。

8.3.2 实际滤波电路

最简单的低通和高通滤波器可由一个电阻和一个电容组成，图 8-26（a）和（b）中分别示出了 RC 低通和高通滤波器。

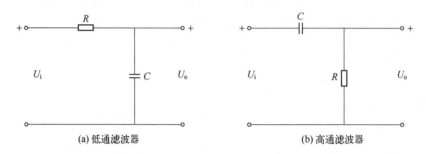

(a) 低通滤波器　　　　　　　　　　　(b) 高通滤波器

图 8-26　简单低通和高通滤波器

这种无源的 RC 滤波器属于一阶系统，一阶系统的时间常数 $\tau = RC$。可写出图 8-26（a）所示的低通滤波器的频率响应特性为：

$$|H(f)| = \frac{1}{\sqrt{1+(f/f_c)^2}} \tag{8-30}$$

$$\phi(f) = -\arctan\frac{f}{f_c} \tag{8-31}$$

式中，$f_c = \dfrac{1}{2\pi RC}$。

截止频率 f_c 对应于幅值衰减 3dB 的点，由于 $f_c = \dfrac{1}{2\pi RC}$，所以调节 RC 可方便地改变截止频率，从而也改变了滤波器的带宽。

图 8-26（b）所示的高通滤波器，其频响特性为：

$$|H(f)| = \frac{f/f_c}{\sqrt{1+(f/f_c)^2}} \tag{8-32}$$

$$\phi(f) = 90° - \arctan\frac{f}{f_c} \tag{8-33}$$

低通滤波器和高通滤波器组合可以构成带通滤波器，图 8-27 示出一种带通滤波器电路。

一阶 RC 滤波器在过渡带内的衰减速率非常慢，每十倍频程 20dB 衰减率，则每个倍频程只有 6dB（图 8-28），通带和阻带之间没有陡峭的界限，故这种滤波器性能较差，因此常常要使用更复杂的滤波器。

LC 电路为二阶系统，每十倍频程 40dB 衰减率，相对于一阶 RC 电路具有较为陡峭的过渡带。图 8-29 中给出了一些 LC 滤波器的构成方法。通过采用多个 RC 环节或 LC 环节级联的方式（图 8-30），可以使滤波器的性能有显著的提高，使过渡带曲线的陡峭度得到改善。这是因为多个中心频率相同的滤波器级联后，其总幅频特性为各滤波器幅频特性的乘积，因此通带外的频率成分将会有更大的衰减。但必须注意到，虽然多个简单滤波器的级联能改善滤波器的过渡带性能，却又不可避免地带来了明显的负载效应和相移增大等问题。为避免这些问题，最常用的方法就是采用有源滤波器。

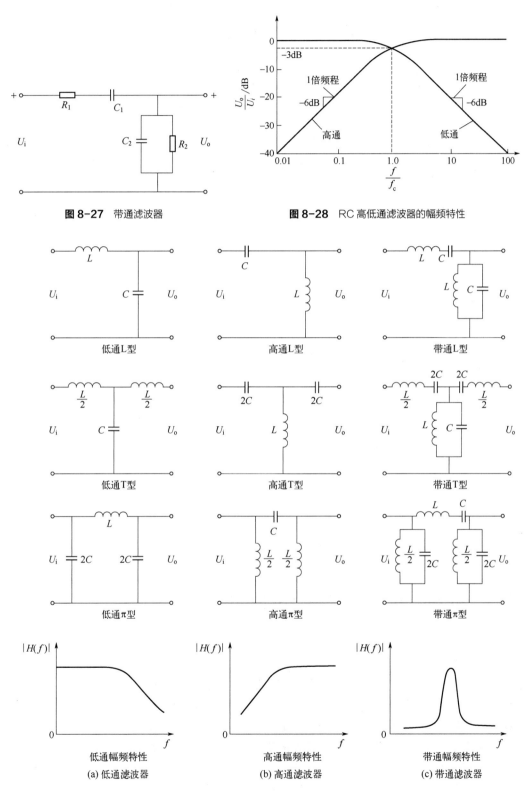

图 8-27　带通滤波器　　　　图 8-28　RC 高低通滤波器的幅频特性

图 8-29　LC 滤波器的构成方法

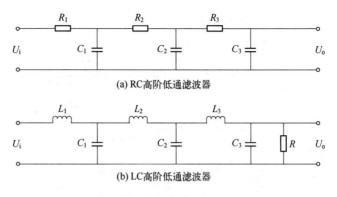

(a) RC高阶低通滤波器

(b) LC高阶低通滤波器

图 8-30 高阶滤波器

将滤波网络与运算放大器结合是构造有源滤波器电路的基本方法（图 8-31），图 8-32 所示为典型的一阶有源滤波器。通常的有源滤波器具有 80dB/倍频程的下降带，以及在阻带中有高于 60dB 的衰减。

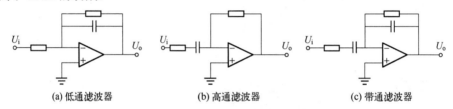

(a) 低通滤波器   (b) 高通滤波器   (c) 带通滤波器

图 8-31 有源滤波器的基本结构

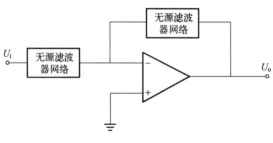

图 8-32 一阶有源滤波器

8.3.3 带通滤波器在信号频率分析中的应用

（1）多路滤波器的并联形式

多路带通滤波器并联常用于信号的频谱分析和信号中特定频率成分的提取，各滤波器的输出可反映信号中所含的各个频率成分。带通滤波器组的带宽要覆盖整个分析的频带，它们的中心频率应能使相邻的带宽恰好相互衔接（图 8-33），通常的做法是使前一个滤波器的-3dB上截止频率等于后一个滤波器的-3dB下截止频率。

带通滤波器组的带宽遵循一定的规则取值，常用规则：恒带宽比和恒带宽。

1）恒带宽比滤波器

恒带宽比滤波器是指各滤波器的相对带宽是常数，即：

$$\frac{B_i}{f_{0i}} = \frac{f_{c2i} - f_{c1i}}{f_{0i}} = C \tag{8-34}$$

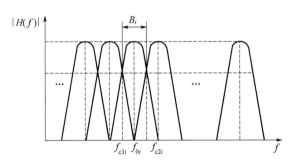

图 8-33 带通滤波器并联的频带分配

当中心频率 f_{0i} 变化时，恒带宽比滤波器带宽是变化的，如图 8-34（a）所示。

恒带宽比滤波器的上、下截止频率 f_{c2i} 和 f_{c1i} 之间满足以下关系：

$$f_{c2i} = 2^n f_{c1i} \tag{8-35}$$

式中，n 为倍频程数。若 $n = 1$，称为倍频程滤波器；$n = \frac{1}{3}$，则称为 $\frac{1}{3}$ 倍频程滤波器；以此类推。在倍频程滤波器组中，后一个中心频率 f_{0i} 与前一个中心频率 $f_{0(i-1)}$ 间也满足于以下关系：

$$f_{0i} = 2^n f_{0(i-1)} \tag{8-36}$$

而且滤波器的中心频率与上、下截止频率之间的关系为：

$$f_{0i} = \sqrt{f_{c1i} f_{c2i}} \tag{8-37}$$

所以，只要选定 n 值，就可以设计出覆盖给定频率范围的邻接式滤波器组。

2）恒带宽滤波器

从图 8-34（a）可以看出，一组恒带宽比滤波器的通频带在低频段很窄，在高频段则很宽，因此滤波器组的频率分辨力在低频段较好，而在高频则很差。若要求滤波器在所有频段都具有良好的频率分辨力时，可采用恒带宽滤波器。

恒带宽滤波器是指滤波器的绝对带宽为常数，即：

$$B = f_{c2i} - f_{c1i} = C \tag{8-38}$$

图 8-34（b）示出了恒带宽滤波器的特性。为提高滤波器的分辨能力，带宽应窄一些，但为覆盖整个频率范围所需要的滤波器数量就很大。因此，恒带宽滤波器一般不用固定中心频率与带宽的并联滤波器组来实现，而是通过中心频率可调的扫描式带通滤波器来实现。

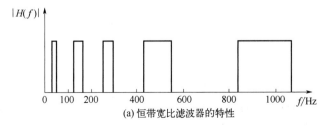

(a) 恒带宽比滤波器的特性

图 8-34

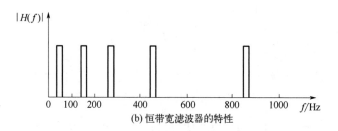

(b) 恒带宽滤波器的特性

图 8-34 恒带宽比和恒带宽滤波器的特性

（2）中心频率可调式

扫描式频率分析仪采用一个中心频率可调的带通滤波器，通过改变中心频率使该滤波器的通带跟随所要分析的信号频率范围要求来变化。调节方式可以是手调或者外信号调节，如图 8-35 所示。用于调节中心频率的信号可由一个锯齿波发生器来产生，用一个线性升高的电压来控制中心频率的连续变化。由于滤波器的建立需要一定的时间，滤波器带宽越窄建立时间越长，所以扫频速度不能过快。这种形式的分析仪也采用恒带宽比的带通滤波器。如 B&K 公司的 1621 型分析仪，将总分析频率范围从 0.2Hz～20kHz 分成五段：0.2～2Hz，2～20Hz，20～200Hz，200Hz～2000Hz，2000～20000Hz，每一段中的中心频率可调。

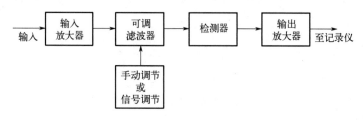

图 8-35 扫描式频率分析仪框图

采用中心频率可调的带通滤波器时，由于在调节中心频率过程中总希望不改变或不影响滤波器的增益及 Q 因子等参数，因此这种滤波器中心频率的调节范围是有限的。

8.4 信号的放大

通常情况下，传感器的输出信号都很微弱，必须用放大电路放大后才便于后续处理。为了保证测量精度的要求，放大电路应具有如下性能：

① 足够的放大倍数；

② 高输入阻抗，低输出阻抗；

③ 高共模抑制能力；

④ 低温漂、低噪声、低失调电压和电流。

线性运算放大器具备上述特点，因而传感器输出信号的放大电路都由运算放大器所组成，本节介绍几种常用的运算放大器电路。

8.4.1　基本放大电路

图 8-36 示出了反相放大器、同相放大器和差分放大器三种基本放大电路。反相放大器的输入阻抗低，容易对传感器形成负载效应；同相放大器的输入阻抗高，但易引入共模干扰；而差分放大器也不能提供足够的输入阻抗和共模抑制比。因此，由单个运算放大器构成的放大电路在传感器信号放大中很少被直接采用。

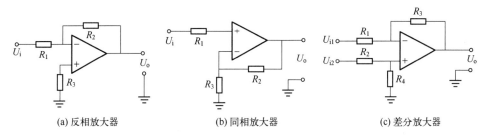

(a) 反相放大器　　　　　(b) 同相放大器　　　　　(c) 差分放大器

图 8-36　基本放大电路

一种常用来提高输入阻抗的办法是，在基本放大电路之前串联一级射极跟随器（图 8-37）。串联射极跟随器后，电路的输入阻抗可以提高到 10^9 以上，所以射极跟随器也常被称为阻抗变换器。

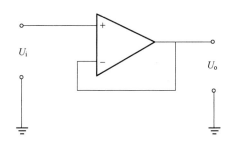

图 8-37　射极跟随器

8.4.2　仪器放大器

图 8-38 示出一种在小信号放大中广泛使用的仪器放大器电路，它由三个运算放大器组成。其中，A_1、A_2 接成射极跟随器形式，组成输入阻抗极高的差动输入级，在两个射随器之间的附加电阻 R_G 具有提高共模抑制比的作用；A_3 为双端输入、单端输出的输出级，为适应接地负载的需要，放大器的增益由电阻 R_G 设定，典型仪器放大器的增益设置范围从 1 到 1000。

该电路输出电压与差动输入电压之间的关系可用下式表示：

$$U_o = \left(1 + \frac{R_1 + R_2}{R_G}\right)\frac{R_5}{R_3}(U_{i2} - U_{i1}) \tag{8-39}$$

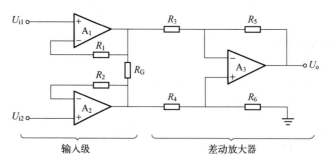

图 8-38 仪器放大器

若选取 $R_1=R_2=R_3=R_4=R_5=R_6=10\text{k}\Omega$，$R_G=100\Omega$， 即可构成一个 $G=201$ 倍的高输入阻抗、高共模抑制比的放大器。

8.4.3 可编程增益放大器

在多回路检测系统中，由于各回路传感器信号的变化范围不尽相同，必须提供多种量程的放大器，才能使放大后的信号幅值变化范围一致（例如 $0\sim5\text{V}$）。如果放大器的增益可以由计算机输出的数字信号控制，则可通过改变计算机程序来改变放大器的增益，从而简化系统的硬件设计和调试工作量。这种可通过计算机编程来改变增益的放大器称为可编程增益放大器。

可编程增益放大器的基本原理可用图 8-39 所示的简单电路来说明，它是一种可编程增益的反相放大器。$R_1\sim R_4$ 组成电阻网络，$S_1\sim S_4$ 是电子开关，当外加控制信号 y_1、y_2、y_3、y_4 为低电平时，对应的电子开关闭合。电子开关通过一个 2-4 译码器控制，当来自计算机 I/O 口的 x_1、x_2 为 00、01、10、11 时，S_1、S_2、S_3、S_4 分别闭合，电阻网络的 R_1、R_2、R_3、R_4 分别接入到反相放大器的输入回路，得到四种不同的增益值。也可不用译码器，直接由计算机的 I/O 口来控制，得到 2^4 个不同的增益值。

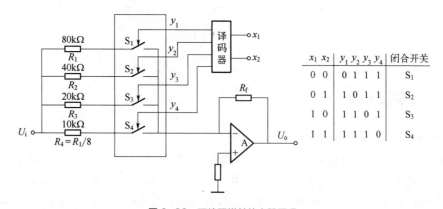

x_1 x_2	y_1 y_2 y_3 y_4	闭合开关
0 0	0 1 1 1	S_1
0 1	1 0 1 1	S_2
1 0	1 1 0 1	S_3
1 1	1 1 1 0	S_4

图 8-39 可编程增益放大器原理

从上面的分析可知，可编程增益放大器的基本思路是：用一组电子开关和一个电阻网络相配合来改变放大器的外接电阻值，以此达到改变放大器增益的目的。用户可用运算放大器、模拟开关、电阻网络和译码器组成形式不同、性能各异的可编程增益放大器。如果使用片内带有电阻网络的单片集成放大器，则可省去外加的电阻网络，直接与合适的模拟开关、译码器配合构成实用的可编程增益放大器。将运算放大器、电阻网络、模拟开关以及译码器等电路集成到一块芯片上，则构成集成可编程增益放大器，如美国国家半导体公司生产的 LH0084 就是其中的一种。

8.5 测试信号的显示与记录

测试信号的显示和记录是测试系统不可缺少的组成部分。信号显示与记录的目的在于：

① 测试人员通过显示仪器观察各路信号的大小或实时波形。

② 及时掌握测试系统的动态信息，必要时对测试系统的参数做相应调整。如输出的信号过小或过大时，可及时调节系统增益；信号中含噪声干扰时，可通过滤波器降噪；等等。

③ 记录信号的重现。

④ 对信号进行后续的分析和处理。

传统的显示和信号记录装置包括万用表、阴极射线管示波器、X-Y 函数记录仪、模拟磁带记录仪等。近年来，随着计算机技术的飞速发展，记录与显示仪器从根本上发生了变化，数字式设备已成为显示与记录装置的主流，数字式设备的广泛应用给信号的显示与记录方式赋予了新的内容。

8.5.1 信号的显示

示波器是测试中最常用的显示仪器，有模拟示波器、数字示波器和数字存储示波器三种类型。

（1）模拟示波器

模拟示波器以传统的阴极射线管示波器为代表。这种示波器最常见工作方式是显示输入信号的时间历程，即显示 $x(t)$ 曲线。这种示波器具有频带宽、动态响应好等优点，最高可达到 800MHz 带宽，可记录到 1ns 左右的快速瞬变偶发波形，适合于显示瞬态、高频及低频的各种信号，目前仍在许多场合使用。

（2）数字示波器

数字示波器是随着数字电子与计算机技术的发展而发展起来的一种新型示波器。它用一个核心器件——A/D 转换器将被测模拟信号进行模数转换并存储，再以数字信号方式显示。与模拟示波器相比，数字示波器具有许多突出的优点：

① 具有灵活的波形触发功能，可以进行负延迟（预触发），便于观测触发前的信号状况；

② 具有数据存储与回放功能，便于观测单次过程和缓慢变化的信号，也便于进行后续数据处理；

③ 具有高分辨率的显示系统，便于对各类性质的信号进行观察，可看到更多的信号细节；

④ 便于程控，可实现自动测量；

⑤ 可进行数据通信。

目前，数字示波器的带宽已达到 1GHz 以上，为防止波形失真，采样率可达到带宽的

5～10 倍。

（3）数字存储示波器

数字存储示波器（原理框图见图 8-40）有与数字示波器一样的数据采集前端，即经 A/D 转换器将被测模拟信号进行模数转换并存储。与数字示波器不同的是，其显示方式采用模拟方式，将已存储的数字信号通过 D/A 转换器恢复为模拟信号，再将信号波形重现在阴极射线管或液晶显示屏上。

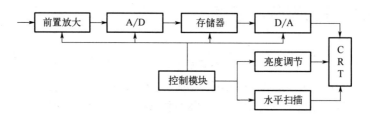

图 8-40 数字存储示波器原理框图

8.5.2 信号的记录

近年来，信号的记录方式趋向于两种途径：一种是用数据采集仪器进行信号的记录，一种是以计算机内插 A/D 卡的形式进行信号记录。此外，有一些新型仪器前端可直接实现数据采集与记录。

（1）用数据采集仪器进行信号记录

用数据采集仪器进行信号记录有诸多优点：

① 数据采集仪器均有良好的信号输入前端，包括前置放大器、抗混滤波器等；

② 配置有高性能（具有高分辨率和采样速率）的 A/D 转换板卡；

③ 有大容量存储器；

④ 配置有专用的数字信号分析与处理软件。

（2）用计算机内插 Λ/D 卡进行数据采集与记录

该方式充分利用通用计算机的硬件资源（总线、机箱、电源、存储器及系统软件），借助于插入微机或工控机内的 A/D 卡与数据采集软件相结合，完成记录任务。其信号的采集速度与 A/D 卡转换速率和计算机写外存的速度有关，信号记录长度与计算机外存储器容量有关。

（3）仪器前端直接实现数据采集与记录

这类仪器的前端含有 DSP 模块，可将通过适调和 A/D 转换的信号直接送入前端仪器中的海量存储器（如 100G 硬盘），实现存储。这些存储的信号可通过某些接口母线由计算机调出，实现后续的信号处理和显示。

本章小结

本章主要内容是信号调理几个主要环节的电路、工作原理及对信号的影响，具体包括：电桥、调制解调、滤波器及放大电路、信号的显示与记录。

本章的学习要求是：

掌握电桥的工作原理，搭建电桥电路；

掌握调制解调的概念、种类及调幅波的调制解调电路及信号的变化；

掌握滤波器的种类、构成、特性及应用；

　掌握放大器的种类、电路及应用；

了解信号的显示与记录仪器或模块。

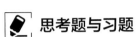 思考题与习题

8-1　以阻值 $R=120\Omega$、灵敏度 $S_g=2$ 的电阻丝应变片与阻值为 120Ω 的固定电阻组成电桥，供桥电压为 3V，并假定负载电阻为无穷大，当应变片的应变为 $2\mu\varepsilon$ 和 $2000\mu\varepsilon$ 时，分别求出单臂、双臂电桥的输出电压，并比较两种情况下的电桥灵敏度。

8-2　有人在使用电阻应变仪时，发现灵敏度不够，于是试图在工作电桥上增加电阻应变片数以提高灵敏度。试问，在下列情况下，是否可提高灵敏度？说明为什么？

① 半桥双臂各串联一片；

② 半桥双臂各并联一片。

8-3　为什么动态应变仪除了设有电阻平衡旋钮外，还设有电容平衡旋钮？

8-4　用电阻应变片接成全桥，测量某一构件的应变，已知其变化规律为：

$$\varepsilon(t) = A\cos(10t) + B\cos(100t)$$

如果电桥激励电压 $u_0 = E\sin(10000t)$，试求此电桥的输出信号频谱。

8-5　已知调幅波 $x_a(t) = [100 + 30\cos(2\pi f_0 t) + 20\cos(6\lambda ft)]\cos(2\pi f_z t)$，其中 $f_z=10\text{kHz}$，$f_0=500\text{Hz}$。

① 试求 $x_a(t)$ 所包含的各分量的频率及幅值；②绘出调制信号与调幅波的频谱。

8-6　调幅波是否可以看作载波与调制信号的叠加？为什么？

8-7　试从调幅原理说明，为什么某动态应变仪的电桥激励电压频率为 10kHz，而工作频率为 0～1500Hz？

8-8　什么是滤波器的分辨力？与哪些因素有关？

8-9　设一带通滤波器的下截止频率为 f_{c1}，上截止频率为 f_{c2}，中心频率为 f_0，试指出下列记述中的正确与错误。

① 倍频程滤波器 $f_{c2} = \sqrt{2}f_{c1}$；

② $f_0 = \sqrt{f_{c1}f_{c2}}$；

③ 滤波器的截止频率就是此通频带的幅值 -3dB 处的频率；

④ 下限频率相同时，倍频程滤波器的中心频率是 $\frac{1}{3}$ 倍频程滤波器的中心频率的 $\sqrt[3]{2}$ 倍。

8-10　已知某 RC 低通滤波器，$R=1\text{k}\Omega$，$C=1\mu\text{F}$。

① 确定各函数式 $H(s)$、$H(\omega)$、$A(\omega)$、$\varphi(\omega)$。

② 当输入信号 $u_i(t) = 10\sin(1000t)$ 时，求输出信号 u_0，并比较其幅值及相位关系。

8-11　已知低通滤波器的频率响应函数：

$$H(\omega) = \frac{1}{1 + j\omega\tau}$$

式中，$\tau = 0.05\text{s}$，当输入信号 $x(t) = 0.5\cos(10t) + 0.2\cos(100t - 45°)$ 时，求输出 $y(t)$，并比较 $y(t)$ 与 $x(t)$ 的幅值与相位有何区别。

8-12 若将高、低通网络直接串联（图 8-41），试问，是否能组成带通滤波器？请写出网络的传递函数，并分析其幅、相频率特性。

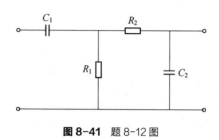

图 8-41 题 8-12 图

8-13 一个磁电指示机构和内阻为 R_i 的信号源相连，其转角 θ 和信号源电压 U_i 的关系可用二阶微分方程来描述，即：

$$\frac{I}{r} \times \frac{\mathrm{d}^2\theta}{\mathrm{d}t^2} + \frac{nAB}{r(R_i + R_1)} \times \frac{\mathrm{d}\theta}{\mathrm{d}t} + \theta = \frac{nAB}{r(R_i + R_1)} U_i$$

设其中动圈部件的转动惯量 I 为 $2.5 \times 10^{-5}\text{kg} \cdot \text{m}^2$，弹簧刚度 r 为 $10^{-3}\text{N} \cdot \text{m/rad}$，线圈匝数 n 为 100，线圈横截面积 A 为 10^{-4}m^2，线圈内阻 R_1 为 75Ω，磁通密度 B 为 150Wb/m，信号内阻 R_i 为 125Ω。

① 试求该系统的静态灵敏度，单位为 rad/V。

② 为了得到 0.7 的阻尼比，必须把多大的电阻附加在电路中？改进后系统的灵敏度为多少？

第 **9** 章
振动测试系统

机械振动是工业生产和日常生活中极为常见的现象。由于振动会引起系统特性参数发生变化，损坏机械结构，影响设备的工作性能和寿命；机械振动产生的噪声会对人的健康造成危害；此外，利用振动研制振动机械，如夯实、清洗等机械设备，因此，机械振动测试是现代机械振动学科的重要组成部分。

在本书的第 2 章介绍了机械系统振动的理论，提出了研究机械系统振动问题需要理论和试验相结合，并给出了振动测试的试验方法。本章主要介绍用第 2 章的试验方法构建机械系统的振动测试系统。

9.1 振动测试系统组成

机械结构的振动测试主要是指测定振动体（或振动体上某一点）的位移、速度、加速度以及振动频率、周期、相位、振型、频谱等。

根据前面的讨论，如果知道了系统的输入（激励）和输出（响应），就可以求出系统的动态特性。根据测试的对象和任务不同，一般将其分为两种类型。

（1）仅测量系统的输出（响应）

这种测试发生在两种情况之下。第一种情况是系统在一定初始条件下发生自由振动，此时只要测得自由振动的时间历程，即可求出系统的动态特性；第二种情况是系统在自然激励（例如环境激励或工作激励）作用下发生强迫振动，系统的输入难以测量，此时主要通过测试系统的输出，求出其相关函数或功率谱函数来确定系统的动态特性或找出引起振动的原因。

（2）同时测量输入与输出

这种测试是典型的实验室方法，被测系统通常在人为激励（如脉冲锤击激励）下发生强迫振动，同时测量输入与输出，求取系统的动态特性。

如图 9-1 所示为简支梁固有频率测量的实际系统，图 9-2 所示为固有频率测量系统组成。它属于第二种测试类型，即同时测量输入输出，求取系统的动态特性。

图 9-1 简支梁固有频率测量实际系统

图 9-2 所示测试系统的任务是检测简支梁横向振动的固有频率。其测试系统主要包括被测对象、激励装置、传感器及其信号调理模块、信号采集与处理系统。根据第 2 章的理论，

图中简支梁作为被测对象，属于连续振动系统，其振动分析过程是将其简化为多自由度振动系统，其有多个主振型和相应的多阶固有频率。前三阶振型如图 2-11 所示。

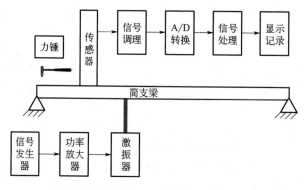

图 9-2 简支梁固有频率测量系统组成

9.2 激励信号与激振实验设备

9.2.1 激励信号

由于线性振动系统的频响函数与传递函数是等同的，它反映了系统的动态特性。从理论上讲，激振力和响应是简谐的、瞬态的、随机的，所求的频响函数均相同。但对于动态特性不同的测试对象，采用不同的激励信号，测试结果的优劣有区别。因此，根据激励信号的特性和测试对象的目的、要求，激振信号有如下几种。

（1）稳态正弦激励

稳态正弦激励是测量频响函数的经典方法。在选定的频率范围内，从最低频到最高频选定足够数目的离散频率值，每一次用单一频率信号激励被测对象，经适当延时，测出该激励下的稳态响应后，再转到下一个频率点进行同样的测量，直到所有预先设定的离散频率点都测量完毕。图 9-1 采用此法进行激励。假如设定的频率点有 N 个，激励信号为 $f_i = F_i \sin(\omega_i t)$，第 i 个点的响应信号为 $y_i = A_i \sin(\omega_i t + \varphi_i)$，经过 N 个点的测量后，即可得到这段频段的频响函数曲线，即 $H(\omega) = \sum_{i=1}^{N} \frac{x_i}{F_i} e^{j\varphi_i}$。

（2）自动正弦扫描激励

这一方法是用自动控制的方法使激励频率缓慢连续变化，从低到高扫过所关心的频段。理论上扫描法无法得到稳态响应。

（3）瞬态激励

用瞬态力信号激励被测对象进行频响函数测量也是一种常用的方法，用力锤敲击结构来提供激励，每次敲击都可以看作一次瞬态激励。图 9-1 所示系统中也采用此方法进行激励。对于线性系统，如果用一瞬态函数激励，则可以用被测对象瞬态激励响应的傅里叶变换求取被测对象的频响函数。当然根据一次激励和响应确定频响函数必然会有较大误差。应采用多次激励，用平均法来消除误差。

（4）随机激励

运用随机信号激励，对激励信号和响应信号求取其自功率谱和互功率谱，进而求得频响函数。

9.2.2　激励实验设备

激振设备在振动测试系统中的作用是为被测对象提供能量，使之发生振动。一般要求激振设备应当能够在所要求的频段内提供良好、幅值足够且稳定的力。目前激振设备主要有振动台、激振器和力锤三种。

（1）振动台

振动台通常分为机械式、电磁式和电-液伺服振动台三种。

1）机械式

机械式振动台可分为不平衡重块式和凸轮式两类。不平衡重块式，由不平衡重块扭转时发生的向心力来激振振动台台面，激振力与不平衡力矩和转速的平方成正比。这类振动台能够发生正弦振动，但只能在 5～100Hz 的频段工作。凸轮式振动台的位移取决于凸轮的偏心量和曲轴的臂长，激振力与活动部件的品质有关。这类振动台在低频域内、激振力大时，能够实现很大的位移。

2）电磁式

如图 9-3 所示，电磁式振动台是目前应用较为普遍的一种振动装备。它的频率规模宽，小型振动台频率规模能达到 0～5000Hz，加速度波形优越，可得到很大的加速度。

3）电-液伺服振动台

电-液伺服振动台的工作原理如下。信号发生器的信号经伺服放大器放大后操纵伺服阀以控制油路，使活塞做往复运动。活塞台面上的加速度传感器经过信号调理，由 A/D 转换接口进入计算机，以计算机为控制器，其输出经 D/A 转换给伺服放大器调整放大比例以控制伺服阀。活塞端部输入一定压力的油液，形成静压力，给被测对象加预载。此类振动台能在低频下产生大的激振力。

图 9-3　电磁式振动台

（2）激振器

常用的激振器按是否与被测对象接触分为接触式激振器和非接触式激振器。按工作原理分有惯性式激振器、电动式激振器、电磁式激振器。

1）惯性式激振器

利用偏心块回转产生所需的激励力。单向激励力惯性式激振器（图 9-4）一般由两根转轴和一对速比为 1 的齿轮组成。两根转轴等速反向回转，轴上两偏心块在 Y 方向产生惯性力的合力。工作时将激振器固定于被激件上，被激件便获得所需的振动。在振动机械中还广泛采用一种自同步式惯性式激振器。这种激振器的两根转轴分别由两台特性相近的感应电动机驱动，而且不用齿轮，依靠振动同步原理使两个带偏心块的转轴实现等速反向回转，从而获得单向激励力。

2）电动式激振器

图 9-5 所示为电动式激振器。电动式激振器是将交变电流通入动线圈，线圈在给定的磁场中受电磁激励力的作用而产生振动。电动式激振器的恒定磁场由直流电通入励磁线圈而产生，再将交流电通入动线圈中，动线圈受到周期变化的电磁激励力的作用带动顶杆做往复运动，使顶杆与被激件接触，便可获得预期的振动。

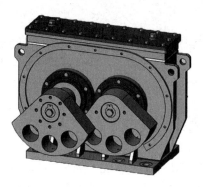

图 9-4　单向激励力惯性式激振器

图 9-5　电动式激振器

3）电磁式激振器

将周期变化的电流输入电磁铁线圈，在被激件与电磁铁之间会产生周期变化的激励力。振动机械中应用的电磁式激振器（如图 9-6 所示）通常由带有线圈的电磁铁铁芯和衔铁组成，在铁芯与衔铁之间装有弹簧。向线圈输入交流电，或交流加直流电，或半波整流后的脉动电流时，便可产生周期变化的激励力，这种激振器通常是将衔铁直接固定于需要振动的工作部件上。

（3）力锤

力锤是一种产生瞬态力的激振器。它由锤体、手柄可以调换的锤头及配重组成，如图 9-7 所示。在锤体和锤头中间装有力传感器，以测量被测系统所受的锤击力的大小。一般，锤击力的大小由锤头质量和锤击被测对象时的运动速度决定。操作者通常是控制速度而不是控制力。

图 9-6　电磁式激振器

图 9-7　力锤

用力锤击被测对象，实现脉冲激振，激振力的频谱形状由所选锤头材料和锤头总重量决定。激振力频谱在一定频率范围内接近均匀谱。

激振力的大小及有效频率范围取决于锤击质量和敲击时的接触时间。一般随着锤头质量的增加，激励频带降低。当力锤的质量一定时，随着锤头硬度的降低，敲击接触时间增加，激励频宽也降低，即锤头材料越软，激励频带越窄；反之，则激励频带变宽。因此，只需选择合适的锤头垫材料就可获得期望的激励频率范围。常用的锤头垫材料有钢、黄铜、铝合金、橡胶等。

脉冲激励的主要缺点是：力的大小不易控制，过小会降低信噪比，过大会引起非线性；敲击的时间也不易掌握，它影响激振力的频谱形状。敲击的位置应该尽量避开振动位移大的区域及结构上的特殊位置点。

9.3　振动测量传感器

在工程振动测试领域，测试手段与方法多种多样，目前广泛使用的是电测法。它是将工程振动的参量经传感器获取并转换成电量，再经信号调理、信号处理，从而得到所要测得机械量。

所选用的传感器按是否接触分为接触式传感器和非接触式传感器。接触式传感器中有电阻应变式传感器、磁电式速度传感器和压电式加速度计，其特点是机电转换方便，使用者较多。非接触式传感器有电容传感器、涡流传感器、激光多普勒振动测试系统等。

由于传感器是振动测试中的第一个环节，除了要求它具有较高的灵敏度，在测量频率范围内有平坦的幅频特性曲线及与频率成线性关系的相频特性曲线外，还要求惯性式传感器的质量小，这是因为固定在被测对象上的惯性式传感器将作为附加质量使整个系统的振动特性发生变化。

振动的位移、速度、加速度之间保持简单的积分关系，因此，在许多测振仪器中往往带有简单的微积分网络，根据需要在三者中切换。电阻应变式传感器在前面已做详细介绍，在此不再赘述。

9.3.1　涡流式位移传感器

涡流式传感器是一种相对式非接触传感器，它通过传感器端部与被测对象之间距离的变化来测量物体的振动位移和幅值。实验表明，传感器线圈的厚度越小，灵敏度越高。如图 9-8

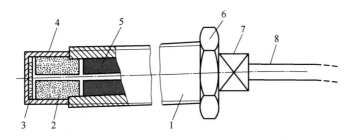

图 9-8　涡流式位移传感器

1—壳体；2—框架；3—线圈；4—保护套；5—填料；

6—螺母；7—引线套；8—电缆

所示，涡流式传感器是由固定在聚四氟乙烯或陶瓷框架中的扁平线圈组成，结构简单。涡流式传感器可用来测静态位移。实验表明，表面粗糙度对测量的影响几乎不计，但表面微裂缝、被测对象材料的电导率、磁导率对灵敏度有影响。所以在测试前，最好用和试件相同的样件在校准装置上直接校准，以取得特性曲线。此外，若被测对象为小直径圆柱体，则其直径与线圈之比对灵敏度也有影响。这类传感器在汽轮机组、空气压缩机组等回转轴系的振动监测、故障诊断中应用甚广。

9.3.2　电容式传感器

电容式传感器中，非接触式常用于位移测量，其测量内容与涡流式位移传感器相似。

接触式电容传感器常用于振动测量，如图 9-9 所示为瑞士 KISTLER 8395A 电容式 DC 加速度计，可精确测量低频事件，具有优异的温度稳定性和低噪声，带宽为 0～1000 Hz。

9.3.3　磁电式速度计

图 9-9　接触式电容传感器

磁电式速度计是利用电磁感应原理工作的传感器，将传感器中的线圈作为质量块，当传感器运动时，线圈在磁场中做切割磁力线的运动，其产生的电动势大小与输入的速度成正比。

如图 9-10 所示，将壳体 7 固定在一试件上，通过弹簧片 2，使顶杆 1 以 F 力顶住被测对象，则线圈 4 在磁场中的运动速度就是两试件的相对速度，速度计的输出电压与两试件的相对速度成正比。

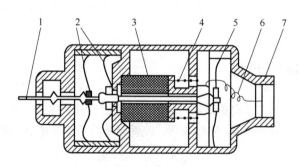

图 9-10　磁电式加速度计

1—顶杆；2、5—弹簧片；3—磁铁；4—线圈；6—引出线；7—壳体

根据电磁感应定律，磁电式速度计所产生的感应电动势 e 为：

$$e = -Bl\dot{x} \tag{9-1}$$

式中，B 是磁感应强度；l 是线圈在磁场内的有效长度；$\dot{x}$ 是线圈在磁场内的相对速度。所产生的感应电动势与速度成正比，因此，它是速度计。

磁电式速度计的结构简单、使用方便、输出阻抗低、从外部引入的噪声小、输出信号较大、灵敏度较大，适于测低频信号。缺点是体积大、笨重，不适合测高频信号。

9.3.4　压电式加速度计

（1）压电式加速度计的结构

常用的压电式加速度计的结构形式如图 9-11 所示。

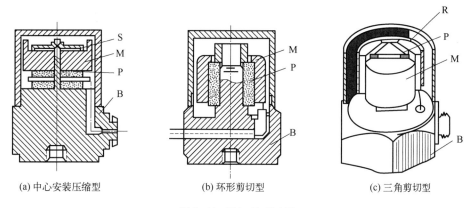

（a）中心安装压缩型　　　　（b）环形剪切型　　　　（c）三角剪切型

图 9-11　压电式加速度计

S—弹簧；M—质量块；P—压电元件；B—基座；R—夹持环

图 9-11（a）是中心安装压缩型压电式加速度计，压电元件-质量块-弹簧系统装在圆形中心支柱上，支柱与基座连接，这种结构有高的共振频率。然而基座 B 与测试对象连接时，如果基座 B 有变形，则将直接影响传感器输出。此外，测试对象和环境温度变化将影响压电元件片，并使预紧力发生变化，易引起温度漂移。

图 9-11（b）为环形剪切型压电式加速度计，结构简单，能做成极小型、高共振频率的加速度计，环形质量块粘到装在中心支柱上的环形压电元件上。由于黏结剂会随温度的增高而变软，因此最高工作温度受到限制。

图 9-11（c）为三角剪切型压电式加速度计，压电元件片由夹持环夹牢在三角形中心柱上。加速度计感受轴向振动时，压电元件承受切应力。这种结构对基座变形和温度变化有极好的隔离作用，有较高的共振频率和良好的线性。其剪切设计使质量块、基座和敏感元件之间的摩擦力产生正比于加速度的输出信号，温度灵敏度较低，对基座应变也不敏感。

（2）压电式加速度计的灵敏度

压电式加速度传感器的灵敏度有两种表示方法，一种是电压灵敏度 S_v，其单位为 mV/(m·s^{2})；另一种是电荷灵敏度 S_q，单位为 pC/(m·s^{2})。传感器的电学特性有效电路如图 9-12 所示。

对于给定的压电材料而言，灵敏度随质量块的增大或压电片的增多而增大。但一般而言，加速度计尺寸越大，其固有频率越低。因此，选择加速度计时应该权衡灵敏度和结构尺寸、附加质量影响和频响特性之间的利弊。

（3）压电式加速度计的频率特性

压电式加速度计由绝对加速度输入，到压电片的电荷输出，实际上经过二次转换。首先，按图 9-13 所示的传感器力学模型，将加速度输入转换成质量对壳体的相对位移 z_{01}。其次，将与 z_{01} 成正比的弹簧力转换成电荷输出。考虑到第二次转换是一种比例转换，因而压电式加速度计的频率响应特性在很大程度上取决于第一次转换的频率响应特性。因此，压电式加速度计属于单自由度振动系统的受迫振动，受迫振动是由基础振动引起的。其简化模型如图 9-14 所示。

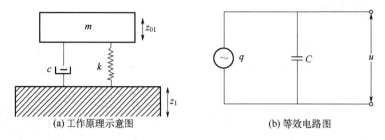

(a) 工作原理示意图 (b) 等效电路图

图 9-12 加速度传感器的工作原理示意图和等效电路图

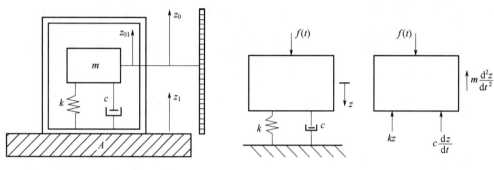

图 9-13 惯性式传感器的力学模型 **图 9-14** 受迫振动简化模型及受力分析

1）质量块受力引起的受迫振动

质量块在外力作用下的运动方程为：

$$m\frac{\mathrm{d}^2z}{\mathrm{d}t^2} + c\frac{\mathrm{d}z}{\mathrm{d}t} + kz = f(t) \tag{9-2}$$

式中，c 为黏性阻尼系数；k 为弹簧刚度；$f(t)$ 为激振力，系统的输入；z 为振动位移，系统的输出。

依据本书 6.4.2 节中论述的二阶系统动态特性，可得式（9-2）的频响函数 $H(\omega)$ 及幅频特性 $A(\omega)$ 和相频特性 $\varphi(\omega)$ 分别为：

$$
\begin{cases}
H(\omega) = \dfrac{\dfrac{1}{k}}{\left[1 - \left(\dfrac{\omega}{\omega_\mathrm{n}}\right)^2\right] + 2\mathrm{j}\zeta\left(\dfrac{\omega}{\omega_\mathrm{n}}\right)} \\[4ex]
A(\omega) = \dfrac{\dfrac{1}{k}}{\sqrt{\left[1 - \left(\dfrac{\omega}{\omega_\mathrm{n}}\right)^2\right]^2 + \left(2\zeta\dfrac{\omega}{\omega_\mathrm{n}}\right)^2}} \\[4ex]
\varphi(\omega) = -\arctan\dfrac{2\zeta\dfrac{\omega}{\omega_\mathrm{n}}}{1 - \left(\dfrac{\omega}{\omega_\mathrm{n}}\right)^2}
\end{cases}
\tag{9-3}
$$

式中，ζ 为振动系统阻尼比，$\zeta = \dfrac{c}{2\sqrt{km}}$；$\omega_n$ 为振动系统固有频率，$\omega_n = \sqrt{\dfrac{k}{m}}$。

2）基础运动引起的受迫振动

压电式加速度计是基础运动引起的单自由度振动系统中的受迫振动，如图 9-15 所示。

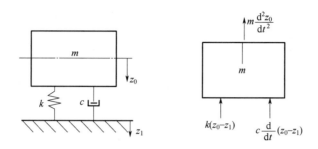

图 9-15　单自由度系统的基础激励

设基础的绝对位移为 z_1，质量块 m 的绝对位移为 z_0，质量块的受力分析如图 9-15 所示。

当基础发生振动时，激振力表示为 $-m\dfrac{d^2 z_1}{dt^2}$，式（9-3）变为：

$$m\frac{d^2 z_0}{dt^2} + c\frac{d(z_0 - z_1)}{dt} + k(z_0 - z_1) = 0 \tag{9-4}$$

设质量块与基础的相对位移 $z_{01} = z_0 - z_1$，式（9-4）变为：

$$m\frac{d^2 z_{01}}{dt^2} + c\frac{dz_{01}}{dt} + kz_{01} = -m\frac{d^2 z_1}{dt^2} \tag{9-5}$$

式（9-5）为压电式加速度计的运动方程。输入为基础振动位移，输出为质量块与基础的相对位移。

其频响函数 $H(\omega)$ 及幅频特性 $A(\omega)$ 和相频特性 $\varphi(\omega)$ 分别为：

$$\begin{cases}
H(\omega) = \dfrac{\left(\dfrac{\omega}{\omega_n}\right)^2}{\left[1 - \left(\dfrac{\omega}{\omega_n}\right)^2\right] + 2j\zeta\left(\dfrac{\omega}{\omega_n}\right)} \\[4mm]
A(\omega) = \dfrac{\left(\dfrac{\omega}{\omega_n}\right)^2}{\sqrt{\left[1 - \left(\dfrac{\omega}{\omega_n}\right)^2\right]^2 + \left(2\zeta\dfrac{\omega}{\omega_n}\right)^2}} \\[4mm]
\varphi(\omega) = -\arctan\dfrac{2\zeta\dfrac{\omega}{\omega_n}}{1 - \left(\dfrac{\omega}{\omega_n}\right)^2}
\end{cases} \tag{9-6}$$

其幅频及相频特性曲线如图 9-16 所示。

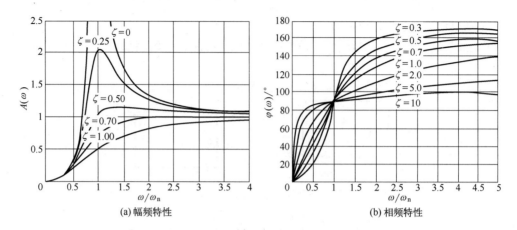

(a) 幅频特性   (b) 相频特性

图 9-16 基础振动时，以质量块对基础的相对位置为响应的频率响应特性

从图中可看出，当激振频率远小于系统的固有频率（$\omega \ll \omega_n$）时，质量块相对基础的振动幅值为零，意味着质量块几乎跟随着基础一起振动，两者相对运动极小。而当激振频率远高于固有频率（$\omega \gg \omega_n$）时，$A(\omega)$ 接近于 1，这表明质量块和壳体之间的相对运动（输出）和基础的振动（输入）近乎相等，质量块在惯性坐标中几乎处于静止状态。该现象被广泛应用于测振仪器中。从图中还可看出，就高频和低频两频率区域而言，系统的响应特性类似于高通滤波器，但在共振频率附近的频率区域，则根本不同于高通滤波器，输出位移对频率、阻尼的变化都十分敏感。

特性分析如下：

① 在使用时，一般取 $\dfrac{\omega}{\omega_n} \gg (3\sim5)$，即传感器惯性系统的固有频率远低于被测振动的下限频率。此时其幅值 $A(\omega) \approx 1$，不产生畸变，$\varphi(\omega) \approx 180°$。

② 若选择适当阻尼，可抑制 $\dfrac{\omega}{\omega_n} = 1$ 处的共振峰，使幅频特性平坦部分扩展，从而扩大下限的频率。例如，当取 $\zeta = 0.7$ 时，若允许误差为 $\pm 2\%$，下限频率可为 $2.13\omega_n$；若允许误差为 $\pm 5\%$，下限频率则可扩展到 $1.68\omega_n$。增大阻尼，能迅速衰减固有振动，对测量冲击和瞬态过程较为重要，但不适当地选择阻尼会使相频特性恶化，引起波形失真。当 $\zeta \in (0.6, 0.7)$ 时，相频曲线 $\dfrac{\omega}{\omega_n} = 1$ 附近接近直线，称为最佳阻尼。

③ 该种传感器测量上限频率在理论上是无限的，但在实际应用中受到具体仪器结构和元器件的限制，因此上限不能太高，下限频率则受弹性元件的强度和惯性块尺寸、质量的限制，ω_n 不能过小。因此该种传感器的频率范围是有限的。

若输入为力，输出为振动速度时，则系统幅频特性的最大值处的频率称为速度共振频率，用 ω_v 表示。速度共振频率始终与固有频率相等。而对于加速度响应的共振频率 ω_a，它总是大于系统的固有频率。位移共振频率 ω_r、速度共振频率 ω_v 和加速度共振频率 ω_a 与固有频率 ω_n 的关系分别为：

$$\omega_r = \omega_n \sqrt{1 - 2\zeta^2}$$

$$\omega_v = \omega_n$$

$$\omega_a = \omega_n \sqrt{1 + 2\zeta^2}$$

可见，只有当阻尼比 $\zeta = 0$ 时，它们才完全相等；当 ζ 很小时，$\omega_r \approx \omega_v \approx \omega_a$。

可见位移传感器的工作范围在频率比 $\dfrac{\omega}{\omega_n} \gg 1$ 的区域，速度传感器的工作范围在 $\dfrac{\omega}{\omega_n} = 1$ 的区域，加速度传感器的工作范围在 $\dfrac{\omega}{\omega_n} \ll 1$ 的区域。

如果加速度传感器的固有频率是 ω_n，显然 $\omega_n = \sqrt{\dfrac{k}{m}}$，其中 k 是弹簧板、压电元件片和基座螺栓的组合刚度系数，m 是惯性质量块的质量。为了使加速度传感器正常工作，被测振动的频率 ω 应该远低于加速度传感器的固有频率，即 $\omega \ll \omega_n$。很明显，由于输入 z_1 和惯性质量块与基座之间的相对运动 z_{01} 成比例，加速度传感器的压电元件受到交变压力后，z_{01} 与加速度成正比。所以加速度传感器就能输出与被测振动加速度成比例的电荷。这就是压电式加速度传感器的工作原理。

实际的压电式加速度计，由于电荷泄漏，其幅频特性如图 9-17 所示。从图中看出，加速度计的使用上限频率取决于幅频曲线上的共振频率。一般小阻尼（$\zeta \leqslant 0.1$）的加速度计，上限频率若取共振频率的 $\dfrac{1}{3}$，便可保证幅值误差低于 1dB（即 12%）；若取共振频率的 $\dfrac{1}{5}$，则幅值误差低于 0.5dB（即 6%），相移小于 3°。

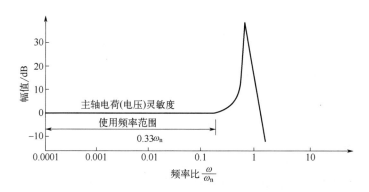

图 9-17　实际压电式加速度计的幅频特性

（4）压电式加速度计的安装方法

压电式加速度传感器的共振频率与加速度传感器的固定状况有关，加速度传感器出厂时给出的幅频曲线是在刚性连接的固定情况下得到的。实际使用的固定方法往往难以达到刚性连接，因而共振频率和使用的上限频率都会有所下降。

加速度传感器与试件采用钢螺栓固定，是使共振频率能达到出厂共振频率的最好方法。螺栓不得全部拧入基座螺孔，以免引起基座变形，影响加速度计的输出。在安装面上涂一层硅脂可增加不平整安装表面的连接可靠性。需要绝缘时可用绝缘螺栓和云母垫片来固定加速度传感器，但垫圈应尽量薄。用一层薄蜡把加速度传感器粘在试件平整表面上，亦可用于低温（40℃以下）的场合。

手持探针测振方法在多点测试时使用特别方便，但测量误差较大，重复性差，使用上限频率一般不高于1000Hz。

用专用永久磁铁固定加速度传感器，使用方便，多在低频测量中使用。此法也可使加速度传感器与试件绝缘。

用硬性黏结螺栓或黏结剂的固定方法也常使用。软性黏结剂会显著降低共振频率，不宜采用。

某种典型的加速度传感器采用上述各种固定方法的共振频率分别为：刚螺栓固定法31kHz、云母垫片法28kHz、涂薄蜡层法29kHz、手持法2kHz、永久磁铁固定法7kHz。

（5）压电式加速度计的前置放大器

压电片受力后产生的电荷量极其微弱。电荷使压电片边界面和接在边界面上的导体充电到电压 $u = q/C_a$（这里 C_a 是加速度计的内电容）。要测定这样微弱电荷（或电压）的关键是防止导线、测量电路和加速度传感器本身的电荷泄漏。换句话讲，压电加速度传感器所用的前置放大器应具有极高的输入阻抗，把泄漏减少到测量准确度所要求的限度以内。

用于压电式加速度计的前置放大器有两类：电压放大器和电荷放大器。所用电压放大器就是高输入阻抗的比例放大器。其电路比较简单，但输出受连接电缆对地电容的影响，适用于一般振动测量。电荷放大器以电容作为负反馈，使用中基本不受电缆电容的影响。在电荷放大器中，通常用高质量的元器件，输入阻抗更高，但价格也比较昂贵。

从压电式加速度计的力学模型看，它具有低通特性，故可测量极低频的振动。但实际上由于低频，尤其是以小振幅振动时，加速度值小，传感器的灵敏度有限，因此输出信号将会很微弱，信噪比很差。另外，电荷的泄漏、积分电路的漂移（用于测量振动的速度和位移）、器件的噪声都是不可避免的，所以实际低频端也出现截止频率，为0.1～1Hz。若用好的电荷放大器，则可降低到0.1mHz。

微电子技术的发展，已提供了体积更小，能装在压电式加速度计壳体内的集成放大器，由它来完成阻抗变换功能。这类内装集成放大器的加速度计可使用长电缆而无衰减，并可直接与大多数通用的输出仪器（如示波器、记录仪、数字电压表等）连接。

9.3.5　阻抗头

在激振试验中常用一种名为阻抗头的装置，它集压电式力传感器和压电式加速度传感器为一体。其作用是在力传递点同时测量激振力和该点的运动响应，因此阻抗头由两部分组成：一部分是力传感器，另一部分是加速度传感器，如图9-18所示。它装在激振器顶杆和试件之间。阻抗头前端是力传感器，后面为测量激振点响应的加速度传感器。在结构上应当使两者尽量接近。它的优点是能够保证测量点的响应就是激振点的响应。使用时将小头（测力端）连向结构，将大头（测量加速度端）与激振器的施力杆相连。力信号输出端有测量激振力的信号，加速度信号输出端有测量加速度的响应信号。

注意：阻抗头一般只能承受轻载荷，因而，只可以用于对轻型结构、机械部件及材料试样的测量。无论是力传感器还是阻抗头，信号转换元件都是压电晶体，其测量电路均应是电压放大器或电荷放大器。

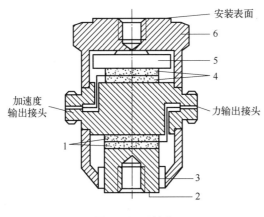

图 9-18 阻抗头

1、4—压电片；2—激振平台；3—橡胶；5—质量块；6—钛质壳体

9.3.6 激光多普勒振动测量系统

通常振动测量是在被测物体上安装惯性加速度计的接触式测量，对于小型物体或轻型结构，传感器的附加质量会影响被测物体的振动状态，从而造成很大的测量误差。对于特殊状态下的测量对象，如高温物体，根本无法安装加速度计。在这种情况下，激光全息方法、激光多普勒测量等非接触测量就是很好的振动测量方法。这里介绍激光多普勒振动测量方法。

激光多普勒效应是当波源靠近接收器移动时，波源和接收器之间传递的波将发生变化，波长缩短，频率升高；反之，当波源远离接收器移动时，波源和接收器之间传递的波长将变长，频率会降低。发生多普勒效应的波可以是声波，也可以是电磁波。利用激光多普勒效应，不仅能测量固体的振动速度，还可以测量流体的流动速度。

目前激光多普勒速度计已有很好的性能，具有很高的空间分辨率、测量精度和测量效率。激光多普勒速度计有单点测量型和扫描型两种。图 9-19 所示为激光多普勒速度计单点测量发动机的振动。这种测量是激光束直接照射到被测物体上，利用被测物体表面的反射实现测量。图 9-20 所示为扫描型激光多普勒速度计，可实现汽车车身多点振动测量和模态试验。将速度计安装在由计算机控制的镜架上，激光束通过激光多普勒速度计的镜片照射在被测对象上，利用被测对象反射实现测量,将被测对象多测量点的几何造型送入控制镜片旋转的计算机中，通过镜片的步进旋转实现逐点扫描振动测量。

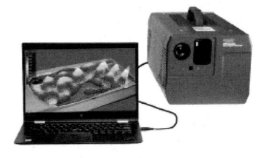

图 9-19 激光多普勒速度计单点测量发动机的振动　　**图 9-20** 扫描型激光多普勒速度计

9.4 测试系统的标定

为了保证振动测试与试验结果的可靠性与精确度，同时为了保证机械振动测量的统一和传递，国家发布了振动的计量标准和测振传感器的检定标准，并设有标准测振装置和仪器作为量值传递基准。对于新生产的测振传感器，都需要对其灵敏度、频率响应、线性度等进行校准，以保证测量数据的可靠性。此外，由于测振传感器的某些电气性能和力学性能会因使用程度随时间而变化，传感器使用一段时间后灵敏度会有所改变，像压电材料的老化会使灵敏度每年降低 2%～5%，因此，测试仪器必须定期按它的技术指标进行全面严格的标定和校准。使用中还经常碰到各类型的振动传感器和放大器、记录设备配套问题，进行重大测试工作之前常常需要进行现场校准或某些特性校准，以保证获得满意的结果。所以灵敏度和使用范围的各项参数指标需要重新确定，也即重新标定。

标定的过程一般分为三级精度：中国计量科学研究院进行的标定是一级精度的标准传递；在此处标定出的传感器叫作标准传感器，它具有二级精度；用标准传感器可以对出厂的传感器和其他方式使用的传感器进行标定，得到的传感器具有三级精度，也就是我们在试验现场所用的传感器。

传感器进行标定时，应有一个对传感器产生激振信号，并知其振源输出大小的标准振源设备。标准振源设备主要是振动台和激振器。激振器可安装在被测物体上并直接产生一个激振力作用于被测物体。而振动台则把被测物体安装在振动平台上，振动台产生一个变化的位移而对被测物体施加激振。振源设备可以产生振幅和频率可调的振动，是测振传感器校准不可缺少的工具。常用的灵敏度标定方法有绝对法、相对法和校准器法。下面对前两者进行介绍。

（1）绝对法

一般是由中国计量科学研究院实行一级标定所用的方法，用来标定二级精度的标准传感器。标定时，将被标定的传感器固定在标定振动台上，用激光干涉测振仪直接测量振动台的振幅，再和被标定的传感器的输出比较，以确定被标定传感器的灵敏度。这种用激光干涉测振仪的绝对校准法，其校准误差是 0.5%～1%。此法同时也可测量传感器的频率响应。例如，用我国的 BZD-1 中频校准振动台，配上 GDZ-1 光电激光干涉测振仪，在 10～1000Hz 之间有 0.5%～1%的校准误差，在 1～4kHz 之间有 0.5%～1.5%的校准误差。此法设备复杂，操作和环境要求高，只适合计量单位和测振仪器制造厂使用。其原理如图 9-21 所示，其中正弦信号发生器的输出，一路经功率放大后去推动振动台，另一路送频率测量仪作为频率测量的参考信号，被校准的压电加速度计的输出经电荷放大器后用高精确度数字电压表读出。激光干涉测振干涉仪的工作台台体移动 $\frac{\lambda}{2}$（常用的氦-氖激光波长 $\lambda = 0.6328\mu m$），光程差变化一个波长 λ，干涉条纹移动一条。所以根据移动条纹的计数可以测出台面振幅，再根据实测的频率可以算出传感器所经受的速度或加速度。

在进行频率响应测试时，使信号发生器做慢速的频率扫描，同时用反馈电路使振动台的振动速度或加速度幅值保持不变，并测量传感器的输出，便可给出被校速度或加速度传感器的频响曲线。在振动台功率受限时，高频段台面的振幅相对较小，振幅测量的相对误差就会有所增加。

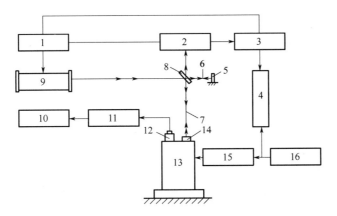

图 9-21　利用振动台和激光干涉测振仪的绝对校准法

1—电源；2—光电倍增管；3—放大器；4—频率测量仪；5—参考反射镜；6—参考光束；7—测量光束；

8—分束器；9—氦氖激光器；10—数字电压表；11—电荷放大器；12—拾振器；13—振动台；

14—测量反光镜；15—功率放大器；16—正弦信号发生器

（2）相对法

相对法又称为背靠背比较标定法。将待标定的传感器和经过国家计量等部门严格标定过的标准传感器背靠背地（或仔细、并排地）安装在振动台上承受相同的振动。将两个传感器的输出进行比较，就可以计算出在该频率点被校准传感器的灵敏度。这时，标准传感器起着传递振动标准的作用，通常称为参考传感器。图 9-22 是这种相对校准加速度计简图。这时被校准传感器的灵敏度为：

$$S_a = S_r \frac{u_a}{u_r} \tag{9-7}$$

式中，S_r 为参考传感器的灵敏度；u_a、u_r 为被校准传感器和参考传感器的输出或放大器的输出。

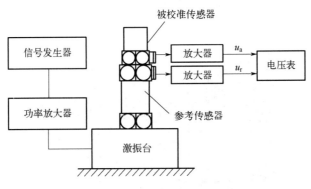

图 9-22　用相对法标定加速度计

振动传感器应定期校准。任何外界干扰，包括地基振动，都会影响校准工作，带来误差。因此，高精度的校准工作应在隔振基座上进行。对于工业现场来说，这很难实现。而实际校准工作却又要求在模拟现场工作环境（温度、湿度、电磁干扰）的条件下进行。考虑到工业中用于振动工况监测的传感器首先追求的是可靠性，而不是很高的精确度等级，所以一个可行的办法是测量振动台基座的绝对振动，同时再测量台面对基座的相对振动，经过信号叠加处理获得台面的绝对振动值，也就是传感器的振动输入值。

本章小结

本章主要内容包括：振动测试系统的组成、振动测试系统激励信号与激振试验设备、常用的振动测量传感器及测试系统的标定。

本章学习的要点是：掌握振动测试系统的组成；了解振动测试所需激振试验设备结构和振动测量传感器的传输特性；了解测试系统标定的方法。

扫码获取本书资源

思考题与习题

9-1 在稳态正弦振动中，是否可以用"只测位移，再对位移进行微分"的方法求速度和加速度？或者用"只测加速度，再用对其进行积分"的方法求得速度和位移？为什么？

9-2 分析惯性传感器的工作原理。

9-3 有一个压电加速度测量系统，用其测量信号的最高频率 $f=30kHz$，欲使幅值测量误差小于 5%，传感器的固有频率为何值？用 50kHz 的传感器能否测量？为什么？

9-4 压电加速度传感器有哪几种安装方法？安装时有哪些注意事项？

9-5 如何对测振传感器进行校准？请简述方法。

9-6 选择测振传感器的主要注意事项是什么？

9-7 用压电加速度传感器和电荷放大器测量振动加速度，如果加速度传感器的灵敏度为 $80pC/g$，电荷放大器的灵敏度为 $20mV/pC$，当振动加速度为 $5g$ 时，电荷放大器的输出电压为多少？此电荷放大器的反馈电容为多少？

9-8 请设计如图 9-23 所示简支梁固有频率测试系统，设计内容包括：激振方法的确定、激振器的选择、激振点设置、传感器及其信号调理电路的选择、传感器的测量点设置、信号采集与处理系统中信号处理方法选择及各参数的设置。

图 9-23 题 9-8 图

第 10 章
计算机与现代测试技术

现代化的科研工作不仅需要对多参数、瞬间信息进行高速、实时、连续、准确的捕捉和测量，且需完成浩繁的数据处理工作。这些测试任务无法依靠手动或人工测试完成，这就必须采用自动测试手段。一些国家早已在 20 世纪 80 年代末就推出了总线测试系统及产品，采用开放的总线标准，使用户在最短的时间内利用总线式仪器和软件，灵活组建自动测试系统，大大节约了测试时间，并降低了测试费用。目前，数字化、模块化、网络化和系统化已成为测试仪器发展的新趋势，采用各种各样先进技术的网络化远程测试仪器也不断问世。

10.1 计算机测试系统

随着高新技术产品复杂程度的日益提高，计算机测试系统已被广泛应用于航空、航天、武器装备、能源等重要领域，成为复杂系统设备可靠运行的必要保证。

10.1.1 计算机测试系统的组成

计算机测试系统（computer test system，CTS）是由计算机测试设备（computer test equipment，CTE）和测试程序集（test program set，TPS）组成。程序运行于测试设备之上，实现系统检测功能。计算机测试系统需要多种软件的支持以实现对测试设备的控制，其结构如图 10-1 所示。

CTE 包括系统测试资源、适配器等自动测试系统的硬件资源，又称为系统的硬件平台，应用开发环境、测试资源驱动程序、VI SA、总线接口驱动构成系统的软件开发平台，为 TPS 的控制提供支持。

（1）物理接口层

物理接口层提供测控计算机与仪器间的物理连接，计算机与仪器设备的连接通过插在计算机内的 PCI-GPIB 接口控制卡，接口控制卡提供 GPIB 总线控制接口，接口控制卡的驱动程序提供对接口控制卡的 I/O 操作。

接口层需要保证测控计算机与仪器间的如下兼容：

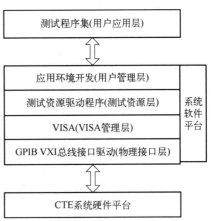

图 10-1 计算机测试系统结构

① 机械兼容。对接口最简单的要求是提供机械兼容，就是要有适当的连接器和它们之间的连线。

② 电磁兼容。接口的第二种作用是使计算机和仪器之间有适配的电气特性，即在逻辑电平方面要相符合。

③ 数据兼容。一旦接口已使计算机和仪器实现了机械和电磁兼容，它们就能通过数据线交换电信号信息，但需要某种格式翻译，具有强大编程能力的计算机通常能执行这种功能，但是考虑到速度，通常把这个任务交给接口完成。

（2）VISA 管理层

虚拟仪器软件结构（virtual instrument software architecture，VISA）是一个独立于硬件设备、接口、操作系统、编程语言的 I/O 控制库，处理测控计算机与仪器间物理连接的通信信息。通过 VISA，由不同硬件接口（如 GPIB、VXI、RS-232 等）连接的仪器设备可以集成到一个系统中，由同一命令函数完成对各个总线类型仪器设备的控制。

（3）测试资源层

测试资源层主要由测试仪器驱动软件组成，系统所选用的测试仪器无论是 VXI 总线仪器还是 GPIB 总线仪器，每台仪器均对应一个测试驱动软件，该软件按 VISA 要求编写，驱动软件功能函数则完成对仪器测试功能的控制和测试数据的读取。专用测试仪器在满足 VXI 和 VISA 总线要求的同时，也可配套设计驱动软件，并符合 VISA 要求。

（4）用户管理层

用户管理层是用户软件开发的主要工作所在，也是软件对资源高度集中管理的体现。这一层软件被称为应用设计环境（application design environment）或应用开发环境（application development environment），用户管理层根据功能实现及软件设计需要，开发出相互独立的可以被任意调用的功能模块，即可以复用的测试函数，使得软件具有一定的通用性。

10.1.2 计算机测试系统的特征

经过几十年的发展，目前计算机自动测试系统大多体现出以下特征。

① 多采用 VXI 总线作为 CTS 的总线标准。VXI 总线是 VME 总线在仪器领域的扩展，国际上有 VXI Bus 联合体和 VPP 联盟两个组织专门负责其硬件、软件标准规范的制定。由于 VXI 总线依靠其有效的标准化、高数据传输率和 IEEE488 接口易于组合扩展的特点，可满足计算机测试系统对计算机和系统接口技术的要求。因此，VXI 总线计算机测试系统成为目前采用最多的模块化的仪器系统。

② 大量采用市场化产品。市场化的产品和技术的使用能够缩短计算机测试系统的研制周期，降低开发费用，并在一定程度上提高 CTS 的标准化程度。

③ 注重 CTS 的通用性设计。通用性是目前 CTS 设计需要解决的重要问题，20 世纪 80 年代中后期，以美国为代表的西方主要发达国家就开始致力于计算机测试系统的通用化，并逐步形成了军用测试系统以军种为单位的通用化标准系列。以军用计算机测试系统为例，通过通用性设计，一套 CTS 可以实现对一个甚至多个兵种主要作战装备的自动化检测，强化多兵种协同作战的战场保障能力，减少武器系统测试平台的种类。

但目前通用计算机测试系统仍然存在应用范围有限、开发和维护成本高、系统间缺乏互操作性、测试诊断新技术难以融入已有系统等诸多不足。

④ 专家系统和人工智能技术应用到故障诊断系统中。计算机测试系统必须具备故障诊断、故障定位的能力。故障诊断的目的是准确地预告被测对象可能出现的故障。典型的故障诊断方法有故障字典、故障树等，这些方法已被广泛应用到故障诊断系统中。专家系统和人工智能技术的应用，能够提高系统的故障定位和故障隔离能力及反应速度，降低系统的虚警率和误报率。

10.2 测试总线与接口

总线是指由计算机和测试仪器构成，在测试系统内部的以及相互之间进行信息传递的公共通路，是测试系统的重要组成部分，在计算机和测试系统中具有举足轻重的作用。利用总线技术，能够大大简化系统结构，增加系统的兼容性、开放性、可靠性和可维护性，便于实现标准化以及组织规模化的生产，从而显著降低系统成本。总线的类别很多，分类的方式也多种多样：按应用的场合，可分为板内总线、机箱总线、设备互连总线、现场总线、网络总线等多种类型；按数据传输方式，又可分为串行总线、并行总线等。总之，总线技术包含的内容是极为广泛的。在自动测试技术的发展过程中，先后出现了多种仪器总线标准，比较典型的有 VXI 总线、PXI 总线、IEEE1394 总线、RS-232 总线、USB 总线、GPIB 总线等。

几十年来，随着技术的不断推陈出新，仪器平台的演进也经历了数代的发展。20 世纪 70 年代，厂商推出的各种独立的仪器，是由面板来控制所需的功能。想要通过其他方式来取代面板的操控，最广受欢迎的就是 GPIB 接口，也就是 IEEE-488 接口。然而 GPIB 接口速度慢，并且当使用多项设备时，需要额外的电路以满足同步触发的需求。80 年代，VXI 出现，它将高阶测量与测试应用的设备带入了模块化的领域。然而，VXI 昂贵的价格并不适用于各等级客户。90 年代，诞生了 PXI。PXI 延续了模块化的设计特点，以较紧凑的机构设计、较快的总线速度以及较低的价格，为测量与测试设备提供了一个新的选择。

这几种总线技术出现的时期不同，但仍然广泛地应用在各种测控领域中。大型的测控系统通常是由 GPIB、VXI、PXI、PC-DAQ 等总线组成的综合体系结构，下面仅选取几种目前市场上常用的总线进行阐述。

10.2.1 GPIB 总线系统

通用接口总线（general purpose interface bus，GPIB）是一种国际通用的可编程仪器的数字接口标准，它不仅用于可编程仪器装置之间的互连、仪器与计算机的接口，而且广泛用作微型计算机与外部设备的接口。

（1）性能特点

GPIB 总线是一种以异步数据为传送方式的双向总线。设备之间通过这条电缆传送两类信息：一类是为完成测试任务所需要交换的实质性信息，如设定设备工作条件的程控命令、获得测试结果的测量数据、表明设备工作状况的状态数据等，统称为仪器消息，它直接由接口 VXI 总线系统传送，但不为接口系统使用；另一类则是为了完成上述仪器消息的传递，而使总线上各设备接口处于适当状态所需要传送的接口系统自身管理的信息,统称为接口消息。要构成一个有效的测试系统，正确地传送各类信息，需要将具有不同工作方式的各种设备正确地连接到接口总线上。设备的工作方式决定了相互之间信息的流通，系统中的每一个设备都按以下三种方式之一工作。

"听者"方式：从数据总线上接收信息。在同一时刻可以有两个以上的听者处于工作状态，具有这种功能的设备有微型计算机、打印机、绘图仪等。

"讲者"方式：向数据总线上发送信息。一个系统可以包括两个以上的讲者，但在每一个时刻只能有一个讲者工作，具有这种功能的设备有微型计算机、磁带机、磁盘驱动器等。

"控者"方式：用于整个系统的管理。例如，启动系统中的设备，使其进入受控状态；指定某个设备为讲者，某个设备为听者；促使讲者和听者之间的直接通信；处理系统中某些设备的服务请求，对其他设备进行寻址或允许讲者使用总线等。控者通常由微型计算机担任，一个系统可以有不止一个控者，但每一时刻只能有一个控者在起作用。

需要指出的是，一种设备可以兼有几种身份。例如，在系统中的计算机，可以同时具有控者、讲者、听者三种功能。当然，这也并非必须，如打印机只需听功能，因为它只要完成接受打印信息即可。

确定了系统中每个设备的工作方式，要正确传送信息还需知道信息来自哪里，送到哪里去，也就是设备的识别定位问题。解决这一问题的方法就是给总线上的每个设备都赋予它自己的地址，然后根据需要，可以选择一个讲者和若干个听者。

（2）GPIB 系统的构成

GPIB 总线结构所连设备与总线的关系如图 10-2 所示。在某一时刻，某一设备工作于听状态，则意味着该设备从总线接收数据；若某设备处于讲者状态，则该设备向总线发送数据。控者用寻址其他设备的方法来实现对总线的管理或者批准某一讲者暂时使用总线。连到总线上的设备可以拥有前述三种基本工作方式之一、之二或全部。但是，在任何时刻，都只能有一个总线控者或一个讲者起作用。

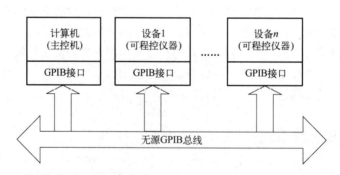

图 10-2 GPIB 系统结构示意图

（3）GPIB 总线的优缺点

① 应用广泛。作为工业标准（IEEE-488）的 GPIB，得到了广大商家和用户的肯定，众多的仪器厂家设计制造了大批 GPIB 产品，成千上万的研究开发人员和无数的用户为 GPIB 产品的合理使用、性能完善进行了深入广泛的研究。良好的市场基础和广泛的技术支持，使它的使用几乎深入到了调试领域的每一个角落。

② 数据传输速率较低。GPIB 的最高数据传输速率为 1Mb/s，这样的传输速率只能用于数据处理速度要求不高的场合。在进行高速数字化以及数字输入输出、有大量数据需要处理时，无法满足需要。这一局限性在一定程度上决定了 GPIB 的发展不会有更大的突破。

③ GPIB 总线与微机的连接需要专门的接口卡。对于带 GPIB 接口的仪器，要把它同计算机连接起来，构成测试系统，测试系统如图 10-3 所示。需要设计或购买一块专门的 GPIB 接口卡插在 PC 机上，之后才可以编程构建自己的系统。开发 GPIB 总线虚拟仪器的硬件插卡，则需要设计专门的插件扩展箱和计算机连接起来。对于使用 NI 公司的 LabVIEW 和 LabWindows 的用户，编程工作会大大减少，因为 NI 公司免费提供大量的 GPIB 仪器的源码级驱动程序，节省了用户的编程时间。对于一般的用户，编程工作较为麻烦。

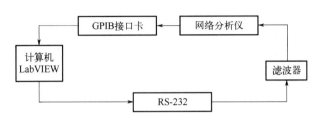

图 10-3 GPIB 总线仪器与计算机连接成测试系统

10.2.2 VXI 总线系统

VXI 是 VME bus extension for instrumentation 的缩写，意为 "VME 总线在仪器领域的扩展"。它是继 GPIB 第二代自动测试系统之后，为适应测试系统从分立台式和机架式结构向高密度、高效率、多功能、高性能和模块化发展的需要，吸收智能仪器和 PC 仪器的设计思想，集 GPIB 系统和高级微机总线 VEMbus 之精华，于 1987 年推出的一种开放的一代自动测试系统。VXI 总线规范是由五家国际著名的测试和仪器公司组成的联合体共同指定的。1987 年推出的是它的第一版，经过修改和完善，90 年代初被接纳为 IEEE - 1155 标准。

VXI 总线规范的主要目的有：

① 使器件以明确的方式通信。

② 缩小标准叠加式仪器系统的物理尺寸。

③ 提供可用于军事模块化仪器系统的测试设备。

④ 为测试系统提供高的数据吞吐量。

⑤ 使用虚拟仪器原理，可方便地扩展测试系统的新功能。

⑥ 在测试系统上采用公用接口，使软件成本有所下降。

⑦ 在该标准规范内，规定了实现多模块仪器的方法。

VXI 作为一种真正开放的标准，达到上述目的是完全可以的。到目前为止，有 200 多家不同的仪器制造商接受 VXI 标准，有几百部单卡式仪器投放市场。这一多供货商环境保证了用户在 VXI 总线产品方面的投资会长久得到保护。由于该总线是一种开放标准，用户可以方便地利用这个标准化体系结构的所有优点来设计自己的专用模块。VXI 总线系统如图 10-4 所示。

（1）VXI 总线系统与计算机的连接

VXI 总线的灵活性是它的特点之一，可以采用任何一种普通的计算机或操作系统控制 VXI 总线系统。将计算机连接到 VXI 总线主机架上，比较常见的方法有三种。

① IEEE-488-VXI 接口。这是最常用的方法，但由于 IEEE-488 总线传输数据的速率很慢，某些情况下难以满足要求。

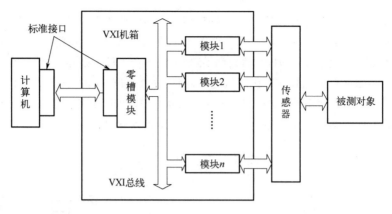

图 10-4 VXI 总线系统结构

② 嵌入式计算机。这种连接方式是将计算机插入 VXI 总线主机箱的零号槽位，当作一个模块，传输速率是最快的，但这种方式价格昂贵。

③ 采用 MXI 总线。通过 MXI 总线接口控制 VXI 总线系统的布局和使用 IEEE-488 时的布局是相似的，MXI 总线接口在计算机中占据一个插槽，而 MXI-VXI 总线接口则插入 VXI 总线机架的零号槽。这种方式的传输速率比嵌入式计算机的要略低，比 IEEE-488 接口的要高。

（2）VXI 总线的特点

① VXI 总线是一种真正开放的标准。到目前为止，已有 200 多家制造商收到 VXI 总线联合体颁发的识别码，有千百部不同的仪器模块投放市场。大量商家同时参与竞争，有利于 VXI 器件品种的增加和性能的完善。用户可以方便地利用这种标准化体系结构自由选择所需要的优良器件，在最短的时间内设计出廉价的、专用功能的仪器测试系统。

② 较高的测试系统数据吞吐量。与 VME 总线相容的 VXI 总线数据传送率理论值可达 40Mb/s，增扩的本地总线可高达 100Mb/s。不同等级器件优先权中断的使用，能更高效地利用数据总线。这都有助于提高整个系统的吞吐量，从而降低用户的测试费用，增强竞争优势。

③ 更容易获得高性能的仪器系统。VXI 总线为仪器提供了良好的电源、电磁兼容、冷却等高可靠性环境，还有各种工作速度的精确同步时钟。这种比 GPIB 和 PCI 系统更有利的条件，有助于获得更高性能的仪器。

④ 虚拟仪器容易实现。用户可借助 VXI 总线随意地组建不同的测试系统，甚至通过软件将 VXI 总线硬件系统分层次组成不同功能的测试系统。尽管 VXI 总线仪器没有面板和显示器，但操作者利用 PC 机具有图形能力的交互测试生成软件，可在显示器屏幕上根据各种信息产生各种曲线、图表、数据和仪器面板、操作菜单，甚至产生测试软件控制仪器系统运行。这样，VXI 总线系统在用户面前随时可以演变成一个个不同但具有传统仪器形象的测试系统，虚拟仪器容易实现。

⑤ 缩小体积，降低成本。采用共用电源、消除面板、共用冷却、高密度紧凑的结构设计都有利于减小尺寸；选用需要的测试组件、较少的 CPU 管理等措施降低系统的冗余度，就会减小系统尺寸和降低成本。这些对经常需要建造庞大、多功能测试系统的军事用户而言是相当重要的。随着应用电子技术的普及，模块式仪器系统的重要性在民用部门也会提高。

⑥ 与 GPIB 仪器相容，可混合使用，相得益彰。VXI 总线仪器中定义了 488-VXI 接口器件和 VXI-488 仪器，使得 VXI 总线系统完全可以与 GPIB 测试系统共存，使两种系统的资源

可同时调用。

⑦ 真正的升级通道和软件保护使用户的测试系统永远不会废弃。组建 VXI 总线系统初期投入的软硬资源可以直接用于发展后的高级 VXI 总线系统。VXI 总线规范虽未直接涉及软件，但 488 -VXI 接口器的引入，允许 488 .2 软件和 SCPI 相容软件运行相容总线系统，实际上使用户软件投资得到保护。总之，相容总线的开放性为用户投资保护提供了最佳方案。

10.2.3　PXI 总线

PXI（PCI extensions for instrumentation）是一种较新的仪器平台，PXI 系统能够提供高性能的测量，且价格并不十分昂贵。利用 PXI 模块化仪器，可以充分享受开放式工业标准化 PC 技术所带来的低成本、简便易用、灵活、高性能等优点。PXI 的核心技术是 Compact PCI 工业计算机体系结构、Microsoft Windows 软件及 VXI 总线的定时和触发功能。

（1）PXI 出现的背景

自 1986 年美国国家仪器公司（National Instrument Corporation，NI）推出虚拟仪器（virtual instruments，VI）概念以来，VI 这种计算机操纵的模块化仪器系统在世界范围内得到了广泛的认同与应用。在 VI 系统中，用灵活、强大的计算机软件代替传统仪器的某些硬件，用人的智力资源代替物质资源，特别是系统中应用计算机直接参与测试信号的产生和测量特征的解析，使仪器中的一些硬件甚至整件仪器从系统中消失，而由计算机的硬软件资源来完成它们的功能。然而，在 GPIB、PC-DAQ 和 VXI 三种 VI 体系结构中，GPIB 实质上是通过计算机对传统仪器功能的扩展与延伸；PC-DAQ 直接利用了标准的工业计算机总线，没有仪器所需要的总线性能，而第一次构建 VXI 系统尚需较大的投资强度。

1997 年 8 月 20 日，NI 发布了一种全新的开放性、模块化仪器总线规范——PXI 总线标准。PXI 总线其实是 PCI 在仪器领域的扩展，它将 Compact PCI 规范定义的 PCI 总线技术发展成适合于测量与数据采集场合应用的机械、电气和软件规范，从而形成了新的虚拟仪器体系结构。制定 PXI 总线规范的目的是将台式 PC 的性能价格比优势与 PCI 总线面向仪器领域的必要扩展完美地结合起来，形成一种主流的虚拟仪器测试平台。

在 PXI 总线产品上市之前，业界利用 PC 插卡已开发出了多种设备，经过十多年时间发展，PC 插卡仪器市场也已相当成熟，有很多种类可供选择，而 PCI 结构目前作为 PC 主导架构，在测试方面具有非常优越的性能，如数据采集。PC 插卡组成的系统局限性很大，主要表现在以下几个方面。

平均每台 PC 一般只有四五个 PCI 插槽，限制了仪器的数目。PC 的设计使得插卡更换很困难，而且大多数 PCI 插槽不够牢固。如果多次插拔可能造成机械故障；可能产生电气噪声并且冷却性能差；标准 PC 结构很难完成如触发和仪器内部通信之类的测试要求。

基于上述情况，PXI 总线采用 Compact PCI 形式并加以改进。Compact PCI 使用标准 PCI 卡，对机械和电气布局进行了重新设计，使之采用 EuroCard 形式，以便在测试环境中更好地工作。Compact PCI 在通信和工业计算机领域得到了广泛使用，它和 PXI 总线在本质上都是以前使用的 PCI 插卡，只是采用 EuroCard 而已。

PXI 总线这种新型模块化仪器系统，是在 PCI 总线内核技术上增加了成熟的技术规范和要求形成的。它通过增加用于多板同步的触发总线和参考时钟，用于进行精确定时的星状触发总线，以及用于相邻模块间高速通信的局部总线，来满足测量用户的要求。PXI 总线规范在 Compact PCI 机械规范中增加了环境测试和主动冷却要求，以保证多厂商产品的互操作性和系统的易集成性。PXI 总线将 Microsoft Windows 系统定义为其标准软件框架，并要求所有的仪器模块都必须带有按 VISA 规范编写的 WIN32 设备驱动程序，使 PXI 总线成为一种系统级规范，保证系统的易于集成与使用，从而进一步降低最终用户的开发费用。

（2）PXI 的特点

PXI 规范的设计为测控环境要求、仪器体积、多仪器同步、自定义测控系统集成提供了解决方案。PXI 规范定义了 PXI 系统能胜任在恶劣环境下工作的要求。

① 能在严酷的工业环境下工作。阻抗匹配的高性能 IEC 接口在各种条件下都能提供最好的电气性能。PXI 的机械封装采用了欧卡结构（该结构也被 Compact PCIVME 和 VXI 采用），在工业环境中有长期成功的应用历史。此外，PCI 规范还明确了保证工业环境中操作所需的特殊冷却和环境要求。

② 通过共享硬件资源以减小体积。在模块化架构下，所有模块化仪器可以共享控制器、电源以及显示单元，从而可以显著减小测试仪器的体积，并降低其功耗。PXI 规范还要求对所有的机箱进行强制的空气冷却并推荐进行完整的环境测试，包括温度测试、湿度测试、振动测试以及电流冲击测试。所有的 PXI 产品都应该能提供这些测试结果文件，并提供工作及储存温度范围。PXI 规范同样要求进行电磁兼容性测试，以保证可以符合相关国际标准的要求。

③ 内置定时和触发信号。PXI 系统的一个关键优势在于集成了定时和同步特性，降低了不同仪器之间实现触发和同步功能的复杂性。PXI 机箱背板上整合了一个 10MHz 的专用系统参考时钟，通过等长的背板走线传输到各插槽，各插槽之间的时钟偏差小于 1ns，10MHz 系统时钟的精度是由机箱决定的，典型值小于 25×10^{-6}，并且通过在机箱的星形触发插槽（槽位 2）安装一块具有更稳定时钟源的板卡，可进一步提高系统参考时钟的精度。这样可以用这个具有更高稳定性的参考时钟来取代背板的 10MHz 时钟。不同模块上速率更高的采样时钟可以锁相至该稳定的 10MHz 参考时钟，从而提高多个模块化仪器之间的同步性能。

PXI 规定了对软件的要求，使得系统集成变得更简易。这些要求包括使用标准操作系统架构，以及对所有外围设备模块使用合适的配置信息和软件驱动。

对于计算机系统集成厂家或配件厂家来说，选用何种计算机总线标准没有强制性的规定，这取决于各自产品的需要，这也为总线标准的多样性敞开了大门。目前计算机所采用的总线标准种类繁多，主要是因为没有哪一种总线能够完美地适合各种场合的需要。尽管各类总线在设计细节上有许多不同之处，但它们都必须解决信号分类、传输应答、同步控制、资源共享、分配等问题。因此，它们的主要性能指标是可比较的，这对于计算机应用系统设计者非常重要。

10.3 虚拟仪器

10.3.1 虚拟仪器的概念

虚拟仪器（virtual instrument，VI）是日益发展的计算机硬、软件和总线技术在向其他相关技术领域密集渗透的过程中，与调试技术、仪器仪表技术密切结合共同孕育出的一项全新的成果。20 世纪中期，美国国家仪器公司（National Instrument Corporation，NI）首先提出了虚拟仪器的概念，认为虚拟仪器是由计算机硬件资源，模块化仪器硬件和用于数据分析、过程通信及图形用户界面的软件组成的测控系统，是一种由计算机操纵的模块化仪器系统。如果再做进一步说明，那么虚拟仪器以计算机作为仪器统一硬件平台，充分利用计算机运算、存储、回放、调用、显示、文件管理等基本智能化功能，同时把传统仪器的专业化功能和面板控件软件化，使之与计算机结合起来融为一体，这样便构成了一台从外观到功能都完全与传统硬件仪器一致，同时又充分享用计算机智能资源的全新的仪器系统。由于仪器的专业化功能和面板控件都是由软件形成的，因此国际上把这类新型的仪器称为虚拟仪器。有的资料上甚至直接将虚拟仪器这种形式称为"软件即仪器"。

作为一种新的仪器模式，与传统的硬件化仪器比较，虚拟仪器主要有以下特点：功能软件化、功能软件模块化、模块控件化、仪器控件模块化、硬件接口标准化、系统集成化、程序设计图形化、计算可视化、硬件接口、软件驱动化。

10.3.2　虚拟仪器的组成

虚拟仪器的组成包括硬件和软件两个基本元素。

（1）虚拟仪器的硬件结构

虚拟仪器的硬件结构如图 10-5 所示。硬件是虚拟仪器工作的基础，主要完成被测信号的采集、传输、存储处理、输入/输出等工作，由计算机和 I/O 接口设备组成。计算机一般为一台 PC或工作站，是硬件平台的核心，它包括微处理器、存储器、输入/输出设备等，用来提供实时高效的数据处理工作。I/O 接口设备即采集调理部件，包括 PC 总线的数据采集（date acquisitionm，DAQ）卡、GPIB 总线仪器、VXI 总线仪器模块、PXI 总线仪器模块、LXI 总线仪器模块、串口总线仪器、现场总线仪器模块等标准总线仪器，主要完成被测信号的采集、放大和模数转换。

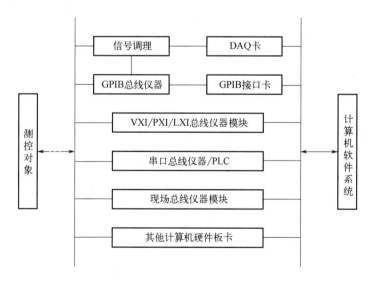

图 10-5　虚拟仪器的硬件结构

根据构成虚拟仪器接口总线的不同，可分为以下几种构成方案。

① 基于数据采集卡的虚拟仪器。在以 PC 为基础的虚拟仪器中，插入式数据采集卡是虚拟仪器中最常用的接口形式之一，其功能是将现场数据采集到计算机中，或将计算机中数据

输出给受控对象，典型结构如图 10-6 所示。

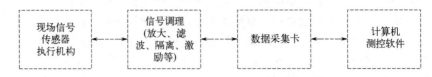

图 10-6 基于数据采集卡的虚拟仪器的典型结构

这种系统采用 PC 本身的 PCI 或 ISA 总线，将数据采集卡插入到计算机的 PCI 或 ISA 总线插槽中，并与专用的软件相结合，完成测试任务。它充分利用了微型计算机的软、硬件资源，更好地发挥了微型计算机的作用，大幅度地降低了仪器成本，并具有研制周期短、更新改进方便的优点。这种插卡式实现方案性价比极佳。

② 基于 GPIB 总线方式的虚拟仪器。通用接口总线（general purpose interface bus，GPIB）是由 HP 公司于 1978 年制定的总线标准，是传统测试仪器在数字接口方面的延伸和扩展。

图 10-7 基于 GPIB 总线方式的虚拟仪器系统构成示意

典型的基于 GPIB 总线方式的虚拟仪器系统由一台 PC、一块 GPIB 接口卡和若干台 GPIB 形式的仪器通过 GPIB 电缆连接而成，如图 10-7 所示。通过 GPIB 技术可以实现计算机对仪器的操作和控制，替代了传统的人工操作方式，提高了测试、测量效率。

③ 基于 VXI 总线方式的虚拟仪器。在虚拟仪器技术中最引人注目的应用是基于 VXI（VME bus extension for instrumentation）总线的自动测试仪器系统。由于 VXI 总线具有标准开放、结构紧凑、数据吞吐能力强、定时和同步精确、模块可重复利用、众多厂家支持等优点，所以得到了广泛应用。经过近 20 年的发展，VXI 系统的组建和使用越来越方便，尤其是在组建大中规模自动测试仪器系统和对速度、精度要求高的场合，具有其他仪器无法比拟的优势。典型的基于 VXI 总线的虚拟仪器系统的构成如图 10-8 所示。

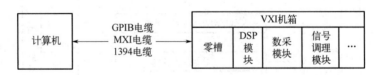

图 10-8 基于 VXI 总线的虚拟仪器系统构成示意

④ 基于 PXI 总线方式的虚拟仪器。PXI（PCI extensions for instrumentation）总线是 NI 公司于 1997 年 9 月 1 日推出的全新的开放性模块化仪器总线规范。它以 Compact PCI 为基础，是 PCI 总线面向仪器领域的扩展。PXI 总线符合工业标准，在机械、电气和软件特性方面充分发挥了 PCI 总线的全部优点。PXI 总线的传输速率已经达到 132Mb/s（32 位数据总线）或 264Mb/s（64 位数据总线）。

目前，由于 PXI 模块仪器系统具有良好的性价比，所以越来越多的工程技术人员开始专注 PXI 的发展，尤其是在某些要求测试系统体积小的使用场合。另外。由于 PXI 测试系统的数据传输速率高，所以在某些高频段的测试中已经采用了 PXI 测试系统。

把台式 PC 的性价比和 PXI 总线面向仪器领域的扩展优势结合起来，将形成未来主流的虚拟仪器平台之一。典型的基于 PXI 总线方式的虚拟仪器的构成如图 10-9 所示。

图 10-9　基于 PXI 总线方式的虚拟仪器构成示意

⑤ 基于 LXI 总线方式的虚拟仪器。2004 年 9 月，VXI 科技公司和安捷伦公司共同推出一种适用于自动测试系统、基于局域网（LAN）的新一代模块化测量仪器接口标准 LXI（LAN-based extension for instrumentation），即基于 LAN 的仪器扩展。开放式的 LXI 标准于 2005 年 9 月正式公布，随后 LXI 标准的特有模块仪器和测量系统投入市场。LXI 是整合了可编程仪器标准 GPIB 协议和工业标准 VXI 的成果而发展起来的接口总线技术，它将台式仪器的内置测量技术、PC 标准 I/O 接口与基于插卡框架系统的模块集于一体，具有数据吞吐量高、模块化结构好、开放性强、即插即用等特点。

作为以太网技术在自动化测试领域的应用扩展，LXI 为高效能的仪器提供了一个自动测试系统的 LAN 模块式平台。无论是相对 GPIB、VXI 还是 PXI，LXI 都将是未来总线技术的发展趋势。以 LXI 为主体的虚拟仪器网络结构，已得到广泛的使用。在这种构成方案中，GPIB、VXI、PXI 和 LXI 共存于系统，它们通常仅是 LAN 上的一个节点，这样不仅能够最大地发挥各自的功能和优势，而且可以相互进行数据的传输和资源的共享。

（2）虚拟仪器的软件系统

虚拟仪器的核心思想是利用计算机的硬件和软件资源，使本来由硬件实现的功能软件化（虚拟化），以便最大限度地降低系统成本，增强系统的功能与灵活性。"软件即仪器"这一口号正是基于软件在虚拟仪器系统中的重要作用而提出的。VPP（VXI Plug & Play）系统联盟提出了系统框架、驱动程序、VISA、软面板、部件知识库等一系列 VPP 软件标准，推动了软件标准化的进程。虚拟仪器的软件框架从底层到顶层包括三部分：VISA 库、仪器驱动程序、仪器开发软件（应用软件）。图 10-10 所示为虚拟仪器软件的结构框架。以下对软件结构的主要组成部分做一一说明。

图 10-10　虚拟仪器软件框架

① VISA（virtual instrumentation software architecture）虚拟仪器软件体系结构。VISA 体系结构是标准的 I/O 库。它驻留于计算机系统之中，执行仪器总线的特殊功能，是计算机与仪器之间的软件层连接，以实现对仪器的程控。I/O 函数库对于仪器驱动程序开发者而言是一个个可调用的操作函数集。

② 驱动程序。每个仪器模块都有自己的仪器驱动程序，仪器厂商以源码的形式提供给用户。

③ 应用软件。应用软件建立在仪器驱动程序之上，直接面对操作用户，通过提供直观友好的测控操作界面、丰富的数据分析与处理功能，来完成自动测试任务。

④ 虚拟仪器的开发系统。应用软件开发系统是设计开发虚拟仪器所必需的软件工具。目前，较流行的虚拟仪器软件开发环境有两类：一类是图形化编程语言，具代表性的有 LabVIEW、HPVEE 系统；另一类是文本式编程语言，如 C 语言、VisualC++、LabWindows、CVI 等。图形化的编程语言具有编程简单、直观、开发效率高的特点，文本式编程语言具有编程灵活、运行速度快等特点。

10.3.3　虚拟仪器的特点及应用

　　虚拟仪器技术综合运用了计算机技术、智能测试技术、数字信号处理技术、图形处理技术、模块及总线的标准化技术、高速专用电路（ASIC）制造技术等。虚拟仪器是建立在标准化、系列化、模块化、积木化的硬件和软件平台上的一个完全开放的系统。传统仪器大多自成体系、自我包容，所有仪器的功能，如信号的输入/输出、用户的操作界面（如旋钮、开关、显示器等），都固定在仪器的机箱内，已由生产厂家定义，用户只能使用，无法改变。

　　综合虚拟仪器的构成及工作原理具有如下技术特点。

　　① 丰富和增强了传统仪器的功能。虚拟仪器将信号分析、显示、存储、打印和其他管理操作集中交由计算机处理，充分利用了计算机强大的数据处理、传输和发布能力，使得组建系统变得更加灵活、简单。

　　② 突出"软件即仪器"的概念。传统仪器的某些硬件在虚拟仪器中被软件代替，由于减少了许多随时间可能漂移、需要定期校准的分立式模拟硬件，再加上标准化总线的使用，这些变化使仪器的测量精度、测量速度和可重复性都大大提高。

　　③ 仪器由用户自己定义。虚拟仪器通过为用户提供组建自己仪器的重要源代码库，可以很方便地修改仪器功能和面板。设计仪器的通信、定时和触发功能，实现与外设、网络及其他应用的连接，给用户一个充分发挥自己能力和想象力的空间。

　　④ 开放的工业标准。虚拟仪器硬件和软件都制定了开发的工业标准，因此用户可以将远程测试仪器的设计、使用和管理统一到虚拟仪器标准中，使资源的可重复利用率提高，功能易于扩展，管理规范，生产、维护和开发费用降低。

　　⑤ 便于构成复杂的测试系统，经济性好。虚拟仪器既可以作为测试仪器独立使用，又可以通过高速计算机网络构成复杂的分布式测试系统，进行远程测试、监控和故障诊断。此外，用基于软件体系结构的虚拟仪器代替基于硬件结构的传统仪器，还可以大大节约仪器购买和维护费用。

　　虚拟仪器作为新兴的仪器代表，由于具有绝对的技术优势，被广泛应用于电子、机械、通信、生物、医药、化工、军事、教育等各个领域。从简单的仪器控制、数据采集到尖端的测试和工业自动化，从大学实验室到工厂企业，从探索研究到技术集成，都可以发现虚拟仪器技术的应用成果。

　　伴随着计算机技术的快速发展，以及人们对仪器功能、灵活性的高要求，虚拟仪器技术将会在更多的领域得到应用和普及。

10.4　远程测试的发展现状

10.4.1　远程测试的发展现状

　　远程测控技术在现代科学技术、工业生产、国防等诸领域中的应用十分广泛。测控技术的现代化，已被公认为是科学技术和生产现代化的重要条件和明显标志。随着计算机技术、通信技术和电子技术的飞速发展，在现代远程测控领域中，各种先进的测控技术、测控设备和远程通信手段层出不穷。如何提高测控系统远程通信的可靠性、准确性和及时性，以及如何扩大通信的距离，一直是远程测控系统设计和研究过程中必须考虑的一系列关键性的问题。

通过对远程测控系统发展现状的广泛了解，根据系统中信号远程传输方式的差异，分类列举出以下几种比较典型的远程测控系统，并对每种系统的优缺点以及适用的场合进行了对比和分析。

目前应用比较广泛、技术比较成熟的远程测控系统主要有以下几大类。

（1）应用专线的远程测控系统

对于测控距离较短、通信数据量大、通信频繁且实时性、可靠性和保密性要求都很高的远程分布式测控系统，一般采用自行架设专线（如电缆）的方式来作为数据传输的通道。其系统组成框图如图 10-11 所示。

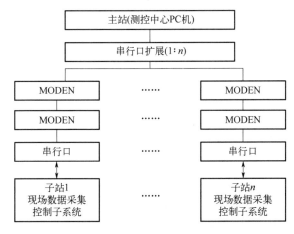

图 10-11　专线式远程测控系统框图

系统主站（测控中心 PC 机）通过扩展的多个串行口及 MODEN 与各地的多个子站相连。子站（或主站）发送的数据通过串行口送给本地 MODEN 进行调制之后，通过专线传输给远方 MODEN，远方 MODEN 将收到的信号站的 PC 机，从而实现集中管理。这种网络技术的关键是如何建立主站和各个子站之间的通信协议，以保证整个系统的实时性，避免冲突的产生。可以采用"快速巡查"或"定点查询"的方法来解决这一问题。这种远程测控系统在水利、电力、交通、工业等领域的应用十分广泛，如铁路沿线行车信号灯的监控、水电站发电机组的监控，都可以采用这种测控网络来实现。

（2）利用公用电话网的远程测控系统

在通信不是很频繁、通信数据量较小、实时性和保密性要求不高的场合，可以租用公用电话网，采用拨号方式建立临时连接来实现远程测控。采用这种测控系统可以降低系统的硬件成本，缩短建网周期，实现高速、高效的目的。其系统组成框图如图 10-12 所示。

该系统中的每个子站只需要定时采集被测控对象的状态数据，并保存在自己的数据库中；主站则只能在屏幕上面按状态数据库所保存的最新数据显示各测控对象的状态。当需要检测远方测控对象的状态或对其执行操作时，主站从自己的数据库中找到对应子站的电话号码，通过拨号方式向子站发出"握手信号"，相应的子站接收到"握手信号"后执行摘机命令，从而建立起主站和子站之间的通信渠道。由于这种测控系统的实时性和保密性都比较差，因此只用在一些了解远方测控对象的运行状态和提前预防事故的场合。

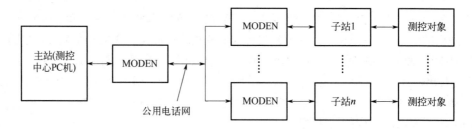

图 10-12 应用公用电话网的远程测控系统框图

（3）采用光纤通道的远程测控系统

利用光缆传输测量与控制数据，可以充分发挥光缆传输的稳定性好、抗干扰能力强、传输容量大等优点。其系统组成框图如图 10-13 所示。

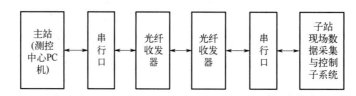

图 10-13 利用光纤通道的远程测控系统框图

在这种系统中，光纤收发器的主要作用是进行电光、光电转换，并可以直接接收串行口的控制信号，有些光纤收发器还兼具有以太网接入功能。考虑到系统的高稳定性和高可靠性，在设计过程中必须慎重选择串行接口和光纤收发器。这种测控系统的投资较高，但由于其抗干扰和抗雷击能力强，并且通信质量优越，因此在广播电视站以及通信站的发射机的远距离不间断监控中得到广泛应用。

（4）基于 Internet/Intranet 的远程测控系统

测控系统以计算机为中心、以网络为核心的特征日益明显。使用 Internet/Intranet 的远程测控系统，人们从任何地点、在任何时刻获取到测量信息（或数据）的愿望成为现实。其系统组成框图如图 10-14 所示。

实现该系统必须解决许多关键性问题，如数据传输的可靠性、准确性和实时性。另外，网络数据库的连接和更新不仅应是动态的、实时的，而且要有高的编程效率和很好的兼容性。TCP/IP 协议和现场总线协议的兼容性，真正达到数据畅通无阻。同时，网络的安全性也是一个不容忽视的环节。基于 Internet/Intranet 的网络化测控系统适用于异地或者远程控制和数据采集、故障监测、报警等，其应用范围十分广泛。

（5）基于无线通信的远程测控系统

对于工作点多、通信距离远、环境恶劣且实时性和可靠性要求比较高的场合，可以利用无线电波来实现主控站与各个子站之间的数据通信，采用这种远程测控方式有利于解决复杂连线，无需敷设电缆或光缆，降低了环境成本。其系统组成框图如图 10-15 所示。

这种远程测控系统的关键是要使射频模块的接收灵敏度和发射功率足够高（可以采用专业无线电台来替代射频模块），以扩大站点间的距离，同时还需要考虑无线电波波段的选择；无线通信调制解调器已经有许多比较成熟的产品，可以根据实际需要来选择。基于无线通信远程测控技术的应用领域十分广泛，如智能小区的保安系统、油井远程监测系统等均可以采用这种技术来实现，还有航空、航天上使用的无线电跟踪测轨、遥测、遥控系统，是这种技术的典型应用。

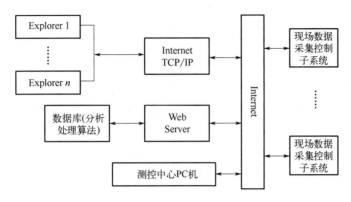

图 10-14　基于 Internet / Intranet 的远程测控系统

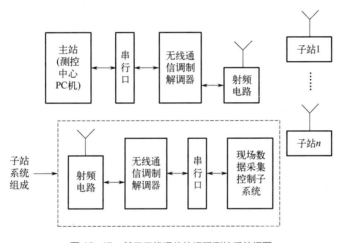

图 10-15　基于无线通信的远程测控系统框图

10.4.2　发展趋势

远程测控技术是测控领域发展的重要方向。各种新技术、新器件、新理论的出现和计算机网络的飞速发展，必将给远程测控技术的发展和应用提供广阔的天地。其发展趋势如下。

① 数据传输方式向复合式、多样性发展。随着今后测控距离的不断扩大以及测控系统复杂度的不断增加，单一的数据传输方式通常不能胜任要求。在一个远程测试系统中采取多种数据传输方式相互配合使用，可以降低系统的实现难度，有利于整个系统的模块化处理。

例如，蓝牙技术作为一种新兴的无线通信技术应用到远程测控系统中，可以很方便地连接到 Internet/Intranet 中，与网络配合来实现远程测控。

② 进一步融合 EMIT（嵌入式微型因特网互联技术）和 ECS（嵌入系统）技术。进一步融合 EMIT 和 ECS 技术可使现场数据采集和控制子系统的智能化程度得到提高，且能够更方便地与远程测控中心建立起通信渠道。随着微网络化测试技术处理器和嵌入式技术的发展，测控系统的 I/O 系统智能化程度将进一步提高，这样就可以大大降低主控机 CPU 的负担，使

整个系统的实时性和测控性能提高；同时，高智能化的数据采集和控制子系统可以很方便地通过 Internet/Intranet 将通信距离无限扩展。

③ 基于虚拟仪器的测控网络将是远程测试技术发展的趋势。随着虚拟仪器技术的快速推广和发展，远程测控系统基于 Internet/Intranet 的通信能力大大提高，基于虚拟仪器和网络技术的测量网络将成为科学研究和生产自动化控制系统的重要组成部分。

在我国，远程测控技术的发展方兴未艾。可以预见，远程测控技术必将随着相关技术的发展而逐步完善和成熟，各种功能的远程测控系统在不远的将来会广泛地应用于社会的各个领域，远程测控技术的新发展将会给我国的经济建设和国防建设注入新的活力。

10.5 网络化测试技术

测试技术在现代科学技术、工业生产、国防等诸多领域中应用十分广泛，测试技术的现代化成为了科学技术、国防现代化的重要条件和明显标志。20 世纪 70 年代以来，计算机、微电子等技术迅猛发展，在其推动下，测试仪器与技术不断进步，相继诞生了智能仪器、PC 仪器、VXI 仪器、虚拟仪器、互换性虚拟仪器等微机化仪器及其自动测试系统，计算机与现代仪器设备间的界限日渐模糊，测试领域和范围不断拓宽。近些年来，以 Internet 为代表的网络技术的出现以及它与其他高新技术的结合，为测试与仪器技术带来了前所未有的发展空间和机遇，以计算机为中心、以网络为核心的网络化测试技术与网络化测试系统应运而生。网络化测试是现代测试技术的主要特点之一。

10.5.1 网络化测试技术的概念和发展

（1）网络化测试系统的定义

网络化测试系统是将测试系统中地域分散的基本功能单元（计算机、测试仪器、测试模块或智能传感器），通过网络互连起来，构成一个分布式的测试系统，这类基于计算机网络通信的分布式测控系统，称为网络化测试系统。

测试系统网络化的思路就是把测试系统与计算机网络相结合，构成信息采集、传输、处理和应用的综合信息网络，这符合信息化发展的要求，是具有信息时代特点的新思路。

网络化测试系统包含两个部分：组成系统的各基本单元，如测试仪器、测试模块、计算机等；连接各基本单元形成系统的传输介质——通信网络。系统以网络为基础，将分布于各地的各种不同设备挂接在网络上，实现资源共享，协调工作，共同完成测控任务。随着计算机技术、网络技术与通信技术的高速发展与广泛应用，为测试技术与计算机技术、通信技术相结合创造了契机。网络化测试技术受到广泛关注，这必将使网络时代的测试仪器和测试技术产生革命性变化。"网络即仪器"确切地概括了测控和仪器的网络化发展趋势。网络技术和软件工程技术的快速发展，使得建立开放的、互操作的、模型化的、可扩展的网络化测控系统成为可能。目前，遍布全球的 Internet 已比较成熟，随着其信道容量的扩大，网络速度将不再成为网络应用的障碍。

（2）发展概况

网络化测试系统是测试系统发展到一定阶段才出现的，了解测试系统的发展历程有助于理解网络化测试系统的结构，了解网络化测试系统的发展及其规律。

网络化测试系统是在计算机网络技术、通信技术高速发展，以及对大容量分布式测试的大量需求背景下，由单机仪器、局部的自动测试系统到全分布式的网络化测试系统而逐步发展起来的。网络化测试系统的发展可概括为以下几个阶段。

第一阶段：起始于 20 世纪 70 年代，通用仪器总线（GPIB）出现，GPIB 实现了计算机与测量系统的首次结合，使得测量仪器从独立的手工操作单台仪器开始转变为计算机控制的多台仪器的测试系统，GPIB 实现了将多台仪器连接成一个系统。此阶段是网络化测试系统的雏形与起始阶段。

第二阶段：起始于 20 世纪 80 年代，VXI 标准化仪器总线出现，VXI 总线可以使多达 256 个 VXI 总线仪器联系起来，组成一个更大的系统。VXI 系统可以将大型计算机昂贵的外设、VXI 设备、通信线路等硬件资源以及大型数据库程序等软件资源纳入网络，使得这些宝贵的资源得以共享，缓解了经济、技术等各方面因素的制约。此阶段是网络化测试系统的初步发展阶段。

虽然由 VXI 总线所组成的测控系统已经比较庞大，但它仍然属于一个更大规模的测控系统的范畴，还不是真正意义上的网络化测试系统。

第三阶段：随着技术的发展，现场总线技术的出现带动了现场总线控制系统（FCS）的迅速发展，现场总线控制系统大量采用具有由微处理器与传统传感器结合的智能传感器的现场总线仪表，而且总线仪器仪表也大量使用智能传感器，使得可以在一个工厂范围内通过总线将成千上万个传感器、变送器等智能化的仪表组成一个网络化测试仪器系统。此阶段是网络化测试系统的快速发展阶段。

采用上述的各种仪器接口总线或者现场总线，可以方便地组建一个局部测试网络系统，但是在对现代化要求极高的国防、气象、航空、航天等行业或领域，传统的局部范围的测试系统已经逐渐无法满足用户的需求。

第四阶段：许多部门或大型企业迫切要求构建较大范围甚至全国性的测试系统或测试网络，建立基于 Internet 网络化测试系统，即通常所说的分布式测试网络化测试系统。这是真正意义上的网络化测试系统，此阶段是网络化测试系统的成熟阶段。

10.5.2　网络化测试系统的结构

网络化测试系统的中坚是计算机，计算机网络技术要求一种标准的、开放的、可互操作的网络结构，基于此网络结构，大量分散的测试仪器以及远程测试信息可相互交换，从而构成一个功能强大的系统。

计算机网络是通过数据通信系统把地理上分散的、具有独立处理能力的计算机系统连接起来，达到数据通信和资源共享目的的一种计算机系统；是计算机技术和通信技术密切结合的产物。目前，由于网络技术及仪器硬件技术的飞速发展，任何一台仪器只要具有必要的通信能力就可以作为数据通信设备连入网络中。例如美国 NI 公司的 GPIB 控制器，支持连接接口（AUI）、细缆和双绞线连接，可以方便地将相互独立的 GPIB 系统连接到以太网上，轻松将分散的测控系统集成起来；利用 GPIB 控制器作为接口，将测量仪器接入网络，就可以让多个用户通过网络接入系统，进行仪器控制并取得数据，实现资源共享。因此，网络不仅可用于连接多台相互独立的计算机，也可用于仪器系统、自动测试系统的互连。

网络化测试系统是基于网络的分布式测试系统，它由分散挂接在网络上的各种不同测试设备组成，通过网络进行数据传输，实现资源、信息共享，协调工作，共同完成大型复杂的测试任务。

（1）系统硬件的组成

网络化测试系统的硬件主要由基本功能单元和连接各基本功能单元的通信网络两部分构成。基本功能单元，包括 PC 仪器、网络化传感器、网络化测试模块等；连接各基本功能单元的通信网络，包括以太网、Intranet 和 Internet。由于大型复杂测控系统不仅有测量和控制的任务，而且还有大量的测控信息交互，因此通信网络不是单一结构而是多层的复合结构。网络化测试系统用于测试过程控制、处理，通常采用工业以太网，典型的网络化测试系统模型如图 10-16 所示。

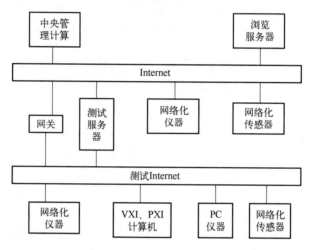

图 10-16 网络化测试系统模型

从图 10-16 可以看出，典型的网络化测试系统基本功能单元包括：测试服务器、中央管理计算机、浏览服务器、网络化仪器、网络化传感器、网络化测试模块、网关等。

① 测试服务器。测试服务器是一台网络中的计算机，能够管理大容量数据通道、进行数据记录和数据监控，用户也可以用它们来存储数据并对测量结果进行分析处理。它是网络化测试系统的核心部分，主要进行各测控基本功能单元的任务分配，对基本功能单元采集来的数据进行计算、综合与处理，完成数据存储、报表打印、系统的故障诊断以及报警等工作。

② 中央管理计算机。中央管理计算机是网络化测试系统的关键部分，主要进行各测试基本功能单元的任务分配，对基本功能单元采集来的数据进行计算、综合与处理，完成数据存储、报表打印、系统的故障诊断、报警等工作。

③ 浏览服务器。浏览服务器是一台具有浏览功能的计算机，用来查看测量结点或测量服务器所发布的测量结果或经过分析的数据，通过 Web 浏览器或其他软件接口，可以浏览现场测试结点的信息和测试服务器收集、产生的信息。

④ PC 仪器。PC 仪器将传统仪器在单台计算机上实现的三大功能，即数据采集、数据分析以及图形化显示分开处理，分别使用独立的硬件模块实现传统仪器的三大功能，以网线相连接，测试网络的功能将远远大于系统中各部分的独立功能。

⑤ 网络化传感器。网络化传感器与网络化仪器构成网络化测试系统的最基本部分。它是在传统的测试仪器、传感器、测试模块的基础上，利用网络技术改造而成的带有本地微处理器和通信接口的现场数据采集设备，设备的网络接口允许通过 TCP/IP 协议进行远程控制和信息共享。

⑥ 网络化仪器。网络化仪器包括测试模块、虚拟仪器、GPIB、VXI、PXI 系统等。网络化仪器、网络化传感器主要完成以下工作：测试数据的采集与处理、测试数据交换、测试过程的监控及故障诊断，故障发生时将故障情况报中央管理计算机存储测试信息，包括本地和远程测试数据的存储。

（2）系统软件的组成

虽然网络化测试系统实现的方式有很多种，但系统的软件结构基本上可以概括为如图 10-17 所示的结构。

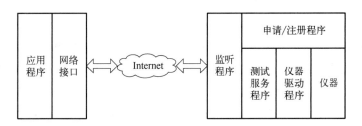

图 10-17　网络化测试系统的软件模型

在图 10-17 中，客户端由应用程序和网络接口组成：应用程序，一般是虚拟仪器软面板或类似 IE 浏览器的集成环境；网络接口，主要将客户端的请求、控制、设置参数打包为网络报文并发送出去，以及将收到的执行结果送到应用程序进行处理和显示，同时还解决一些与网络相关的事务。

在图 10-17 中，服务器端由监听程序、申请/注册程序、测试服务程序、仪器驱动程序和仪器组成。

① 监听程序处于循环状态，不断监听客户端的访问请求，并将请求交给相应的程序进行处理。

② 申请/注册程序提供用户管理，使得系统能适应多用户的场合，并提供相应的安全措施。

③ 测试服务程序是一个安全的多进程服务器程序，它调用相应的仪器驱动程序，完成测试请求并将执行结果提交给监听程序，返回客户端。

④ 仪器驱动程序可以是底层的 I/O 驱动、SCPI 指令、VISA 驱动或 NI 驱动。

⑤ 仪器指具体的仪器设备应用程序。

10.5.3　网络化测试的特点

与传统测试技术相比，网络化测试技术主要有以下特点：

① 网络化具有资源及信息共享、负荷均衡的特点，即在测试系统的测试任务较繁重时，能够把部分任务转移到任务不足的计算机或其他测控系统中去处理，甚至可以将服务器中难以解决的大型任务分配给网络中的个人 PC 来共同完成。

② 网络技术将分散在不同地理位置、不同功能的测试设备联系在一起，使昂贵的硬件设备、软件在网络内得以共享，减少了设备重复投资。

③ 在网络化测试系统中，一台计算机采集的数据可以立即传输到另一台处理分析机上进行处理分析，分析后的结果可被执行机构、设计师查询使用，使数据采集、传输、处理分析成为一体，容易实现实时采集、实时监测，重要的数据实行多机备份，提高了系统的可靠性。

④ 对于有些危险的、环境恶劣的、不适合人员操作的测试工作可实行网络化测试，将采集的数据放在服务器中供用户使用，为远程监控提供了便利条件。工业生产过程的状态信息、

监控信息接入 Internet，在一定条件下就可以通过 Internet 控制并监视生产系统和现场设备的运行状态及各种参数，控制者不必亲临现场，这能够节省大量的人力和物力。管理人员可以监控远程生产运行情况，根据经营需要及时发出调度指令。

⑤ 研究机构可以方便地利用本地丰富的软硬件资源对远程对象进行高等过程控制和故障诊断。

10.6　计算机与网络测试技术的发展

国外从 20 世纪 80 年代开始研发各种测试系统，并陆续投入使用，有力地促进了相关行业的发展和科技进步。在国内，经过我国科研工作者多年的不懈努力，以及对国外先进测试技术及设备的引进、消化和提高，近年来测试技术快速发展，研发的测试仪器与测试系统水平显著提高。但从总体上看，与先进国家相比还有较大差距，许多先进的测试仪器和系统还依赖于引进，自行研制的测试仪器和系统在性能、可靠性等方面尚需提高。目前计算机测试技术和设备的现状及发展趋势如下所述。

① 采用高性能硬件平台。现代测试系统的发展趋势是：标准总线平台、功能强大的软件以及应用各种总线技术的模块化仪器设备的有机结合，这种结合极大地增强了测试系统的功能与性能。测试系统选用好的硬件平台，不仅有助于系统以较低成本满足更高的性能要求，而且可使系统更加容易升级换代。

② 采用分布式、网络化结构。在工业生产和科研试验现场被测系统（或装置）一般均分散布置或安装，因此，理想的测试系统一般应采用分布式或网络化结构，以减少被测信号因长距离传输所造成的测试精度下降和对被测试系统（或装置）可能造成的影响。同时，对于采用分布式或网络结构的测试系统，其内部电缆将明显减少，解决了过去复杂、昂贵的连接问题，并可在有限硬件的前提下，有效地提升测试系统在通用性、可靠性等方面的性能。如果应用在武器装备方面，那么还可有效减小单台设备的体积和重量，便于在飞机、舰船、战车等载体上安装。

③ 自主同步。在航天器测控、武器装备试验测控等系统中，为了保证测试系统与其他测试设备或测控网络的时间同步，必须要有统一的时间基准，为了简化各测控设备时间基准接口的设计，最好能采用公认的时间基准。GPS 卫星时间是目前公认的一种时间基准，由于GPS 接收机不受时间、地点和气候的限制，只要能同时接受四颗以上卫星的信号，即可提供高精度、连续的实时信息。在测试系统中采用实时 GPS 不仅可自主实现与测控网同步，同时避免了在试验飞机、舰船等载体上设置时统战位带来的诸多不便。

④ 采用模块化和智能接口设计。测试接口针对被测试信号形式采用模块化设计，在应用时可针对被测系统需求进行配置和组合以适应不同种类、不同规模的调试需求。当设备不能满足需求时，只需针对无法采集的信号加以研究解决，而设备主体可以不变或仅通过少量修改即可适应其他被测系统的需要。针对被测试系统电气设备接口信号多样性这一实际情况，有的测试接口要采用智能设计。智能接口是实现通用自动测试的关键，即在识别了被测设备类型后，自动完成对被测试对象接口的适应。

⑤ 测试仪器将由物理仪器向虚拟仪器方向发展。虚拟仪器技术的出现，使测试设备的开发研制和功能扩展变得更加有序和更加标准化。虚拟仪器技术不仅规范了测试设备硬件，使仪器模块配置更加灵活，开发更加方便，而且也规范了测试设备软件，若软件采用模块化结

构，则更加容易开发调试和升级换代。

　　虚拟仪器的跨平台移植技术克服了传统仪器不可持续开发的致命弱点，使用户的虚拟仪器系统可以根据需求的变化而升级，并持续地开发生成新的仪器系统。甚至在系统硬件平台改变时（如从 PXI 机箱改为 VXI 机箱），仍然可以将已经开发的虚拟仪器（软件）移植到新的硬件平台上，从而最大限度地保护用户的先期投资，可从根本上解决测试系统的可持续开发问题。

　　采用虚拟仪器技术进行设计将进一步缩小测试设备的体积，减少其重量，增强其实用性和灵活性，还可以产生许多物理设备难以产生的激励信号以检测并处理许多以前难以捕捉的信号，同时可降低采购价格、备件保障库存。虽然每一个虚拟仪器都极为复杂，但虚拟仪器代表了测试设备新境界，是测试设备发展的必然趋势。

　　⑥ VXI 总线测试设备将进一步得到推广。由于 VXI 总线标准可充分利用计算机底板（机箱）总线 VME 的多重处理、高速传输和模块化仪器接口易于组合扩展的特点，可实现小型化且开发周期短、成本低，其性能更为优越，可满足新一代测试设备对计算机及其系统接口技术的要求。因此，VXI 总线已公认为 21 世纪仪器系统和自动测试系统的优秀平台，它的应用将进一步得到推广。

　　⑦ PXI 总线测试设备的应用范围将进一步扩大。PXI 总线采用最先进的商业化硬件和软件技术，以及自动测试系统的概念和技术，为高性能测量提供了精确的定时和触发。通过采用商业化 PC 和数字化技术，则能够以较低的成本为用户提供专用高性能自动测试系统。

　　PXI 测试平台具有完整的硬件和软件规范，可以满足绝大多数测试系统的要求。开放的 PXI 规范可组成模块化的测试系统，它可以容易地整合多个厂家的测试产品。PXI 规范也能把不同平台的仪器轻易地集成到 PXI 测试系统中。因此，PXI 总线测试设备的应用范围将进一步扩大。

　　⑧ 向小型化、便携化和通用化方向发展。采用一台小型、可方便携带、通用化的高性能测试仪器或系统来完成对作战飞机、导弹、雷达、火控系统、声呐、通信等各种电子装备的检测与维修任务，可节省大量人力、物力和财力，它将是测试设备所追求的目标和发展方向。

　　⑨ 注重综合诊断支持系统设计思想，向诊断测试系统的开放式结构发展。综合诊断支持系统设计思想是充分综合被测试系统的所有相关要素（如可测性、可靠性、诊断测试硬软件等），并在测试系统设计的整个过程中贯彻执行。开放式系统结构可以将不同单位开发研制的功能模块或模块化仪器组合成一个测试系统，允许不同的测试诊断软件和测试数据兼容操作，并对多个测试系统和设备的多种诊断信息源进行融合处理。

本章小结

扫码获取本书资源

　　本章介绍了计算机测试系统的组成与特征、总线及接口技术、虚拟仪器等，简述了计算机测试、远程测试和网络化测试技术的发展现状。本章学习的要点是：掌握计算机测试系统的组成。

✐ 思考题与习题

10-1　计算机测试系统阵列接口的功能有哪些？

10-2　GPIB 总线有哪些优缺点？

10-3　测试、测量仪器的发展大致经历了哪几个阶段？

10-4　虚拟仪器的硬件结构包括哪些？

10-5　远程测控系统主要有哪几类？

参考文献

[1] 黄长艺，卢文祥，熊诗波. 机械工程测量与实验技术 [M]. 北京：机械工业出版社，2000.

[2] 熊诗波，黄长艺. 机械工程测试技术基础 [M]. 3 版. 北京：机械工业出版社，2006.

[3] 熊诗波. 机械工程测试技术基础 [M]. 4 版. 北京：机械工业出版社，2018.

[4] JJF 1001—2011. 通用计量术语及定义 [S]. 北京：中国质检出版社，2012.

[5] Thomas G B，Roy D M，John H L. 机械量测量 [M]. 5 版. 王伯雄，译. 北京：电子工业出版社，2004.

[6] 林洪桦. 测量误差与不确定度评估 [M]. 北京：机械工业出版社，2010.

[7] 谢里阳，孙红春，林贵瑜. 机械工程测试技术 [M]. 北京：机械工业出版社，2012.

[8] 刘习军，张素侠. 工程振动测试技术 [M]. 北京：机械工业出版社，2016.

[9] 刘习军，贾启芬，张素侠. 振动理论及工程应用 [M]. 北京：机械工业出版社，2015.

[10] 樊尚春，周浩敏. 信号与测试技术 [M]. 北京：北京航空航天大学出版社，2002.

[11] 封士彩. 测试技术学习指导及习题详解 [M]. 北京：北京大学出版社，2009.

[12] 杨建国. 小波分析及其工程应用 [M]. 北京：机械工业出版社，2005.

[13] 张志杰. 动态测试与校准技术 [M]. 北京：机械工业出版社，2021.

[14] 薛定宇，陈阳泉. 高等应用数学问题的 MATLAB 求解 [M]. 北京：清华大学出版社，2008.

[15] 陈亚勇，等. MATLAB 信号处理详解 [M]. 北京：人民邮电出版社，2001.

[16] 王仲生，万小朋. 无损检测诊断现场实用技术 [M]. 北京：机械工业出版社，2002.

[17] 邱天爽，张旭秀，李小兵，等. 统计信号处理——非高斯信号处理及其应用 [M]. 北京：电子工业出版社，2004.

[18] 孙传友，张一. 现代检测技术及仪表 [M]. 北京：高等教育出版社，2012.

[19] 杨学山. 工程振动测量仪器和测试技术 [M]. 北京：中国计量出版社，2001.

[20] 唐文彦，张晓琳. 传感器 [M]. 北京：机械工业出版社，2021.

[21] 杜娟. 非接触式激光测振技术在飞机襟翼蒙皮局部模态分析中的应用 [J]. 工程与试验，2019，59（04）：16-18.

[22] 廖江江，罗海清，宋耀东，等. 激光多普勒测振仪在汽车零部件模态分析中的应用 [J]. 机械工程师，2018（05）：121-123，126.

[23] 张君东，潘宏侠，刘春林. 基于小波和神经网络的齿轮箱故障诊断 [J]. 煤矿机械，2014，35（08）：268-270.